现代推荐算法

赵致辰（水哥）　编著

电子工业出版社
Publishing House of Electronics Industry
北京·BEIJING

内 容 简 介

本书深入全面地讲解了现代推荐算法，同时兼顾深度和广度，介绍了当下较前沿、先进的各类算法及其实践。

本书从总览篇开始，介绍推荐系统的基本概念及工作环节。在模型篇中，除了梳理推荐系统的发展史，本书还重点讲解面向工业实践的选择及改进，为读者打下推荐系统的算法基础；进而带着读者进阶到前沿篇、难点篇，面对推荐系统中的各式问题，给出解决方案；最后在决策篇中，从技术原理和用户心理出发，解释一些常见决策背后的依据，从而帮助读者从执行层面进阶到决策层面，建立大局观。

本书力求用简洁易懂的语言说清核心原理，对已经有一定机器学习概念和数学基础的学生和相关领域的从业者非常友好，特别适合推荐系统、计算广告和搜索领域的从业者及学生拓展新知和项目实战。

图书在版编目（CIP）数据

现代推荐算法 / 赵致辰编著. —北京：电子工业出版社，2023.6
ISBN 978-7-121-45474-5

Ⅰ. ①现… Ⅱ. ①赵… Ⅲ. ①聚类分析－分析方法 Ⅳ. ①O212.4

中国国家版本馆 CIP 数据核字（2023）第 072642 号

责任编辑：孙学瑛　　特约编辑：田学清
印　　刷：北京宝隆世纪印刷有限公司
装　　订：北京宝隆世纪印刷有限公司
出版发行：电子工业出版社
　　　　　北京市海淀区万寿路 173 信箱　　　邮编　100036
开　　本：720×1000　　1/16　　印张：17.5　　字数：363 千字
版　　次：2023 年 6 月第 1 版
印　　次：2023 年 6 月第 1 次印刷
定　　价：109.00 元

推荐序一

人工智能技术能够被用来完成多种任务,主要分为面向客观事物的任务和面向主观的人的任务。前者的典型例子是计算机视觉中的识别、检测,以及自然语言处理中的理解、翻译;后者的典型例子则是推荐、搜索、广告。

推荐技术是人工智能应用领域最贴近大众的技术之一,早已被广泛地集成在各种各样的软件中。移动互联网时代,随着人们获取信息越来越方便,推荐技术越来越重要。图形图像技术的普遍应用、视频编解码技术的成熟,以及分布式计算的突飞猛进,更是让推荐系统得以蓬勃发展的助推剂。正如书中所述,推荐系统满足了天时、地利、人和的条件,通过提供精准服务,给人们的工作和生活带来了极大便利。

回顾推荐领域的发展,可以说这是一门"既悠久,又前沿"的学科。"悠久",是因为推荐需求的存在时间已经非常长了,在上世纪 90 年代就已存在;而"前沿",则是因为过去十年,人工智能领域经历了巨大的变革。深度学习首先在计算机视觉领域取得举世瞩目的成绩,进而影响到推荐领域。因此,当下的推荐系统与技术和 20 年前、10 年前,甚至 5 年前相比,有相当大的区别。推荐领域的研究不再仅仅局限于模型或单一算法的迭代,而是越来越细化,或许对系统进行一点点的纠偏就能带来很大收益。同时,推荐领域涌现了非常多的热门研究方向,也引发了人们对各种难点问题的诸多思考。

《现代推荐算法》这本书,对现代推荐领域的技术和应用进行了重新梳理。本书从应用需求和实际问题出发,翔实地介绍了推荐系统环节、具体算法模型、前沿技术与方向。此外,本书还包含解决冷启动等难点问题的技巧,多种技术选型的讨论,以及产品运营决策的建议。

作者扎实的通信与信息工程专业知识和丰富的推荐系统研发经验使得本书兼具科学性、实用性和趣味性,无论对于从事推荐系统研究的在校学生,还是工程开发技术人员,本书都可提供专业指导。

在科研中,本书作者赵致辰是一个"另类"。虽然他也会积极学习已有的各种方法,但更多时候,他在面对问题时有自己的理解,也会坚持自己的想法。这种特点帮助他做过一些很有意思的工作。比如,他在本书中讲解技术方案时,加了很多个人见解和观点。正如他自己所说,这样的个人见解未必都是对的,但相关的讨论很有价值。因此,读者可能会感到阅读本书有点"难",因为要进行深入的讨论,先得经过自己独立的思考。

作为致辰在清华大学电子工程系的硕士生导师,我非常地高兴看到他在成为推荐系统领域优秀的科技工作者的同时能致力于科学技术的知识传播——写作并出版了本书,希望这本书能影响到更多的人。

——中国图象图形学学会副理事长兼秘书长 北京科技大学计算机与通信工程学院副院长|马惠敏

推荐序二

推荐算法从1992年提出，到2001年"Item-based Collaborative Filtering Recommendation Algorithms"这篇经典论文的发表，再到现在，已经有31年的时间了。随着移动互联网的持续发展和大数据的爆发，推荐算法如今已经成为各大互联网公司主流产品的标配，以至于现在很多产品在启动阶段就会评估是否需要建设推荐能力。在短视频、电商、兴趣社交、图文等多个领域的产品中，它都是最核心的竞争能力之一。

2014年左右在我开始接触这个行业时，市场上已经有几本适合推荐系统从业者入门的书籍，比如 *Recommender Systems: An Introduction*、*Recommender Systems: The Textbook* 等，项亮在 2012 年出版的《推荐系统实践》从应用角度进行了比较好的补充。最近几年随着短视频、图文、直播的发展，硬件设备的升级，推荐算法有了很多新的变化。《现代推荐算法》这本书很难得地从当前互联网主流产品和推荐系统的真实问题出发，总结了包含阿里巴巴、字节跳动等公司最新公开的技术进展，更适合当下一线的推荐算法从业者阅读。

推荐算法工程师要求具备更为综合的能力，如机器学习、大数据、工程、算法应用等，因为不同产品业务面临的数据量级、生态问题、技术重点是很不一样的。这本书详细地论述了召回、粗排、精排等推荐系统的基础模块在最近几年的关键进展，也在多兴趣建模、探索与利用、内容和用户冷启动等现代推荐系统比较共现的经典问题上做了比较好的阐述，覆盖了当下最核心的技术问题和解决方案，对正在研究类似问题的读者具有较好的借鉴意义。

最后，推荐系统虽然是一个具备算法能力的标准化的系统，但它也需要从业者，尤其是推荐算法工程师，能在自己的业务场景下去发现问题和解决问题。之前一直和同事在讨论一个推荐算法工程师需要具备什么样的能力。我比较认同的一个观点是：

推荐算法工程师 ＝ 1 个算法人员 ＋ 0.5 个产品人员 ＋ 0.5 个数据分析师 ＋ 0.5 个研发人员

直白地讲，就是除基础算法能力外，推荐算法工程师也要具备产品人员和数据分析师的能力来发现问题，具备较好的工程能力去解决问题。

最近随着 ChatGPT 等大模型相关产品的出现，技术大爆炸给我们带来的冲击感尤为突出，相关领域的进展开始出现大的变化，推荐算法工程师需要与时俱进，不局限在现有的产品交互模式和本书介绍的一些方法上。

希望这个行业后续会有类似的突破性工作出来！

——张枫

2023 年 5 月 4 日

推荐序三

推荐技术是目前互联网行业最核心的技术之一，直接影响和决定了用户在应用上的体验和行为，在用户增长、时长和留存及广告营收上均扮演了"临门一脚"的角色。大量互联网的赢利都可以归纳为"用户时长"乘以"时长转化率"的模式，而"用户时长"通常由推荐内容的质量决定，同时"时长转化率"通常由推荐广告（或者其他赢利性内容）的质量决定。对于大体量的互联网公司，往往万分位上的提升就能给公司带来不菲的商业价值。推荐技术作为核心技术的重要性由此可见一斑，所以国内外知名的互联网公司 Google、Meta、Amazon、Microsoft、百度、阿里巴巴、腾讯、抖音/TikTok、快手、美团、拼多多等都投入了多个几百上千工程师的研发团队。

作为互联网行业炙手可热的领域，推荐领域见证了现代互联网的发展和技术革命，最先进的硬件和算法上的突破都会优先被应用到这个领域。因此推荐领域自然也成为与前沿研究和工业落地最为贴合的领域。

随着网络从 2G、3G、4G 到 5G 的一代代升级，用户的应用程序和用户的推荐模式也随之一代代升级，从网页文本类推荐到视频推荐，推荐的形态也从原来的被动推荐（由用户发起，比如搜索）到目前的主动推荐（由平台发起）。推荐的触发频次也从原来的每人每天几次到现在的几百次，如抖音、快手这类基于主动推荐的国内短视频应用每天收到的请求数甚至可以比肩 Google 这样全球性的产品。因此推荐要解决的问题的复杂性也急剧增加，主要目标从原来只需要优化少数几个用户行为的预测精度到优化几十个；从只优化用户体验到同时优化平台、用户和内容生产者三方的利益平衡和生态平衡；从主要优化用户短期的收益到优化用户的长期体验（比如用户留存）。

为了应对这样的挑战，除了硬件不断升级，推荐算法软件系统也在不断升级。在硬件上正在完成训练和推理从 CPU 到 GPU 的全面升级，算法系统从最早的 CPU 时代的基于规则的推荐系统，到后来的逻辑回归，再到现在以 GPU 为依托的深度学习模型的全面转型，随之而来的参数规模也从过去的几亿增长到现在的十万亿规模（远大于 GPT 系列的模型规模），用于推荐的计算资源在互联网公司往往占比最高，很多公司最先进的 GPU 都优先支持推荐业务。推荐模型不仅考虑用户整体的预测精度，同时还对特殊的用户群体（比如新用户、年轻用户）做定制化的优化。推荐的优化目标从点的优化拓展到考虑序列的优化。推荐的作用空间从服务端延伸到用户手机端。除了深度学习技术，很多最前沿的研究经过定制化的设计也被用于推进推荐系统，比如通过强化学习优化用户的长期体验和优化推荐序列上的综合体验；模型压缩这类还处于研究阶段的技术也被应用到推荐场景中平衡模型的精度和计算成本；隐私计算技术也被应用到用户数据的跨平台使用和手机端推荐技术中。

推荐技术的发展一直伴随和推动着互联网时代的洪流和科技发展的洪流，滚滚向前、奔流不止。毫不夸张地讲，推荐系统的演化和发展是整个互联网行业产品形态升级和最新的科技创新的时代投影。一方面，推荐领域是互联网行业最受追捧的技术领域——用当下的话来说，是一个比较"卷"的行业；另一方面，它也是相对"亲民"的一个领域，初学者只需要基础的数理知识和编程能力就能上手（曾经我团队的一个没有推荐背景的硕士刚入职不到一年就贡献了公司 3%的广告营收增长），同时它也是一个颇有技术深度的领域，很多前沿的技术需要深度定制化才能真正产生收益，甚至需要研发全新的算法工具才能实现。最后它也是一个不断演进和推陈出新的行业，每一个从业者都需要不断地学习和摸索，所谓的"经验"在这个行业很容易被淘汰。

致辰（水哥）在 2020 年加入我在快手时的团队做推荐，虽然他以计算机视觉背景投身到推荐领域，但是在很短时间内他熟悉、精通，并且升华了推荐技术，做到了行业的技术前沿。他在快手时主导研发的 POSO 用户冷启动模型在内部多产品上取得突破性的收益，其效果甚至受到了"竞争对手"抖音的背书，据我所知，诸如 Meta 这样的国际互联网公司也正在以 POSO 为原型探索冷启动模型。

致辰是一个非常善于总结和思考的人，这本书记录了他从计算机视觉背景逐渐成长为推荐系统专家的学习和心路历程。这本书从实践出发，比较全面地涵盖了最近几年前沿的推荐技术的发展，深入浅出，兼顾了前沿性、实用性和严谨性，是不可多得的推荐领域入门教材。即便对像我这样具备一定从业经验的人来说，在读到很多章节时也受益匪浅。

最后希望这本书能够为大家顺利打开进入推荐行业的大门。

——Meta Principal Scientist｜刘霁

2023 年 3 月 20 日深夜于西雅图 Yarrow 湾南岸

推荐序四

从搜索引擎到社交网络，从电商平台到视频应用，推荐系统无处不在，是互联网行业的核心驱动力之一。它通过精准地匹配用户和内容，为用户提供个性化的服务，同时为平台创造巨大的商业价值。推荐系统从最初的基于规则和协同过滤的简单算法，发展到现在的基于深度学习和强化学习的复杂模型，不断地提升着其自身的智能和效率，也见证了互联网技术的进步和变革。

在过去的十年里，推荐系统与移动互联网的发展相互促进，共同塑造了用户的消费和娱乐方式。随着网络技术从 2G、3G 到 4G、5G 的升级，用户获取和传输数据的速度越来越快，推荐系统更快速响应和升级用户需求；随着智能手机和移动应用的普及，用户越来越方便地接触和使用各种服务，推荐系统能更方便地收集和分析用户的行为和反馈；随着内容形式从文本、图片到音视频、直播、短视频等的转变，用户越来越丰富地表达和享受自己的兴趣，推荐系统相应地更能理解和满足用户的偏好。

然而，在当下这样一个快速发展和变化的时代，推荐系统面临着越来越多的挑战：

- 推荐系统不仅要考虑用户的短期行为和反馈，还要考虑用户的长期兴趣和价值。比如，推荐系统要避免过度迎合用户的低俗或者有害内容偏好，要避免陷入信息茧房或者过度同质化，要引导用户探索新领域或者高质量内容。

- 推荐系统不仅要优化单个用户的体验，还要优化整个平台的生态和社会效益。比如，推荐系统要平衡不同类型的用户、内容生产者、广告主等多方利益相关者之间的关系，要维护平台内容的多样性、公平性、透明性等。

- 推荐系统不仅要利用现有数据和知识，还要探索未知领域和潜力。推荐系统不仅要利用现有的数据和知识来匹配用户和内容，还要探索未知或者稀缺数据和知识领域，并且利用其潜力来提升推荐效果。比如，推荐系统要解决冷启动问题、数据稀疏问题、长尾问题等。

为了应对这些挑战，推荐系统也需要不断地自我迭代，不断地引入新的技术和方法。其中，最具有潜力和前景的技术之一就是通用人工智能（AGI）技术。通用人工智能指能够像人类一样在任何领域和任务上表现出智能和创造力的技术。通用人工智能可以为推荐系统带来以下几个方面的助益：

①通过更强大的常识来提升推荐效果，特别是探索类的结果；

②通过生成式 AI 生成更丰富、更高质量、更有创意的推荐内容；

③新的推荐产品交互形式，如在对话互动中完成信息推荐。

这些都给推荐系统的未来带来无穷的遐想。

本书由水哥（赵致辰）撰写，他是我在字节跳动的同事和朋友。他不仅有丰富的计算机视觉和推荐系统的研发经验，还是一个有敏锐洞察力和创造力的人。他能够将最新的研究成果转化为实际应用，并且能够清晰地阐述自己的思路和方法。这本书就是他对推荐系统领域的总结和分享。本书涵盖了从基础理论到前沿技术，从工程实践到业界案例，从数学公式到代码实现等方面的内容，既适合初学者作为入门教材，也适合进阶者作为参考资料。

我非常荣幸能够为这本书作序，并且非常期待这本书能够给大家带来启发和帮助。我由衷地希望，能有更多年轻的同学通过这本书加入智能推荐算法的队伍。当然在技术的学习和实践中一定会遇到不少坎坷，但是，当你发现推荐系统能够在情人节这天给一位丈夫推荐一束他从来没有购买过的鲜花时，你就会相信：推荐算法真的可以让世界变得更美好。

——阿里妈妈展示及内容广告算法总监|姜宇宁（孟诸）

写于杭州，2023 年 5 月 7 日夜在如今这个信息爆炸的时代，每天都会产生海量的数据。如何帮助信息的收取者看到对他们有价值的信息，如何帮助信息的产生者对接他们的目标群体，已经成为非常重要的研究课题，而这正是推荐系统所解决的核心问题。

现在，推荐系统不仅在商业领域发挥了巨大的作用，还广泛应用于娱乐、社交网络、新闻、教育等多个领域，极大地提升了信息定向流动的效率，同时也塑造了我们今天阅读、观影甚至购物的习惯。

应当注意到，飞速发展的推荐系统技术背后主要的推动力之一就是大规模机器学习方法。作为一名研究计算机视觉的学者，我深知结合大数据和大算力的机器学习方法对人工智能领域的深刻影响。对接千万用户、吞吐海量数据的推荐系统自然是机器学习方法"大显神通"的领域。考虑到机器学习和推荐系统这两个领域都有着丰富的内涵，两者的结合更是学界和工业界最新的研究成果，要想把这两个技术融为一体、深入浅出地向读者描绘出来将是极具挑战的。

非常感谢我的清华大学本科室友、才华横溢的作者水哥（赵致辰）为大家带来了这样一本既走在前沿又深入浅出的《现代推荐算法》。水哥深耕推荐系统多年，在多家互联网巨头公司参与并领导一线的推荐系统开发，具有深厚的理论功底和实践经验。从内容上讲，这本书以推荐系统的视角，从理论到实践，从算法到工程，从技术到商业，全面讲解了推荐系统的方方面面。这使得读者不仅能够了解推荐系统的原理，还能掌握实际应用的技巧，对工业界人士和感兴趣的同学们来说都是极具参考价值的。从写作文笔上看，水哥延续了他一贯引人入胜的风格，文采飞扬，不但将技术展现得淋漓尽致，语言也是生动诙谐，让我久久不能释卷。

这本《现代推荐算法》共分为 5 个篇章。

在总览篇中，水哥阐述了推荐系统的基本概念、背景知识和应用场景，帮助读者建立起对这个领域的整体认识。

在模型篇中，水哥详细地介绍了推荐系统的核心算法和技术，从精排到粗排到召回，从传统的逻辑回归模型、树模型一路讲到深度学习方法，包括了 Transformer，这些内容将有助于读者深入理解推荐系统的关键技术。

在前沿篇中，水哥结合一线开发的前沿动向，展示了多个正在快速发展的技术课题，如用户兴趣建模、用户画像、可解释性等。

在难点篇中，水哥更是深挖当前推荐技术中尚未完全解决的困难问题，对有志于推动推荐技术向前发展的读者极具参考价值。

在最后的决策篇中，水哥从更高的角度思考推荐技术，对用户行为和信息流量进行了鞭辟入里的探讨，所谓"功夫在诗外"，这部分展现了如何从产品运营角度帮助推荐技术在商业上取得成功，其中对技术视角的介绍是一个重要的补充。

作为一名人工智能领域的学者，我相信这本书将对推荐系统技术的普及、发展及其与机器学习技术的结合产生积极的影响，同时也将给广大读者的学习和工作带来极大的帮助。

最后，我衷心地祝愿这本《现代推荐算法》能够在学术界和工业界引起广泛关注，成为普及推荐系统技术的经典之作。同时，我也期待着水哥在未来能够持续为我们带来更多关于人工智能领域的优秀著作。

敬请各位读者品鉴。

——北京大学计算机学院助理教授、博士生导师|王鹤

2023 年 4 月 29 日

推荐语

当下，推荐算法已经得到非常广泛的应用，进而影响到大家生活的很多方面，也或改变、或更新了很多商业模式。相应地，人们对推荐系统的需求和复杂度的要求达到了一个前所未有的高度，推荐系统所用的技术正在经历巨大的变革。作为推荐领域的从业者，我们需要重新审视和理解推荐系统，本书的出版恰合时宜。本书全面地阐述了大规模现代推荐系统所遇到的各种问题，包括其难点和痛点，同时细致地介绍了前沿算法、业界新进展及作者本人的深度思考。我相信本书对推荐领域的从业者在业务知识的补充和职业方向的选择等方面会有很不错的助益。

——抖音推荐负责人 | 刘作涛

本书是一部探讨推荐系统核心技术与实践应用的精彩之作。作者以在字节跳动广告推荐领域的实战经验为基础，在本书中生动地阐述了推荐系统的全链路及模型，以及其对前沿技术的独到见解。本书既有理论深度，又有实践指导价值，强烈建议给关心推荐系统研究与应用的朋友们阅读。

——字节跳动前视觉技术负责人 | 王长虎

通读本书，不仅能领略推荐系统的发展进程，理解各阶段的技术思路，还能在各个细节之处发现惊喜。本书蕴含诸多独到的见解，值得用心体会。

——快手推荐算法副总裁 | 周国睿

与诸如计算机视觉等机器学习不同，推荐面对的对象不是客观的物体，而是用户。在互联网时代，对用户的理解是不可或缺的。本书凝结了作者对推荐领域的思考、对用户的认识，内含作者的独到见解，读后有很大帮助。

——清华大学博士|陈晓智

本书深入浅出地介绍了现代推荐系统的核心技术，全面剖析了推荐系统的基础模型、技术前沿和难点问题。本书行文幽默诙谐、言必有物，是一本难得的推荐系统入门和工业实战佳作。

——AMD 高级软件研发经理|李栋

《现代推荐算法》一书以通俗易懂的语言解释了推荐系统中的各种复杂技术和算法，凝结了作者在该领域的长期积累和深刻洞见，非常适合于想要学习推荐系统的初学者和从业人员，它不仅可以帮助读者建立推荐系统的基础知识，还可以帮助读者深入了解推荐系统的各种算法和应用场景，我强烈推荐这本书给所有对推荐系统感兴趣的读者。

——卡耐基梅隆大学博士后　Sea AI Lab 研究员|许翔宇

本书深入浅出地介绍了推荐系统的理论知识及产品应用，新手能从中学习到丰富的推荐系统知识，已经从事推荐行业多年的人再读也会颇有启发。我诚挚地向想了解推荐系统和想进一步深入研究推荐系统的读者推荐此书。

——旷视科技高级研究员|刘宇

阅读本书使得我们对互联网推荐系统有了更加深刻的理解，本书内容覆盖全面，从技术架构、算法细节到用户理解、运营逻辑等均有涉猎，对于相关从业人员的进阶修炼大有益处，同时也为广大普通用户了解自己常用的信息获取平台的背后推荐机制提供了有效入口。

——清华大学未来实验室助理研究员|路奇

　　对于想要深入了解推荐系统的人来说,《现代推荐算法》这本书是一个非常好的选择。该书介绍了推荐系统的基本原理、常用算法以及实现技术,并提供了详细的案例研究和实践经验。无论你是一名学生、研究人员还是工程师,这本书都会为你提供丰富的知识和实用的指导,让你能够更好地设计和实现推荐系统,为用户提供更好的推荐服务。

——思谋科技总经理 | 苏驰

前言

在介绍本书之前，请允许我先讲一段当推荐算法工程师时令我自己最满意的工作经历。因为这段工作经历让我找到了与模型的相处方式，或者说得到了一个职业"秘籍"，之后我在工作中遇到的很多难题都是通过这个"秘籍"解决的，这个"秘籍"也会贯穿全书，帮助大家更好地理解和把握推荐系统的本质，助力职业发展。

这段工作经历涉及两个不同的域，我们用 A 域和 B 域来表示。A 域的样本很常见，也经常被研究，因此基于 A 域数据训练的模型预估性能很好；而 B 域的数据难以采集，样本质量也不够理想。在某种需求下，我们希望模型既能识别 A 域的样本，又能进行 A 域和 B 域之间相同样本的比对。由于 B 域中的样本质量很差，直接跨域对比效果不理想。

为了便于理解，这里举个例子，A 域是汉语，B 域是英语，我们要做的任务是判断两个句子的含义是否相同。比如汉语中"在原来的荒山野岭上，经过十二年的时间，他用双手奇迹般地创造了这蒙着如丝细雨显得格外郁郁葱葱的大片森林""他用 12 年把渺无人烟的荒地变成了一片绿色的海洋"，而英语的表述是"After 12 years, he transformed the wasteland as a huge forest"，我们可以看出，这三个句子说的是同样的意思。该任务既涉及中文句子间的相互比对，又涉及中文和英文句子间的比对，额外的困难之处在于，由于设备采集原因，B 域的句子很多是残缺的，缺少一些词，语义容易模糊，这就给解决问题带来了难度。

笔者一开始尝试同时训练中文句子间比对和中英文句子间比对的两个任务。由于中文的语料非常丰富，中文句子间的比对效果很好。难题发生在中文句子和英文句子比对之间，由于缺失了一些词，模型性能异常，它遇到了一个复杂问题，无所适从，只能根据过去的习惯来强行拟合，但效果并不好，项目因此陷入了瓶颈。

笔者隐隐觉得，模型此时的处境和人很像：在我们求学的过程中，要先学会基础代数，才能学微积分，接着才能学懂机器学习。对于一个没有高等数学背景的学生，要求他学习机器学习会如何呢？他会随意猜测，就和模型一样产生强行拟合的问题。

因此，笔者决定像对待一个人一样对待自己的模型，首先，学习应该是循序渐进的，学习的目标要拆解开。具体来说，加入一个辅助任务，让模型先学会英文句子间的比对。在学习该任务的过程中，将两个分别遗失不同信息的句子对应在一起，在这个过程中，模型能够学到"在英文句子中哪些信息是重要的"。等过了这个阶段，模型学会了这个辅助任务，再进行中英文句子比对。此时模型已经学会了避免把判断的依据全放在那些容易缺失的词汇上，中文和英文句子之间的比对就简单了很多。有了辅助任务的加持，模型的性能一下子就提升了不少，中英文句子对比的效果甚至能和中文句子间的对比差不多。

沿着这个思路，接下来会发生什么呢？等到我们已经学会机器学习的知识之后，还有必要再继续做微积分的题目吗？肯定是不需要的，生活中也没人这么做。同理可得，当模型已经学会提炼英文句子中的关键信息，并能做到中英文句子比对之后，继续学习英文句子间比对的意义可能不大了。于是在确认模型已经逐渐收敛之后，笔者去掉了辅助任务，发现模型的效果还能再提升一些。最终，笔者总结出一个"先用辅助任务过渡，再去掉辅助任务，并专注于目标任务"的模型训练方式，按照这个方式训练模型成功的概率很高。

从这次工作经历中提炼个最关键的点，就是把机器学习的模型当成人来看待，用生活中观察到的经验帮助我们认识、理解和运用模型。

把模型当成人来看待

拟人化是我从业以来最常使用的方法。很多人会说，神经网络是个"黑盒子"，里面发生了什么，既难以控制，也不易解释。但我觉得可以从一个简单的角度来看待模型，比如，把它看成一个"学生"。打个比方，有一个很复杂的问题，学生经过一番苦算，终于得到一种结果。此时我们问他："这样的结果置信吗？需不需要重新验算一遍？"于是他又从头开始计算，得出了另一种结果。现在我们再问他："这两个结果哪个更好？"他认为两个都不够理想。"那么如何得到更好的结果？"他想了想，把两个结果综合（求和或投票）起来作为最终结果。经过综合的结果果然比任何一个都好。这也可用于理解集成学习（Ensemble Learning）。

不做"温室里的花朵"

推荐算法工程师经常遇见的问题是：某个特征因为在训练和部署时的抽取方法不一样，导致训练时的覆盖度很高（如99%以上），部署时的覆盖度却很低（10%～20%）。这样模型的表现就会变得很差。这类问题的专业说法叫作"线上、线下不一致"。训练时，特征的覆盖度高，预估很容易，模型就会待在自己的舒适区。可在实际部署时，缺失特征的问题就像一场意外的暴雨，事先根本没有做好准备，作为"温室里的花朵"的模型该如何承受呢?

这就是数据增强(Data Augmentation)能改善模型性能的原因。在计算机视觉任务中,数据增强方法包括把图片裁剪为一个片段,在图片上施加噪声,以及把图片旋转一定角度等。这样做就是让模型在训练时把各种奇奇怪怪的例子都经历了,从而就能适应更困难的环境,等到真正应用时就能克服更多的困难。

精准地描述需求,既不欠缺,也不超出

作为"学生",模型会有注意力集中或不集中的时候,也会顾此失彼,就是能力终究有限。我们把样本丢给它,让它学习,它会尽力完成任务,但在这个过程中,也会暴露一些"人性"弱点。如果任务设定的要求太高,它可能就直接"自暴自弃",出现很奇怪的行为,甚至连低一些的要求都无法达到。这种情况常见于任务难度远远超出模型能力的情况,例如,让一个很小的端上①模型分辨双胞胎的图片,最后可能会发现模型预测的结果很混乱,连一般情况的人脸都难以区分。反过来,如果要求太宽松,模型又会"洋洋自得"。对于每个样例,它都认为当前已经学习得够充分了,不会主动把精力花在那些难以预测的例子上。

推荐算法工程师往往在扮演一位严厉的"老师",不停地纠正模型任何试图"偷懒"或"注意力不集中"的问题。有一点是我想强调的:在网络训练的最终阶段,损失函数的数量应该等于且仅等于任务数量。学生要完成什么目标应该是老师准确定义的,因此,作为"老师"的推荐算法工程师应该既不让模型做无关的任务,也不能让它忽略必要的任务设定。这句话还有一个另一种说法:在网络训练未收敛的阶段,可以增加辅助任务,暂时不引入最终任务。

关于本书

本书是一本讲解现代推荐系统、推荐算法的图书。与市面上现存的一些书不同,本书并不涉及具体代码,也不讲解某个架构如何实践剖析,包括本书的两大核心部分是模型和算法。模型是算法中最主要的部分,也是笔者最擅长的部分。除了梳理模型发展的历史,我们更关注背后的思想,面对什么样的问题应该选择什么样的模型,如何做出适合当前场景的改进。本书旨在全面介绍现代推荐系统中所需要的各种算法,并深入解析当下最前沿、最先进的算法及其实践应用,让读者快速掌握前言的发展动态。

---

① 这里的"端"指的是移动端,也就是用户的手机等设备,另一个相对的概念是云端,本书简称"云上"。

本书的主要内容

本书的具体布局如下。

首先我们在总览篇中介绍推荐系统的基本概念和近年来它越来越重要的原因，以及基本的环节。推荐系统演变至今，已经形成一套复杂的链路。想要进入推荐系统相关行业，首先得理解这些基本环节在整个链路中所发挥的作用，以及各个环节之间如何协调。这一篇是整本书的基础，也是从业者入行的第一步。

模型作为机器学习的基石，在推荐系统中扮演着重要的角色。尤其在深度学习爆火之后，以神经网络为主的模型已经出现在了推荐系统中的各个环节。从深度学习之前的模型，到目前最新的结构，都将被梳理在模型篇中。具备这些基础知识之后，从业者就能更轻松地解决实际工业生产中的问题，做出更正确的策态。

经过一段时间的研究和发展，一些问题逐渐聚合在一起，形成一个个子领域。这些子领域代表了当下业界的前沿方向，因此我们以前沿篇来总结归纳。前沿篇中的问题虽然有难度，但总能找到不错的解决方案。此外，还有一些目前业界没有定论、可能需要顶尖的技术人员来解决的问题，汇总在难点篇中。立志在推荐算法领域中做出成绩的读者，可以通过这两篇学习推荐系统的核心理论和实践应用，找到灵感。

最后，我们对推荐系统整体的理解、对平台与用户的理解最终都会体现为一些关键的决策。在决策篇中，我们从技术原理和用户心理出发，解释一些常见决策背后的依据。策略也是算法，而且往往是从更宏观的角度出发所提出的算法。对技术人员来说，本篇可以拓宽视野，帮助读者从执行层面进阶到决策层面；对产品运营人员来说，本篇可以解释决策背后的原理，加深理解。

除了知识介绍，书中有大量我个人对推荐系统中问题的理解。就像上面所说的，在当前阶段，很多问题没有定论，这些理解作为我一家之言也未必全对，但我希望这些理解能引发读者更多的思考和开放性的讨论。

由于本书不涉及基础的机器学习概念和数学知识，所以对于还没有深入了解过机器学习的读者，笔者建议先补充一下相关知识；对于已经有一定基础知识的学生和相关领域的从业者，笔者强烈建议阅读本书，本书中不仅有对技术点背后原理的分析，还有对当下领域发展的总结和展望。

作者
2023年5月

读者服务

微信扫码回复：45474

· 加入本书读者交流群，获取本书学习导图高清文件，阅读答疑

· 【百场大咖直播合集】永久更新，仅需 1 元

目录

总览篇

模型篇

前沿篇

难点篇

决策篇

总览篇

推荐系统的大发展与移动互联网的兴盛及普通用户的创作热情提高有很大关系。一方面，信息传播变得更快，用户接受、消费信息的能力都增强了；另一方面，越来越多的人除作为消费者外，自己也成为创作者。对推荐系统来说，推荐的对象和被推荐的对象都在急剧增加，这促成了相关研究的繁荣。可以说在自媒体影响过后的当下，推荐系统不止进入用户生活的方方面面，更成为普通人生活中不可或缺的一部分。

推荐系统在早期类似启发式的方法比较多，到了现在，经过深度学习变革的洗礼，逐渐形成了"模型构成主漏斗，策略环绕"的架构。在模型方面，入口由大到小，经过召回、粗排、精排等环节，逐渐推选出最终展现的候选。在整个过程中，布满了各式各样的为了满足业务需求而设定的策略，比如保送某类内容，或者过滤不该被推荐的候选，等等。大部分策略是为了弥补模型能力的不足而提出的，但现在随着模型能力越来越强，其中一些环节已经逐渐被模型取代。

第1章
推荐系统概述

在本章中，我们介绍推荐系统常见的产品形式和基本概念。推荐系统的大发展与其他技术、科技发展息息相关，通信能力的质变、高度进化的算力和用户心智的改变使得推荐系统和推荐技术走进我们生活的方方面面。

1.1 推荐系统是什么

推荐系统是一种从成千上万的物料中选出满足用户需求的部分并进行分发的系统。下面分别从物料和产品的角度来阐述到底什么是推荐系统。

这里的物料通常指的是推荐内容，如图 1-1 所示。

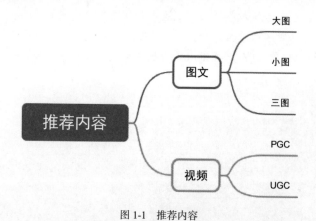

图 1-1　推荐内容

（1）图文是最容易产生、也是数量最多的内容。图文一直是互联网内容的主流，如人人网、微博。即使近年来短视频发展迅猛，用户对于图文的需求也没有减少。无论是官方媒体，还是自媒体，图文仍然是主战场。需要说明的是，图文 feed 流可以自然地插入视频，像在图 1-2 所示新闻平台的产品界面及形态中就有很多视频。手机百度、今日头条都是以图文为主的平台。

（2）PGC（Professional Generated Content）视频主要指由专业的生产者产出的视频。典型的以 PGC 为主的是西瓜视频、爱奇艺等平台。

（3）UGC（User Generated Content）视频指普通的生产者生产的内容。一个用户拍好一段短视频并把它发布出来，都可看作 UGC 的领域。UGC 和 PGC 的边界并不清晰，当普通用户得到关注，慢慢变成头部作者的时候，他的作品也就变成了 PGC 作品。抖音、快手都是典型的 UGC 平台。

图 1-1 的分类基本是按照目前常见的产品形态来分类的。PGC、UGC 的概念划分与图文、视频的划分之间相互独立（在图文的应用里面，这两类是混合在一起的），为了便于理解，这里只是依据目前主流的产品形态进行划分。

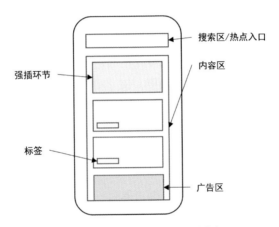

图 1-2　新闻平台的产品界面及形态

接下来从产品的角度，查看一个典型的推荐产品包括哪些要素。图 1-2 所示为典型 App 的图文界面，以此为代表介绍所有的要素。

将界面按功能分为几种要素。

（1）内容区：界面中最主体的区域，占据了绝大多数空间。在这里看到的是文章的预览或缩略，用户点击后就可以抵达详情页。常见形式包括大图（标题在上，图片填满页面宽度）、小图（标题在左侧，图片的高度和文本的高度一致）和组图（标题在上，三张图填满页面宽度）。

（2）搜索区/热点入口：与网页搜索相似。

（3）强插环节：与个性化无关的一个区域，存在的理由可能是时事热点、政策方针等。

（4）标签：一般会写上作者的名字，并且附带评论数或播放数等信息，有时也会用"热点""活动"等字样覆盖。

（5）广告区：严格意义上不算一个区，广告可以出现在任何内容可以出现的地方。

上面的大图、小图、组图都可以被广告性质的内容所取代，点击自然内容进去的详情页也可以出现广告。但要注意，广告的密度一般有限，假如一个屏幕有四五条内容，广告最多占据一条，否则会影响用户体验，而且一定得打上"广告"标签。

在推荐系统中，用户可以读到感兴趣的内容，这些内容是由有同样背景或同样爱好的作者生产的。因此，推荐系统其实是连接作者和用户的一个中间媒介。

在本书中，把用户称作"消费者"，把作者称为"生产者"。这里的"消费"并不是指"付费"，而是指内容的"消费"。

既然推荐系统是一个中间媒介，那么它都有哪些作用，可以达到什么样的目的呢？

从消费者的角度来看，推荐系统就是把消费者想看的东西给他们，如对于喜欢看游戏的消费者，可以推荐各种主播的技术视频；对于想买手机的消费者，可以推荐性价比高的手机，让消费者省事。

从生产者的角度来看，推荐系统需要让他们发挥更大的价值，如帮助新疆的水果商家找到客户；让大多数短视频作者有曝光度，增强他们的创作欲望。

根据实际业务及业务发展阶段的不同，推荐系统需要在消费者和生产者之间平衡：在初始阶段，为了有限满足消费者对推荐内容的质量和新鲜度的需求，要把最好的内容展现出来；在内容足够丰富时，考虑生产者的长尾效应，让一些不那么热门的内容得到展示可能更为重要。

在推荐系统中，推荐的主体可以分为自然内容和赢利内容两种。自然内容指的是那些不以赢利为目的的内容，也是最常见和最主要的形式；而赢利内容则是第三方为了获取收益投放的内容，最典型的就是广告。

广告的推送本身也属于推荐，典型的方式有两种：第一种是在开屏或固定位置放置，这种一般是追求品牌效应的品牌广告，以合约的形式完成；另一种是针对某个位置，众多广告主来竞价，即效果广告，追求短期内的转化（商品购买、游戏下载等）。

近年来，有更多其他形式的内容出现在各类平台上，如直播。有的直播是先打造主播的个人品牌，然后逐渐转向变现；而电商类直播则更直接地带货。再比如本地生活的相关内容，其本质也是向商家导流的。

1.2　推荐系统发展的天时、地利、人和

- ✦ 推荐系统的最简单的评判方法就是每次请求都保证能展示新内容。
- ✦ 优质生产者的作用是非常大的，不可忽视。

推荐系统并不是一开始就像现在这样是主流的，以前的内容平台更加依赖编辑的

筛选，如笔者上学的时候特别喜欢网易的一个专栏，叫"轻松一刻"，小编会结合时事，找各种图来玩"梗"。这些专栏的内容对于任何用户都是固定的顺序和固定的内容，如果你喜欢看汽车或体育的内容，则需要切换到相关的标签或话题下寻找。这是第一个阶段，完成推荐的主体是人，而且是非个性化的。需要指出的是，其实在同期，推荐的各种理论和算法已经在发展了，但一是性能还有待提升，二是需要推荐的内容没那么多，人工就可以处理，如图 1-3（a）所示的全局热度（无推荐）阶段。

后来笔者看到手机新浪平台开始尝试推荐，专门划出一个板块，叫"猜你喜欢"，里面由算法来完成推荐，可以看出推荐的内容和历史行为有很强的关联，但是这部分所占的空间很少。在此阶段完成推荐的主体已经是机器了，而且出现了不错的个性化，如图 1-3（b）所示的初步尝试（部分推荐）阶段。这时，无论是平台还是用户，观念已经在逐渐转变了，推荐系统爆发即将到来。

现在再看各种媒介，很难找到一些人为设定好的内容了，每个人能刷出来的内容几乎没有重复的，而且哪怕一直刷下去，也有无限多的内容供给，如图 1-3（c）所示的占据主导（几乎全部是推荐）阶段。原因在于，一方面信息量剧增，另一方面推荐已经做到了高度个性化。纵观这三个阶段，这中间发生了什么变化，使得推荐系统逐渐进展到如今的现状呢？

（a）全局热度（无推荐）　　　（b）初步尝试（部分推荐）　　　（c）占据主导（几乎全部是推荐）

图 1-3　推荐系统的三个阶段

有三个因素共同推进了推荐系统的繁荣。

（1）天时：我们进入了一个移动互联网时代，获取信息变得十分方便，人们对信息的渴望也急剧增大。

（2）地利：分布式计算突飞猛进，算法日新月异，相比于人为设定的方式，推荐系统确实带来了很大收益。

（3）人和：好的推荐系统上总有很多优秀的生产者，优秀的生产者和消费者可以互相形成正反馈。

1.2.1 天时

移动互联网时代，人们的"碎片时间"变得非常多，流量也变得更便宜。地铁上、公交上，很多人都在刷手机。这类需求就构成了推荐系统大发展的一大动机：用户不希望每次打开都是固定的内容，他们想看新的，并且最好不用自己动手翻找。这时如果有个产品能不停地把新鲜内容推荐给用户，他们就可以一直看下去。类似的需求不只发生在通勤途中，上班休息时、学习闲暇时都需要。有这么大的对内容的需求，推荐自然就非常重要了。

从这个角度我们可以对比一下论坛产品（如贴吧、虎扑）和信息分发产品①。像贴吧这样的产品在以前没有推荐功能，用户看到的内容得按照发帖时间或者回复时间排序，这样用户如果看完了第1页所有的内容，正好有别的事情要去做，过了一会儿又有一段空闲时间，再打开时，上面的内容没怎么变，想要看新的，就得自己手动翻到第2、3页。**系统给用户设立了一个门槛**：由于每次都要自己翻页，翻的次数多了门槛越来越高，最后没有了再翻下去的动力。

现代的推荐系统则不同，每次刷新都有新东西出现，用户就没门槛了。一个简简单单的手指上下滑动作就能不停地出现新东西，用户自然会更喜欢。这里我们可以插一句，现在短视频推荐系统一般都会把用户的使用时长当作一个主要的指标，一方面，它代表用户沉浸在平台上的程度；另一方面，它体现了平台可以变现的能力。后面这句话怎么理解呢？上面提到过，广告往往是按照展示来收费的，如果用户的使用时长越长，平台就能插进去更多的广告，这就是平台变现的方式。

所以，"每次刷新都出新的东西"和"过一会儿就想刷刷手机"这两件事情完美地结合起来了。除了算法要做到极致，有没有丰富的内容或者用户关心的内容也很重要，后者可能是用户使用的更大动机来源。

1.2.2 地利

一种产品形态的发展，除了巨大的需求，往往还需要有相应的技术来承载。过去的十年，不仅深度学习突飞猛进，机器学习分布式计算的发展也十分迅猛。这里可以归纳一下，做一个现代的大型推荐系统，需要的技术支持。

（1）当用户刷新时，推荐系统需要迅速反应。新的物料在滑动的一瞬间就可以出

---

① 互动的因素也有，但是会弱一点，主要还是把内容推荐给用户。

现，首先需要依赖网络技术的发展，传输图文或视频要在短时间内完成。如果是短视频公司，在音、视频编解码这块需要有研究[①]。

（2）短时间内必须获取用户的特征，并选出合适的物料。这是非常依赖分布式计算的。在一次推荐中，哪些特征从同一批机器里面得到嵌入都是很有讲究的。一方面，现在的推荐模型往往也有神经网络在其中，因此神经网络的并行化对推荐的提升作用很大；另一方面，当平台的候选物料很多时，如何科学存储、索引也很重要[②]。

（3）生态的形成和保护，这是专指内容理解技术的。即使大公司会招聘很多审核人员，绝大多数审核也会先由机器来完成。这需要计算机视觉（Computer Vision，CV）技术来理解某个视频是不是合规，观感是否合适。在用户评论时，需要用自然语言处理（Natural Language Processing，NLP）技术对他们发表的言论进行过滤。如果论坛中的评论粗俗不堪，那么对用户体验的伤害极大，对平台的品牌打造也有很大的负面影响。现在的平台很轻易地可以判别用户的言论，这对于形成良好的生态是不可或缺的。

（4）个性化推荐。这点是理所当然的。算法越优质，推荐就越精准，越能满足用户的兴趣需求，对于整个平台的促进效果是很显著的。本书主要介绍的对象也是个性化的推荐算法。

1.2.3　人和

所谓"人和"，指的是在有意无意间，很多人都会参与到推荐系统的生态建设中去，既是消费者，又是生产者。生产者对平台的发展在前、中期都有很大的帮助[③]。

《我看电商》一书里提到的阿里巴巴早期可以赢过易趣（eBay），最后把国内的电商平台做起来的原因是，阿里巴巴给中小商家提供机会，帮助他们推广自己的产品。这是一个多赢的好事情：中小商家在线下的曝光往往是低效的，如江浙的卖茶商家，他们在大街上卖茶效率可能不高，因为这类产品在当地很多。但是如果先人一步在网络上打出名气，别的地区的用户可能会很感兴趣，销路就变多了。这些中小商家也会帮平台打广告，吸引更多的商家进驻。这和上面举的新疆水果的例子是类似的。

现在这个时代，人人都可以做自媒体。简单来说，就是普通大众都有发表见解、展现自我的机会。都说"高手在民间"，有些很优质的自媒体甚至可以养活一个平台。比如"漂亮的小姐姐"这样的话题能火的原因有三：其一，世界上不缺好看的小姐姐，这一点注定生产者是不会缺少的；其二，生产者的门槛不高，对本来就好看的小姐姐

---

① 尤其是视频，它的网络传输量比图文要大很多。

② 在后面讲粗排模型时，会讨论一下工程能力对于模型的影响是什么。

③ 特殊之处是到了后期，用户和平台之间有可能会发生相互挤对，这个留到后面再讲。

来说，怎么拍都有人看。同时，软件也会自带很多美颜功能，你不够美也能把你变美；其三，这样的**生产者永远不会过时**，也永远不会让消费者讨厌。明星的社交账号也是同理的，如果所有明星和名人都用同一个平台发布动态，那么他们的粉丝基本都会使用该平台，这样该平台的活力就有了一个保障。这就是一个生产者起到正面作用的例子。

成功的推荐系统，头部生产者都在里面发挥了不可或缺的作用，如直播平台。有的直播平台花高价请来退役的电竞选手，其一，这些电竞选手自带粉丝，搞活动、解说比赛都能带来大量流量；其二，主播们一起玩的时候，总能出现一些出圈的"经典时刻"，这些"经典时刻"在各大平台上传播，可以提升直播平台的知名度；其三，这些主播直播其他游戏时，能起到很好的广告作用，拓宽平台的业务涵盖范围。

也有一些失败的推荐系统，它们输在了生产者上。笔者见过的一个例子是，依靠发金币来拉新，用户看视频，或者看文章能拿到金币，到一定程度就可以变现。一开始无往不利，用户数量和日活跃用户数都飞涨，但是活动一停下来，用户数量就断崖式下跌。根本原因是什么呢？因为平台里面的视频、文章都是搬运的，用户没有必须使用本平台的动机。金币发得再多总会停下来，这时用户就开始大量流失了。

第 2 章
现代推荐链路

现代推荐链路主要指以召回、粗排、精排为主的模型环节，以及为各种业务目标服务的策略。模型串行形成漏斗式链路，同时各阶段有不同策略环绕。如何分配推荐任务呢？大致的原则是，如果需求能通过制订简单规则来处理，或者需求超出模型能力，就都用策略实现，而需要协同个性化的、并发度高的都让模型负责。

2.1 召回、粗排、精排——各有所长

- A/B 实验几乎是推荐系统改进的不二法则，推荐算法工程师做 A/B 实验，开发人员做 A/B 实验，产品经理做 A/B 实验，运营人员更要做 A/B 实验。

- 召回有点像一个"甩锅侠"，其不管推荐得准不准，只管把潜在的、能推荐的都放进来。

- 其他环节想要提升，除了自身确实有改进，也要和精排相似，因为精排掌握着最终呈现的出口。

- 粗排非常容易照本宣科，明明实际结果已经说明不需要粗排，内心的惯性还是让人想留着它。

第 1 章大体讲解了推荐系统做什么，以及发展历程。从这一章开始，我们会逐渐进入推荐系统具体运转的技术环节。

推荐系统一般包含索引池、特征服务、排序模块、展示逻辑、日志系统、分析系统等主要环节。推荐系统的主要模块及交互关系如图 2-1 所示。

（1）索引池是对当前所有合法物料的汇总。这里需要注意"合法"二字，因为并不是所有物料都可以出现在"推荐"的大逻辑下的。举个例子，对某广告的推荐，如果广告主的预算花完了，或者广告主中途退出，那就需要从索引池里面拿掉；或者广告主不想把他的广告投放给 20～30 岁的人群，那么这一年龄段的索引池也不应包含此物料。

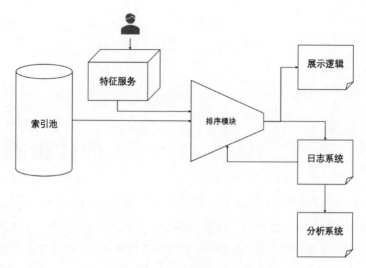

图 2-1　推荐系统的主要模块及交互关系

（2）特征服务是指在用户发生请求[①]时，计算出该用户信息所对应的特征和历史行为，如年龄、性别、购买记录等。在计算推荐结果时，既需要计算用户的特征，又需要计算物料的特征。但物料的大多数特征都相对固定，而且更新频率较低，可以事先计算存储。相反，用户的行为特征变化得很快，需要专门的服务来处理，因此图 2-1 所示的特征服务主要指计算用户特征的服务。

（3）排序模块，这既是推荐系统的主导，又是机器学习模型最密集的部分。它包括下面要讲的召回、精排、粗排、打压、保送策略，**其作用就是从很多候选的物料中挑出最好的一个或多个进入展示逻辑。**

（4）展示逻辑主要指广告和内容的混排，或者是视频和文章的混排。广告和文章在各自的排序阶段是互不影响的，也就是说，上面的排序系统是双份的。当双方都排好之后，需要对广告进行判定，如果广告的质量很高［预估的点击率（Click-Trough Rate，CTR）、转化率（ConVersion Rate，CVR）都很高］，或者之前展示的广告比较少使得门槛下降，那么符合这两种情况就可以选择合适的位置投放广告。

（5）日志系统记录推送前后系统发生的一切事情。在图 2-1 中有一个日志系统返回排序模块的箭头，此处箭头的含义是，用户的行为要落盘（记录下来），形成新的训练数据，提供给排序模块继续训练，不断学习。

（6）分析系统依赖于日志系统，**此处主要指 A/B 实验系统**。A/B 实验就是指对用户进行随机划分，一部分用户应用对照组（A 组，也就是原来的系统），另一部分用户应用实验组（B 组，也就是我们想添加的改进点）。通过对比 A 组和 B 组之间的差异，

---

① 刷新，刚进入 App 时都会有请求发生，这个信号可以看作整个推荐流程的起点。

来验证改进点是否有效，所以整个系统的迭代都是非常依赖 A/B 实验的。迭代一般是这样的流程：想到一个好想法→做线下实验→做 A/B 实验→有效就推广到全量。当然 A/B 实验也不是万能的，里面也存在问题，我们在决策篇会讲到。另外要注意的是，虽然这里叫作 A/B 实验，但是实际上对照组的用户不是都只有一组，实践中也可以是 AA/BB 实验，即对照组也有多组，实验组也有多组。这么做是为了观察组内的方差和组间的方差，假如两个对照组之间的观看时长的差距有 3%，对照组和实验组的差距只有 2%，那就很难说明这个实验引起的改变是置信的。

上面是对于整个推荐系统框架的梳理，下面细化到排序模块具体是如何工作的。在整体上，排序是一个多层漏斗，每层完成各自的任务，逐渐缩小候选范围，一直到最后透出结果。排序模块中的主要模型如图 2-2 所示。

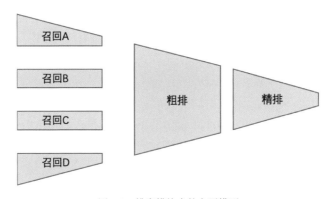

图 2-2　排序模块中的主要模型

在图 2-2 中的链路中，从左到右，输入/输出规模越来越小，因此，模型的负担越来越小。那么可想而知，从左往右，模型会越来越复杂、越来越强，个性化程度也会越来越高。

召回也叫触发，它从百万甚至上亿的物料中挖掘出当前用户可能感兴趣的东西，这个环节是入口。由于这里挑选候选的压力最大，模型也最简单，单独的召回可能难以照顾到所有方面，此时就需要多路召回，即多个召回路共同决定哪些候选进入下一个环节。比如，可以用一路召回专门根据用户过往的兴趣来筛选候选，再加一路召回专门输出近一段时间的热门视频。每一路召回的侧重点都不一样，共同组成下一级的输入。

粗排接受的输入就少很多，如几千个，压力大大降低。粗排的存在与算力的平衡有关，这几千个候选还不能全部交给精排来计算，但量不大，还可以使用更复杂的模型预估。此时，多层感知机（Multi-Layer Perceptron，MLP）就可以用上了。粗排在链路中的模型范式要么接近召回，要么接近精排，一般而言，输出小于 1000 个。

精排大体上是模型的最后一个环节，可以采用目前机器学习中非常复杂的结构，输出的是本次推荐的最终候选，可以是一个或多个。

举个例子，在电商场景下，首先计算用户的画像信息（年轻女性）和历史行为信息（曾经购买过高端女装），然后开始推荐流程。根据用户的年龄和性别，可以由"用户画像召回"提供和该用户同性别、同年龄段的其他人所喜欢的物料。根据用户历史购买的记录，"历史行为召回"发掘一些其他品牌的高端女装加入候选。这些召回按照自己的侧重点，汇总出一套全面的候选递交给粗排。粗排根据用户和候选物料的特征，把一些明显不符合要求的候选筛除，如用户画像召回可能召回了一些大众喜欢，但并不高端，与用户兴趣不符的女装。最后，精排模型把最有可能购买的一个或多个结果展示出去。

由于在每一步中要处理的候选规模不同，上述流程实际上是计算压力从大到小，**模型复杂度从低到高的过程**。正因为如此，它们的角色也有差别。

精排：最纯粹的排序，也是最纯粹的机器学习模块。它的目标只有一个，就是**根据手头所有的信息输出最准的预测**。在学术界，关于精排的文章也是最多的（当然要在前人的基础上改进也更难）。

研究精排，其他环节的干扰最少。精排训练所需要的数据本身就是它自己产生的，没有其他环节的影响。精排也是整个流程中的霸主，如果在召回上做一个改进点，但它在精排上不适配，那改进点就难以在最终候选中体现出来。精排之前的环节想要做出收益，都需要精排的"认可"。

召回：由于召回所要面对的物料量是最大的，因此召回也是时延压力最大的。简单来说，就是推理要快。这也意味着它的模型结构最简单，甚至有时候不是模型，而是规则。

对于召回来说，最经典的模型莫过于双塔（一个 MLP 输出用户的表示嵌入，一个 MLP 输出物料的表示嵌入，后面详细介绍①）。双塔的输出，通常建模在向量的近似搜索里面，可以极大地提升搜索的效率。因此，双塔几乎可以说是为召回而生的。

召回有一个原则是多样化，多个召回路在它们所要涵盖的地方应该有差异。召回对象有差异最好，模型结构有差异次之，如果仅仅是训练数据有差异可能不会有什么提升。但是召回不像精排和粗排那样关注准确性，一方面，后面有粗排、精排来决策；另一方面，最终结果是后面环节决定的，召回这里的结果有多精准不一定能反映到最终结果上。但召回也有自己的指标，在机器学习中有一个指标叫"召回率"，就是模型认为的正样本占所有正样本的比例。这里的环节称之为召回也有这个意思：不在乎是

---

① 本书所说的"嵌入"有两种：一种是特征引入模型时以嵌入查表查找的嵌入（特征嵌入）；另一种是模型中间层，或者最后的输出（表示嵌入）。表示嵌入可以认为和深度学习中常说的特征图（Feature Map）等价。

不是把错的放进来了，只在乎它是否把对的全部放进来了。

粗排：相比于召回和精排，粗排的定位比较尴尬。在有的推荐系统里，粗排可以很好地平衡计算复杂度和候选数量的关系；但是在有的场景中，粗排可能只是精排甚至召回的一个影子。所以，粗排的模型结构在大多数情况下都很像精排或召回。

粗排不是必需的环节。如果候选数量非常少，那连召回都不需要了；如果精排能承载所有召回的输出，那可以考虑做实验对比是不是需要粗排。有的地方甚至出现过粗排输出的候选变少，整个推荐系统反而有提升的情况。如果这样的情况出现，就说明整个链路的设计存在不合理的地方。

同理，也不是所有的场景都只能有 3 个排序模型。如果面对的场景中还需要更多的环节来进行过渡，那么在时延允许的情况下是可以添加的。只要理解上面的模型之间是互相分担压力的关系，灵活处理即可。

2.2 召回、粗排、精排——级联漏斗

- 把表现好的物料的曝光进一步提高是推荐模型的基本能力，也是基本要求。把表现差的物料的曝光提高也可能是好模型，但表现好的物料的曝光没提高，就说明有很多问题。
- 在初始阶段，物料之间哪个能最快得到精排的认可，哪个就有可能在冷启动阶段占据压倒性优势。
- 召回区分主路和旁路，主路的作用是个性化+服务后链路，而旁路的作用是查缺补漏。
- 推荐系统的前几个操作可能就决定了整个推荐系统的走向，在初期一定要三思而后行。

前面说过，整个推荐系统的链路是一个大漏斗，前面召回的入口最多，最后精排仅仅输出一点点。接下来对漏斗的连接部分做更细致的分析，包括精排、粗排、召回的学习目标、评价标准分别是什么等。

虽然整个链路的推理过程是从前往后的，但是进行迭代改进的时候却往往是倒着往前的。（读者可以回答出此处的原因吗？）假如想添加某种特征，那么先由精排验证有效，然后粗排再添加。召回可以不按照这个规则走，因为召回在很多时候是觉得上面的队列里缺少哪一方面的东西，才多这一路的。

以 CTR 预估为例，精排学习目标的范围一般是所有存在曝光的样本。有曝光但没有点击的是负样本，有曝光也有点击的就是正样本。在其他目标中可以以此类推：

如 CVR 预估，点击了但没转化的是负样本，点击了也转化的就是正样本。

精排模型输出的结果，线下可以由曲面下面积（Area Under the Curve，AUC）进行评估。在"Optimized Cost per Click in Taobao Display Advertising"[1]中，阿里巴巴的推荐算法工程师们提出了另一个评价指标——Group AUC（GAUC），如下：

$$GAUC = \frac{\sum_{u,p}\left(w_{u,p}AUC_{u,p}\right)}{\sum_{u,p}w_{u,p}}$$

式中，w 代表的是曝光数或点击数；p 的原意是对展示的位置进行区分，简化的版本可以只对用户进行区分。GAUC 的计算过程就是对每一个用户按照曝光进行加权及归一化处理，活跃度高的用户对它的影响更大。

线上目标则根据具体业务有所不同，如在短视频平台上，参考的就是累计观看时长，广告参考的是收入，而在电商平台上参考的是商品交易总额（Gross Merchandise Volume，GMV）。线上提升是由线下的一个一个模型提升带来的，如在广告场景下，既要提升 CTR，又要提升 CVR，也要改善出价机制；在推荐场景下，既要提升对观看时长的预估，又要提升用户正、负反馈（如点赞、关注这些目标）的预估。

精排在训练时，把每次展现都当作一条样本，建模成分类任务，按照"点击"或"不点击"做二分类。在一个 CTR 预估模型中，正样本可能是非常稀疏的。对模型来说，当遇到正样本时，它必须把结果归因到当前的用户和物料上，也就是说，相比于没有点击的样本，某物料更容易得到模型的认可。那么在接下来的预估中，该物料自然得到更多的青睐，排序更加靠前。这个过程提升了其获得曝光的能力，也是推荐系统的一个基本性质：正反馈的能力，指的是对于一开始表现较好的物料，它们的排序更靠前，曝光会进一步提升。这里的"表现"指的是展现后的各种数据指标，有时候也用"后验"来表示。注意"一开始"这三个字，所谓的"一开始"表明该物料不一定是一个真正好的素材，而这会引发下面的问题（同时这里留一个思考题，正反馈会无限地持续下去吗？答案在决策篇，在专门讲物料的生命周期中揭晓）。

问题一：真值不够置信。推荐系统需要足够多的曝光数据才能评价一个物料的质量是否好，但是推荐系统整体的曝光机会往往是有限的。给 A 的曝光多必然意味着给 B 的曝光少，因此有很多物料会在没有得到充分曝光的情况下被淘汰。有的物料可能质量是不错的，但是在一开始因为随机，或者精排模型预估不准，导致最初的量没起来。此时有其他物料迅速吸引了精排的倾向，这个不幸运的物料就只能慢慢被淘汰。物料展示过程中的干扰因素如图 2-3 所示。

上述的问题不仅平台知道，广告主们也知道。因此优化素材的同时，也会进行大量的重试，即同样的素材内容，换一个 ID 再来一遍①。当大量的广告主这样做了之后，

---

① 当 ID 变成新的，模型就会把对应物料当作新物料重新开始预估，这涉及后面要讲的冷启动问题。

平台资源就会被极大地浪费，因此平台也会想出各种策略来阻止这件事情。

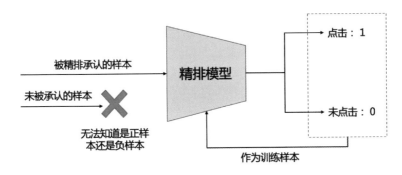

图 2-3　物料展示过程中的干扰因素

问题二：自激。从上面的叙述中可以看出精排学习的目标特点是正、负样本都来自己经曝光的样本，而曝光与否是谁决定的呢？是精排自己决定的。这就造成了"自己学自己"的问题，学习的目标本来就是自己产生的，那么在自己原本的大方向上就有可能错到底。设想有 A、B 两个候选，实际上 B 是一个更优秀的素材，因为推荐系统随机性或精排的缺陷，A 获得了更多的曝光量，而 B 只获得了很少的曝光量，且 B 恰好在这几个曝光量中都没获得什么正反馈，那么接下来 B 就会处于劣势。根据我们上面说的正反馈特性，A 的曝光会越来越高，正向的点击数据越来越多，而 B 被淘汰掉。这个情况如果不断恶化，推荐系统可能会陷入局部最优中出不来，也就是我们说的"自激"：它认为 A 好，所以给了 A 更好的条件，而 A 自然获得了更好的反馈，又再一次验证了推荐系统的"正确性"，最终它在 A 比 B 好的错误路线上越走越远。

有什么办法可以防止上面的情况呢？一般来说有两种方法：第一种是策略的干涉，有的策略会强制一定的探索量，如上面 B 的曝光不能低于 100，这样会缓解一些学习错误的问题。虽然还有个别物料的排序会学错，但整体上发生错误的概率会变低；第二种做法是开辟随机流量，即有一定比例的请求不通过任何模型预估，直接随机展示，观察 CTR。开辟随机流量的结果一方面可以认为是完全真实、完全无偏差的训练样本，另一方面也可以对照当前模型的效果。

讲完了精排部分，我们再来讲粗排部分。粗排的学习目标是精排的输出结果。在比较简单的方案中，粗排也可以直接学习后验数据。学习精排输出的原因是粗排决定不了输出，而后验是精排控制的，粗排只能参考链路中它的下一个环节。粗排只是精排的一个影子，就像上面提到的，要不是精排不能评估所有样本，也不会需要粗排，因此粗排只要和精排保持步调一致就完成了它的大部分任务。如果粗排排序高，精排排序也高，那么粗排就很好地实现了"帮助精排缓冲"的目的；反之，如果粗排排序低，精排反而排得高，那么两个链路之间就会存在冲突。

粗排需要两个或一组样本进行学习。假如精排的队列中有 100 个排好序的样本，我们可以在前 10 个里面取出一个 A 作为好样本，再从后 10 个里面取出一个 B 作为坏样本。粗排的目标就是让自己也认为 A 好于 B。越是这样，它就和精排越像，就越能帮精排分担压力。此时就不是一个分类任务了，而是学习排序（Learning to Rank）的一种方法，Pair-wise 的学习，目标是让上面的 A 和 B 之间的差距尽可能大[①]。这里先提一下 Pair-wise 的学习过程如何实现。我们把两个样本记为 x_1 和 x_2，做差之后代入一个二元交叉熵损失函数（Binary Cross Entropy loss fuction，BCE）：

$$-y\log\left[\sigma(x_1-x_2)\right]-(1-y)\log\left[1-\sigma(x_1-x_2)\right]$$

式中，y 表示标签。若 A 优于 B，$y=1$，此时该损失函数会驱使 A 的得分高于 B，反之 $y=0$。σ 是 Sigmoid 函数。注意在这样的设计下，可能把没有曝光的样本纳入训练范围。粗排的入口比精排大，训练样本也比它多。粗排学习过程的示意图如图 2-4 所示。

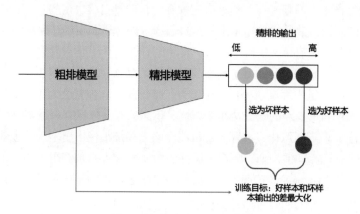

图 2-4 粗排学习过程的示意图

既然粗排学习的目标是精排的输出，那么对粗排的评估自然就是其学精排学得像不像，在线下可以有两种指标来评估：第一种是归一化折损累积增益（Normalized Discounted Cumulative Gain，NDCG），它是一种评价两个排序相似度的指标，就是把精排输出的样本让粗排预测一遍，看看粗排输出的排序结果和精排有多像；第二种是召回率，或者重叠率（也可以用交并比等），即精排输出的前 K（也叫 Top-K）有多少在粗排输出的前 K 里面，也用来评价两个模型的输出像不像。相比之下，NDCG 是一种更细致的指标。我们可以认为 NDCG 不仅刻画了 Top-K 的召回，也刻画了 Top K-1、K-2 等的召回。

召回稍微有些复杂，因为召回是多路的，而且区分主路和旁路。首先要解释主路

---

① 还可以更彻底地拿出更多样本，如在精排输出的每 10 个里面取一个，得到一个长度为 10 的 list，按照 List-wise 的方式去学习。List-wise 比较复杂，我们在模型篇中再介绍。

和旁路的差别，主路的意义和粗排类似，可以看成一个入口更大，但模型更加简单的粗排，为粗排分担压力；但是旁路却不是这样的，旁路出现的时机往往是在主路存在某种机制上的问题，而单靠现在的模型很难解决的时候。举个例子，主路召回学得不错，但是它可能由于某种原因，特别讨厌影视剧片段这一类内容，导致这类视频无法上升到粗排上（可以说存在某种不好的偏差），那么整个推荐系统推不出影视剧片段就是一个问题。从多路召回的角度来讲，我们可能需要单加一路专门召回影视剧片段，并且规定：主路召回只能出 3000 个，这一路新加的固定出 500 个，两边合并起来进入粗排。这个例子是出现旁路的一个动机。增加旁路召回的动机过程如图 2-5 所示。

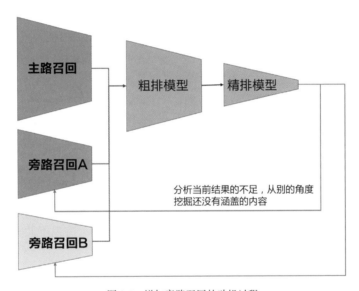

图 2-5　增加旁路召回的动机过程

在上面的图中，梯形的大小表示透出率（即展现的物料中有多少是该路召回提供的）的大小。

那么召回都有哪些种类呢？第一种召回是非个性化的，如对于新用户，我们要确保用最高质量的视频把他们留住，那么我们可以划一个精品池出来，根据某种热度排序，作为一路召回。做法就是，当新用户每次发出请求时，我们都把这些精品池的内容当作结果送给粗排。这样的召回做起来最容易，用数据库技术就可以完成。

第二种召回是 item to item，简称 i2i，item 就是物料。严格意义上应该叫 user to item to item（u2i2i），指的是用用户的历史交互物料来找相似的物料，如把用户过去点赞过的视频拿出来，去找在画面、背景音乐或者用户行为结构上相似的视频，等于认为用户还会喜欢看同样类型的视频。这种召回，既可以从内容上建立相似关系（利用深度学习），也可以用现在比较火的图计算来构建关系。这种召回的负担比较小，图像上物料间的相似完全可以离线计算，甚至相似关系不会随着时间变化。

第三种召回是 user to item（u2i），即纯粹从用户和物料的关系出发。双塔就是一个典型的 u2i。当用户的请求过来时，双塔先计算出用户的表示嵌入，然后去一个事先存好的物料表示嵌入的空间，寻找最相似的一批拿出来。由于要实时计算用户特征，它的负担要大于前面两者，但这种召回的个性化程度最高，实践中的效果也是非常好的。一般情况下，个性化程度最高的双塔都会成为主路。它的学习目标可以类比粗排和精排的关系去学习召回和粗排的关系，而基于图计算和图像相似度的召回，则有各自的学习目标。

对主路召回的评价可以采用类似粗排的方式，以粗排的排序计算 NDCG，或者 Top-K 重叠率。但是旁路召回在线下是难以评估的，如果采用一样的方式评估旁路，旁路的作用岂不是和主路差不多？那么旁路就没有意义，不如把改进点加到主路里面去。在实践中，旁路召回虽然在线下也会计算自己的 AUC、NDCG 等指标，但往往都只是作为一个参考，还是要靠线上试验来验证这路召回是不是有用。

在线上，除了 A、B 需要看效果，还有一个指标是召回需要注意的：透出率，指的是在最终展示的效果中，有多少比例是由这一路召回提供的。如果新建了一路召回，其透出率能达到 30%，A、B 效果也比较好，那么我们可以说这一路召回补充了原来推荐系统的一些不足。反过来，如果透出率只有 1%、2%左右，那么不管 A、B 效果是涨还是跌，都很难说其效果和这一路召回有关系，似乎也没有新加的必要。

多个召回之间的结果在融合时要进行去重，可能有多路返回同样的候选，此时要去掉冗余的部分。但是，去重的步骤是需要经过设计的，有以下几种方法来进行融合。

（1）先来后到：按照人为设计，或者业务经验来指定一个顺序，先取哪一路，再取哪一路。后面取时如果发现结果在前面已经有了，就去重。

（2）按照每一路的得分平均：比如第一路输出 Y_A =0.6，Y_B =0.4；第二路输出 Y_B =0.6，Y_C =0.4。那么由于 B 出现了两次，B 就需要平均一下，最后得到 Y_A =0.6，Y_B =0.5，Y_C =0.4。

（3）投票：和上面的例子类似，由于 B 出现了两次，所以我们认为 B 获得了两个方面的认可，因此它的排序是最靠前的。

假设有三路召回 A、B、C，在当前时空，业务部署的顺序是 A—B—C；在另一个平行时空，业务的部署顺序是 C—B—A。有个问题：在其他变量都不变的情况下，最终业务的收益是一样的吗？

笔者个人的理解是，几乎不会一样。先部署的召回会影响整个推荐系统，后来的部署不管是何种方案，都要在不利于自己的情况下"客场作战"。举一个极端的例子，A 是一个特别喜欢短视频的召回，第一版实现的是它。结果 A 上线以后，不喜欢短视频的用户全都离开了。在迭代的过程中可能就会想到，是不是可以加一路 B 来专门召回长一点的视频。这时候上线 B 无法获得正反馈，因为喜欢长视频的用户已经不在这里了。这是部署顺序给整个推荐系统带来后效性的一个极端例子。如果我们一开始换一种做法，先上一路没什么明显偏差的召回 C，然后把 A、B 都当作补充的旁路加进去，效果有可能更好。

因此在最初的时候，操作一定要小心，否则会给迭代带来很大的后续负担，如上面的例子就是为初期的不正确决定买单。这个问题虽然在粗排、精排时也会出现，但是在实践中召回这里更容易出现，因为召回的某些方法实现很快，很可能一看有收益就推上去了。

以上讲的漏斗都基于物料筛选的角度，而从生产者的角度看，存在这么一个漏斗。生产者的漏斗获利的程度受到入口大小和漏斗形状的影响如图 2-6 所示。

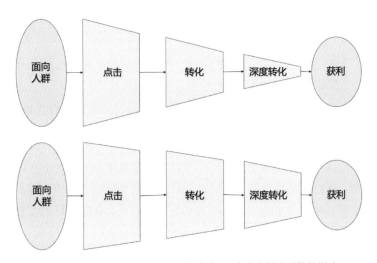

图 2-6 生产者的漏斗获利的程度受到入口大小和漏斗形状的影响

一开始是吸引所面向的人群，然后一部分用户会点击，点击的一部分会转化，可能后面会有深度转化等，最终目的是获利。这里要说明一下，深度转化是相对于某些行业才有的，如电商行业的转化就是发生了购买行为，那么已经获利了就不需要后面的环节了；而对于游戏行业，转化一般指的是下载，用户后续付费购买增值服务是深度转化，此时才算真正获利。

图 2-6 所示的漏斗中有两个因素决定最终获利的大小：一个是入口的规模，另一个是梯形的斜率。其实在图中，梯形的斜率就可以表示 CTR 和 CVR 的大小。如果产品很好，这两个指标很高，那么留下来的用户就越多，越能获利。但是 CTR、CVR 这些东西很难优化（虽然大品牌都有专门的团队来负责）。更多的生产者选择了更简单的变量：赛道决定漏斗入口大小。

可以用文章平台作为一个例子：一般来说，评论是一个很稀疏的行为，假设每 10 个点赞有 1 个评论（这样评论率就是 10%，这是一个非常高的比例），每 10 个浏览有

1 个点赞。如果想要获得 100 个评论，就至少需要 10000 个感兴趣的读者。此时文章的内容就决定了门槛高低和漏斗入口大小。假如是科技类内容，想找到 10000 个读者很难，但如果是新闻就很简单，所以这就形成了自媒体的一个现象：选择低门槛。他们往往选择美妆、篮球这样的领域进行创作。因为漏斗的入口足够大，哪个女生不想好看呢？观看篮球又不需要上场去打，也不需要思考，门槛也很低。入口足够大，才能保证在链路的最后还有用户剩下来。

2.3 打压、保送、重排——拍不完的脑袋

> + 了解模型不只是要知道模型能干什么，更要知道它不能干什么。
> + 在从业一段时间后应该有一次"转职"，如果相信模型无所不能，应该走科研路线；如果对模型不是很放心，那应该成为一名推荐算法工程师。
> + 舍弃一些眼前利益是短痛，平台的活力有损失就是长痛。
> + 要把模型看成一个喜欢敷衍"甩锅"的人，时时刻刻防止它在给定的任务上"偷懒""作弊"。

在推荐的链路中，除了模型，还有一些环节，看起来并不高大上，但重要性一点也不逊于模型，可以粗略地概括为策略。在推荐的整个过程中穿插着许多策略环节来辅助。这些策略有些是为了让当前推荐的结果更吸引人，有些则是为了某种长期规划或赢利诉求。

有的读者可能会觉得模型很高级，写规则有点"平凡"，笔者不提倡这样思考问题。在求学阶段天天面对的都是模型，所以会不自觉地带着"模型即世界"的思维惯性。现在的主流模型，如 MLP、Transformer、多门混合专家（Malti-gate Mixture-of-Experts，MMoE），与线性回归相比，变化当然是很大的，但是离无所不能还差得非常远。很多的策略、机制都是在弥补模型能力的欠缺。作为推荐算法工程师，除了知道模型能做什么，还需要知道模型不能做什么。

策略有自己的门槛：模型研究的是客观规律，而策略可能研究的是人心。研究模型易，读懂人心难。这一节将介绍常见的策略环节，如图 2-7 所示。

图 2-7 展示了策略可能在模型附近出现的环节，即黄色标出来的部分。可以看到，策略本身就可以成为一路召回，如前面讲的按照热度或精品池召回。策略不仅可以强行在排序的过程中保送一部分内容，还可以在输出结果后进行重组。

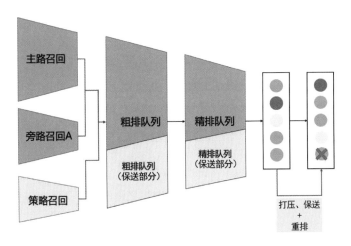

图 2-7　链路中的策略环节

下面具体介绍几种策略。

根据标签的区别对待：标签系统高度渗透在整个推荐的流程中。标签系统最重要的功能是对用户进行分层。根据当前用户是属于活跃的还是非活跃的，是老用户还是新用户，是哪一个年龄段的用户，制订对应的策略。许多产品、运营人员的第一课，就是**要学会分层地看待用户**，有针对性地优化每一种群体的体验。这就需要我们通过用户的历史行为，或者调查问卷等信息来进行判别。先忽略如何得到用户的标签，讨论一下有了用户的标签之后怎么用。

假如有一个金币的补贴策略，用户做了任务之后得到奖励。任务可能是看视频、点关注、分享之类的。当然不能对所有的用户一视同仁[1]，一方面，这个活动主要是为了刺激那些看视频不是很多的用户，那本来就会看很多视频的用户的激励自然就没必要那么多。此外，在不活跃的用户里面，还要区分敏感与不敏感的用户。有的用户很喜欢这种激励，本来没什么热情，一发金币他马上就看得多了起来。但是有的用户可能很"佛系"，发了他也不怎么受到鼓励，那理应给那些容易受到激励的用户多发金币。在上述例子中，判别用户是不是活跃，是不是容易受到激励就是非常重要的。这是标签系统指导策略的一个例子。

标签系统的另一个要点是要突破"语义鸿沟"。比如当搜索"××饭店"时，用户可能不是要看酒店的客房，而是要看内部的商户，或者周边有什么吃的。但是周围的商户的店名不可能都带着这四个字，这时可以给它们打上"××饭店周边美食"这样的内部标签，把它们展示出来。这种用途非常关键，也能有效提升用户体验。

打压与保送：并非所有的生产内容在平台看来都是平等的。有的内容是重要政策

---

① 发金币本身是要算亏损的，最后要评估得到的收益是不是值得这样的亏损。

变化，即使自然 CTR 不高，也要让大家都知道。有的内容虽然吸引人，但是很容易消耗掉用户的兴趣，所以要控制"度"。因此，有的内容需要打压，有的则要保送。

需要打压的一般有这几种情况：第一种是观感容易引起不适的，如各种皮肤病广告，在画面里可能直接展示患有疾病的部位，这种内容的密度需要控制；第二种是存在政策风险的，如某些"擦边球"内容，是不能放任的；第三种是不合时宜的类型，简单来说就是过时的内容。典型的例子就是时效性很强的新闻，如奥运，奥运已经过去很长时间了就应该少出现这类内容。需要保送的一般则有这些情况：最直接的就是购买量，平台要满足客户的需求，也可以给自己创收，如淘宝直通车。另一种是平台已经选定了自己的目标人群，如某 App 要走高端名媛风，那这类内容就得多多推送，此时不太在乎不喜欢的用户怎么想，App 的"人设"就是这样。

打压和保送的决定一般很早就出现了，如要给哪种物料加量，但是实际操作一般是在精排出结果之后，按照标签（就是上面的标签系统）做。操作时可以直接对输出分数进行提权，加偏置项或乘以系数。

探索与利用：探索与利用本身是一个很大的方向，这里涉及的是在精排输出之后的一个环节，即本身也是打压/保送的一种情况。此处想强调的是，它是一个较为长期的规划，而且可能要承受一定的损失。

探索与利用问题大概可以被理解为，当有一个机会时，可以选择一个未知的东西来尝试，也可以选择一个已知的东西来获取收益，如何操作才能使得利益最大化呢？

这样揪心的选择往往出现在物料冷启动的环节。新视频我们往往进行保送，有时即使其他视频预估的结果更好，甚至它实际上也确实更好，我们也要把新视频推荐出去。一方面，把新视频推荐出去，推荐系统能获得更加丰富的数据；另一方面，不把它推荐出去永远也不知道它到底好不好。最重要的是，新视频的多少决定了整个平台的活力，总是有新的内容出现，才是一个生命力旺盛的产品。有一些老视频当然后续表现更好，但必须舍弃这个机会给新视频，否则有一天用户发现平台上全是老内容，就会觉得索然无味，然后离开平台。不愿意付出短期的一点小损失，会导致未来的重大损失。

实现控制新/老视频的做法一般有两种：一种做法是区分新/老队列，也就是图 2-7 所示的情况，保送队列里面只有新视频，一直到最终决策之前，新视频都只和新视频竞争；另一种做法是强制比例，如果展示内容中必须有 10% 是新视频，那么每次推送都会查看过去一段时间内的分布，新视频比例不够，就根据差距给新视频加权重，反之减权重。

搜索与利用问题的难点是如何把控短期收益和长期收益的关系。就像上面的例子那样，投放新视频短期内可能是有损失的，但是损失是多大，长期的收益怎么衡量，如何判断所谓的长期收益是否值得现在的付出呢？这些问题是很难解决的，也取决于决策者的水平。

重排：重排一般要做这几件事情。

（1）控制展示内容的多样性。含义就是，可能一次输出 N 个结果，这 N 个结果不能都讲的是同一件事情，否则对用户体验的伤害极大。

（2）去重复。去除用户已经看过的，或者类似的，这一点很好理解。

（3）强插。和上面讲的打压/保送类似，这里的做法更加直接，强插的内容是不需要经过前面环节的。

在这个部分，要说明的一件事情是，策略能做到的一些事情，模型可能很难做到。以图文内容和视频内容的混排为例，有的 App 上，既有图文内容，又有视频内容，放到同一个模型里面预估当然是可行的，但是实践中往往会出现偏差。视频内容和图文内容比起来，很有可能在很多指标上都是领先的。当领先到一定程度时，模型就会觉得视频内容就是比图文内容好，于是它直接把所有视频内容的预估都提高。这样一来，模型就会达不到当初我们给它的设想，而是被偏差主导了整个推理过程。理论上，它也许能分别学习图文内容和视频内容的规律，但是**机器学习没有理所当然的事情**，在实践中往往会退化到简单的一刀切上。为了纠正它，可能要在数据采样、损失函数设计上花很多共工夫。这样一来，不仅目的很难达到，解决方案还会变得很别扭。

其实这样的问题用一个策略就可以很好地解决：我们先看看总共有多少视频内容，多少图文内容，然后按照比例，从各个队列里面抽取就行了。

类似的策略在美食业务中也存在。美食推荐可以分为两种：一种是根据用户过往行为预估出来的喜好；另一种是根据用户所处位置的推荐。这两种我们都需要给它们留一些空间，如果把它们都丢进一个模型中去排序，很可能会出现一边倒的结果。这里的策略其实和模型的边界不那么严格。在重排这块，也会有人用模型来做，我们后面也会讲到。

策略必须存在。一个理由就是上面所说的模型能力不足，另一个理由是可解释性。**在有的场景下，可解释性的重要性是要大于模型能力的**，如在广告投放中，你可以做到把某个环节替换为模型，但是广告主马上就要问他的素材为什么投不出去了，模型做了什么导致了这件事情发生呢？这个时候就很难解释了，但是如果有一套策略，你就可以告诉广告主，他的素材哪里不够好，在什么地方根据什么规则吃亏了。

至此，本书的第 1 篇——总览篇，就结束了。这一篇是对整个推荐系统的概述，没有把重点放在某一种具体的算法上，而是放在推荐系统的各个需要联合、相互影响的环节上。换句话说，这一篇强调的是某种"大局观"。下一个篇章是模型篇，模型篇就会整体介绍具体模型的进展及优缺点等。

模型篇

经过总览篇的学习，我们算是对推荐系统有了一个大概的认识。在现代推荐系统中，各个链路的环节可以说几乎全是由模型撑起来的。在模型篇中，我们将讨论具体的建模方法，主要分为精排、粗排和召回三种。相比之下，各自分工有所不同：精排的作用是完成给定的拟合任务，无论任务有多难，精排没有任何其他杂念，就像一把锋利的刃，所以我们把这个环节的讲解叫作"精排之锋"。精排可以纯粹探究模型的上界，它也可以看作推荐系统拟合性能的"风向标"；粗排是召回和精排之间的承接环节，它更需要的是平衡召回输入的物料，能够做好辨别，同时又得与精排保持一致，因此这部分叫作"粗排之柔"；而召回需要体现生态的方方面面，包含研究者对整个业务体系的厚重思考，即"召回之厚"。如果一个推荐系统出现了问题，即使短时间内不太可能扭转局面，召回也应该是第一时间改变的。

精排模型的发展和一般的机器学习模型的发展是一致的。最基本的拟合方式是用线性模型，即逻辑回归（Logistic Regression，LR）模型拟合，接下来有用树模型、集成学习拟合的，最终发展到用当下的深度学习模型拟合。除了遵循这条主线，推荐系统中的模型还有自己的特点，比如能够通过因子分解引入泛化性的因子分解机（Factorization Machines，FM），再比如"头重脚轻"的 Embedding+DNN 范式。因为要处理永远新生的物料，我们无比依赖嵌入，而为了在依赖的过程中"智能"一点，我们引入了"分解"的思想。本章的内容绝不仅仅是模型清单，或者对发展史的梳理，而是一系列对解决方案背后思想的挖掘历程。在学习的过程中要时刻想着上面的两个特点，这是深入理解推荐系统的根本。

3.1 简单"复读机"——逻辑回归模型

- 推荐的本质是"复读机"。
- 精排之锋，粗排之柔，召回之厚。
- 在推荐部分谈过拟合很容易造成心理上的松懈，从而忽略环境、氛围等多种因素的作用。可以说如果发生一万遍过拟合，但是不采取行动，那么没有任何作用。

在推荐算法领域的三个主要模型中，首先要介绍的就是精排模型。精排模型既是发展最快的模型，也是最复杂的模型。在多种多样的模型里，最简单的是逻辑回归模型。在其他领域里，逻辑回归模型可能是一个大家课上都学，但是没怎么用过的模型。但是在推荐算法领域里，它作为主流模型的时间比很多人想象的还要长很多。从这一节中我们可以看出，逻辑回归模型虽然简单，但是它能贴合推荐这件事情的本质。

为了拟合某个目标，我们所能想到最简单的、最常见的模型是线性模型，即 $y = \boldsymbol{w}^{\mathrm{T}} \boldsymbol{x} + b$。在很多问题中直接使 y 接近真值 $\hat{y}$ 就可以完成一个最简单的拟合。不过，这里的拟合没有限定值域范围，是无界的。推荐模型预估的问题常常是 CTR，即每次展示是否发生点击。点击与否是二值的，要么是 1（点击），要么是 0（不点击）。这就要求我们模型的输出应该也是 0/1 的，或者至少是在 $[0,1]$ 的（即点击的概率）。因此在外面会加上一个激活函数 Sigmoid（这个函数的输出是限定在 0~1 的），最终得到

$$y = \frac{1}{e^{w^T x + b}}$$

这就是逻辑回归模型的最终形式。上面说激活函数使用了 Sigmoid，是因为它的值域在 0~1。但是仔细思考一下：是不是只要输出在 0~1，什么激活函数都可以呢？比如可不可以先用 tanh 函数把输出范围约束在 $[-1,1]$，再线性变换到 $[0,1]$ 呢？为什么没有人这样做呢？其实是有别的原因的。

这个问题有一个较好的解释：$y = w^T x + b$ 本身是无界的，但想要拟合的对象，即 CTR p 是一个 $[0,1]$ 之间的数字。现在不修改线性回归本身，而是将 CTR 复合一下来解决问题。构造一个辅助函数 $\frac{p}{1-p}$，它的范围在 $[0,+\infty]$。接下来再取对数，范围就在 $[-\infty,+\infty]$ 了，即

$$\log(p) - \log(1-p) = w^T x + b$$

上面等式求解后就可以得到逻辑回归模型的形式。

逻辑回归模型在推荐上的应用较为特殊，特殊的点在特征上。在此要注意一个时代背景，在早期的推荐系统中，特征的处理比较原始。推荐算法领域的特征不像其他领域，如 CV、NLP 的特征是一段连续的浮点数向量/张量，而是无数的独热码（One-Hot Code），怎么理解呢？比如有 10000 个物料，编号从 1~10000，那么它的物料 ID 的特征就是一个维度为 10000 的向量，只有自己 ID 对应位置的取值为 1，其他位置的取值都为 0。当我们计算 $y = w^T x + b$ 时，x 是二值的，而 w 是浮点数。计算 y 就等价于**把用户所有不为 0 的特征对应的权重加起来**。逻辑回归模型工业实践的示意图如图 3-1 所示。

在这个例子中，有 3 种特征：性别、年龄和用户 ID。注意到，**这里权重 w 的表格需要存储所有可能的特征取值**。对于当前的用户，要分析他的性别、年龄、ID 分别是什么。由于特征是 0/1 的，直接取出对应的权重和偏置项 b 相加即可。这里只画了用户侧的部分，物料侧也是同样的道理。

按照上面的例子，我们设想一个极限情形：如果只有用户 ID 和物料 ID 两种特征，会出现什么情况呢？

在开始训练之前，所有的权重都是随机初始化的（简单起见，假设初始化为 0），现在用户 1 和物料 1 的组合发生了点击，那么回传梯度时，这两个特征对应的 w 会以

相同的幅度变大一些。接下来，用户 2 面对物料 1 和物料 2，由于物料 1 的权重是有值的，$y = \boldsymbol{w}^{\mathrm{T}}\boldsymbol{x} + b$ 输出的排序分就比物料 2 要大，即使该用户之前可能完全没见过这二者。所以这样的结果不合理：模型对用户 2 完全没有认识，为什么输出一个更倾向于物料 1 的结果呢？原因是用户 1 给了物料 1 一个正反馈。模型只能从前面的结果里面去学习，没有自己的"主见"，"人云亦云"。推到更极限的情况呢？如果只有物料 ID 这一种特征，模型就完全变成了简单的计数统计，谁被点击的次数多，谁的排序就靠前，这里没有任何个性化可言。所以说，特征越少，模型的效果就越偏向统计，特征种类变多，类似现象会缓解。但究其本质，推荐模型无法避免从过去的结果中学习，这也是本书的一个基本观点：**推荐的本质是"复读机"。**

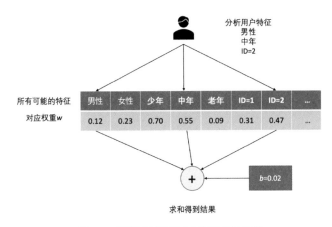

图 3-1　逻辑回归模型工业实践的示意图

这样的结论看起来有点令人意外，第一个马上就能想到的问题是，为什么推荐的本质是"复读机"，而 CV、NLP 就不是吗？对，因为**推荐存在不确定性，必须要试错才能知道真值，而且很难归因。**CV、NLP 中的真值（或者也可以说标注）是固定且显然的。以图像识别任务为例，一幅图像里面的主体是猫就是猫，是狗就是狗，很清晰，不存在偶然性；而在推荐中，对于某用户和某物料的组合，人工判断是否点击是很难的，只有试试才知道。这样必须试错的机制不但造就了推荐"复读机"的本质，还造就了它探索与利用及冷启动的问题。当点击发生时，归因也很难，观测到了一个点击，是因为用户的点击倾向高，还是因为物料的质量好，还是因为某种巧合呢？模型也无法归因，在上面的例子中用户 1 对物料 1 也许只是随手一点，而模型也只能增大物料 1 的权重（认为它更好）。

那接着往下想，推荐模型可以做到像 CV 那样，给出一个确定性的判断吗？笔者的结论是，现阶段不可行，未来说不定可以。在推荐中，很多信息拿不到，如用户看视频是在公交车上还是在教室里？用户这次拿起手机之前是和同学聊完天，还是刚刚睡了一觉醒来？用户是一个怎样的人？给他推送动物视频会不会让他害怕？这些都是变量，都会影响对当前物料的判断，然而这些特征都是获取不到的。著名的《影响力》一书里就提到一个例子：当商家在网站上卖沙发时，如果背景是云朵，顾客就会更关注舒适度；如果背景是硬币，顾客就会更关注性价比。假如有一天，用户与物料的一切信息都能获取，推荐模型是有可能摆脱"复读机"定位的。

从这个意义上来看，在推荐中频繁提到拟合是不合适的。也许过拟合是存在的，但如果把注意力都放在这里，会很容易忽视其他值得关注的细节。而且上面提到的很多信息都没有，笔者认为，我们的模型还处于远远欠拟合的状态。

第二个问题是，真实情况真的这么糟吗？其实也没有。在逻辑回归模型里面，**增加泛化的一个要点是增加一些能泛化的特征**。还是像图 3-1 中的例子那样，当有年龄、性别这样的输入之后，一部分点击可以归因到年龄、性别上，下次新的用户来了，就可以根据他的年龄、性别给出一些先验判断。这本身也是一种复读，但是更科学了。以此类推，在实践中会加很多能描述用户或物料泛化属性的特征来缓解复读问题。

推荐的本质是"复读机"不一定完全正确，之所以这么说，是希望读者能以更加自如的姿态来看待这个领域。有时敬畏之心过度，会不知道从何下手。不如换一个角度，首先要相信，现代科学的发展虽然突飞猛进，但还远没有到高不可攀的程度，很多改动都是增量式的。先从简单的视角来看待，再慢慢深入也许上手更快。

逻辑回归模型比较简单，也比较透明，解释性非常强。还是举图 3-1 中的例子，假设有 4 种特征，用户 ID、物料 ID、年龄、性别。在**分布均匀**的负样本中，只有 3 个正样本，分别是（用户 ID=1，物料 ID=10，年龄=少年，性别=男性），（用户 ID=2，物料 ID=10，年龄=老年，性别=女性），（用户 ID=5，物料 ID=10，年龄=中年，性别=男性）。学习这些样本后，模型会有怎样的倾向，能得出怎样的结论呢？通过对模型的分析，可以判断，物料 ID=10 的样本会让该特征对应的 w 收到三次正向的梯度，性别=男性两次，其他都是一次。那从模型的角度来看，物料 ID=10 就是更重要的因素，也就是说，模型认为 10 号物料就是好的。从人的角度来看，也会觉得在整个样本中出现次数多的特征应该占据更大的权重，模型给出的判断符合人的认知。在实践中分析问题时，完全可以拿出一个逻辑回归模型，看看里面的权重分布是怎样的，然后得出权重幅度明显大的特征比权重小的特征更重要的结论。事实上，逻辑回归模型也可以作为特征重要性分析的一种工具。

这一节中讲的逻辑回归模型特征的种类和取值都很少，但在实际应用中是非常多的。在有上亿用户的平台里，单单用户 ID 这一个特征就有上亿的取值。由于特征的每一种取值都要独占一个权重，做完一次预估需要穷举所有非 0 的权重求和。这是不经济的，尤其是训练结束后很多权重的取值是诸如 0.0001、0.000001 这样的，如果不要，结果就不准；可是全都算进来，计算负担太大。怎样既能做到结果是准确的（精度尽量不减小，同时训练、部署的结果一致），又能很省力地完成呢？这就是逻辑回归模型主要面临的问题——稀疏性。如果我们能把这些长尾特征权重里的大部分删掉，同时让性能尽可能地维持不变，那么逻辑回归模型在训练和部署中就能轻装上阵。

3.2　工业逻辑回归模型的稀疏性要求

> ✤ 逻辑回归模型作为主流推荐模型的这段时期，模型结构并没有太大变化，重点是实践上的细节问题。
>
> ✤ 负采样涉及校正问题，若场景只要求排序关系，则可以不做校正，否则可能会影响最终排序的判断。

设想在一个大型的工业级逻辑回归模型中，用户 ID 和物料 ID 两类特征一般都是百万级，乃至上亿级的。其他的特征还包括年龄、性别、省份、城市和物料的各种标签等。后面的特征看起来不多，但为了建立高阶关系会和 ID 做交叉。比如，将标签和城市做交叉，就有标签数量乘以城市数量这么多的取值，零碎特征也可以堆出极大的量。这么多特征，如果它们全都在逻辑回归模型中拥有非 0 的权重，那么给线上部署带来的负担是非常可怕的：要取出上百亿个系数，才能完成一次推断。因此稀疏性研究就成了重点：**在尽量保证性能的前提下，只允许很少的一部分系数非 0**。这样部署时只取非 0 权重就好了，除了对线上时延友好，稀疏性的另一个好处是由于允许的非 0 元素很少，在优化的过程中也能反映出哪些特征是重要的。

向量中大部分是 0，只有少数不为 0 的需求，已经有一个范数可以描述，即 L0 范数，表示为 $\min\|w\|_0$。L0 范数的含义就是非 0 元素的个数。在实际应用中，L0 范数是 NP 难的，即除穷举每一种可能外没有好方法得到最优解。穷举在实践中往往不可行，因此，在大多数情况下都使用 L1 范数来近似。L1 范数为什么能产生稀疏解有很多解释，各种优化相关的课程里都有，这里就不再赘述了。使用 L1 范数后，问题变成了

$$\min -\hat{y}\log\left[\sigma(y)\right]-(1-\hat{y})\log\left[1-\sigma(y)\right]+\lambda\|w\|_1$$

这里的 σ 就是前面说的 Sigmoid 函数。这个损失函数的前两项是一个二元交叉熵损失函数，含义为如果真值等于 1，那么最大化模型的输出，反之，最小化模型的输出。如果没有 L1 范数这一项，这部分损失函数直接使用梯度下降法求解就行了。但是 L1 范数会有一个问题，就是在 0 点不可导，假设某次迭代后由一维变成 0 了，接下来往哪里走就不知道了。L1 范数中存在不可导的点，此处无法使用梯度下降法，如图 3-2 所示。

当选取非 0 点时，切线（红色线）很好确定；但是到了 0 这个点，几条绿线每条看起来都差不多，这时候选哪条呢？既然几条路线不知道哪条可以，那就规定都可以，

这样就不影响优化过程了。这就是次梯度方法，所以**次梯度不是梯度，而是一个集合**。次梯度有数学上的定义，这里先省去了，只要记住在图 3-2 中，绿线不高于蓝线的都可以算次梯度就好，超过了就不行（也不能让函数值上升）。另外对于可导的点，次梯度就是梯度。

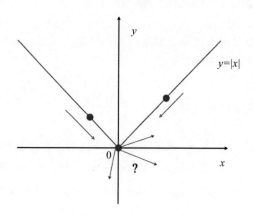

图 3-2　L1 范数中存在不可导的点，此处无法使用梯度下降法

要注意图 3-2 中只画出了一个维度，当该维度抵达 0 点时，并不意味着优化过程结束了，因为其他维度可能还优化得不好，因此在别的维度上还可能要继续优化，当前维度也需要跟着变化，这也引出了次梯度的问题。但次梯度做到的只是当有的点优化到 0 这里时，还能再离开，让优化过程继续下去而已，仅仅靠它还达不到工业要求，**因为浮点数计算中很少能出现恰好等于 0 的情况**，需要其他方法才能满足稀疏性要求。

比较直观的方法是截断梯度（Truncated Gradient，TG）法[2]，它是 YaHoo! 公司在 2008 年发表于神经信息处理系统大会（conference and workshop on Neural Information Processing Systems，NIPS）的一个工作，这个工作的思路是比较直观的。处理不精确为 0 的数，最简单的方式就是**简单量化一下**（Simple Coefficient Rounding），也就是每隔 K 步，观察一下现在所有的参数，谁小于某个给定的阈值，就直接把它变成 0。不过这么做的话有点太激进了。**截断梯度法**使用两个参数来控制截断的过程是：首先看更新后的参数是不是在 $[-\theta,\theta]$ 范围内，如果不在就什么都不做，否则，再和一个正数 α 做比较，如果绝对值在 α 之内，就置为 0。在具体的操作中，可以一开始用较小的 α，再慢慢扩大，**由弱到强逐渐加大稀疏效果**。后面的一些工作中基本延续了类似的操作，不过它们考虑的动机不完全一样，截断的阈值也会变化。前向后向分离（FOBOS）法[3]是谷歌发表的工作，它继承了次梯度方法，也是先按照次梯度走一步：

$$w_{t+1/2} = w_t - \eta_t g_t^f$$

式中，g_t^f 是次梯度；t 是迭代的次数序号；η_t 是学习率。这步操作除使用次梯度外，就是一步梯度下降。不过 $w_{t+1/2}$ 是一个中间结果，因此采用 $t+1/2$ 来表示。接下来用

FOBOS 法进行第二步操作：

$$w_{t+1} = \mathrm{argmin}_w \left\{ \frac{1}{2} \left\| w - w_{t+1/2} \right\|^2 + \eta_{t+1/2} r(w) \right\}$$

这步优化强调了两件事情：①新构造的解不会离刚才次梯度的解太远（前半部分）；②用 $r(w)$ 强调了稀疏性要求。等号后面的式子中有一个比较重要的性质是，**算出的次梯度可以给出 0**。这一点保证了，当前面的优化已经到比较好的位置时，没有画蛇添足乱跑。也因此，这个方法叫作"前向次梯度，前向后向分离"，第一步是前传（Forward），第二步约束不会离上次优化的结果太远。把 $w_{t+1/2}$ 简写为 v，并且令 $r(w) = \lambda \|w\|_1$，$\hat{\lambda} = \lambda \eta_{t+1/2}$，要优化的目标就是

$$\mathrm{argmin}_w \left\{ \frac{1}{2} \|w - v\|^2 + \hat{\lambda} \|w\|_1 \right\}$$

注意到在上式中，每一个元素之间没有交互，意味着对每一维分别优化，得到的最优结果拼起来就是最终结果的最优解。令分解的某一个维度为 i，前半部分就变为一个绝对值，此时可以分类讨论。

若 $v_i \geq 0$ 且 $w_i \geq 0$，目标函数就变为 $w_i^2 / 2 + (\hat{\lambda} - v_i) w_i + v_i^2$。这是一个二次函数，只需要找对称轴即可，得到 $w_i^* = v_i - \hat{\lambda}$，接着要和假设条件对照。假设 $v_i < \hat{\lambda}$，按照假设条件 $w_i \geq 0$ 只能得到 $w_i = 0$。

若 $v_i \geq 0$ 且 $w_i < 0$，目标函数就变为 $w_i^2 / 2 - (\hat{\lambda} + v_i) w_i + v_i^2$。同上得到 $w_i^* = v_i + \hat{\lambda}$，接着要和假设条件对照。这时 v_i 和 $\hat{\lambda}$ 都大于 0，w_i 无解。

综合上面两个结果，就有 $w_i^* = \max(0, v_i - \hat{\lambda})$。

剩下的情况也是一样的解法，感兴趣的读者可以自行推导，最终结论是 $w_i^* = \mathrm{sign}(v_i) \max(0, |v_i| - \hat{\lambda})$。从最后结论可以看出 FOBOS 法仍然是一个截断梯度的方法。不同的是，它的截断阈值与学习率有关。随着训练的进行，学习率一般都会越来越低，这就造成了 **FOBOS 法的问题：随着训练的进行，稀疏性可能会越来越差**。

同期，正则化对偶平均（Regularize the Dual Average，RDA）法[4]，即 RDA 算法由微软亚洲研究院提出，它有 3 个步骤：①对于原函数，算出第 t 次迭代的次梯度 g_t；②将算出的次梯度和以前的次梯度做一个滑动平均，即 $\overline{g_t} = \alpha \overline{g_{t-1}} + (1-\alpha) g_t$；③求解函数的最小值，即 $\mathrm{argmin}_w \langle \overline{g_t}, w \rangle + r(w) + \beta_t h(w) / t$。第①步很常规，所有的基于次梯度的改进都这么做；第②步就有点特别，因为这个算法是用在在线学习（Online Learning）里面的，做滑动平均是希望梯度稳定不要漂移；在第③步的优化目标中，希望新的优化结果和中间结果尽量接近，只不过换成了内积的形式。$r(w)$ 的含义和上面一样，而 $h(w)$ 是一个引入的强凸函数。强凸函数很有意思，引入它的动机我们用画图

来直观理解。原先的 $r(w)$ 虽然是个凸函数，但性质不确定，它可以是二次函数那样光滑的形式，也可以是图 3-3 所示一个性质不够好的凸函数这样的形式。它的底部有一个很平缓的坡，到了这里梯度幅度变小，可能不好收敛。加上强凸函数就是为了解决最优值不明显的问题，当引入一个二次函数作为强凸函数，并且把它和上面函数的最优值移动到一起［$h(w)$ 最优解的位置得和 $r(w)$ 一致才可以有下面说的加速收敛性质］时，加上强凸函数后的效果如图 3-4 所示。

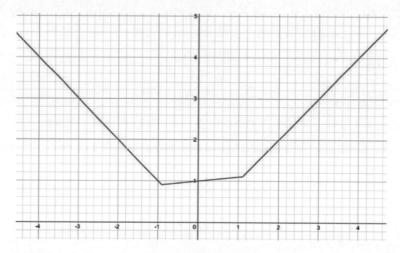

图 3-3　一个性质不够好的凸函数

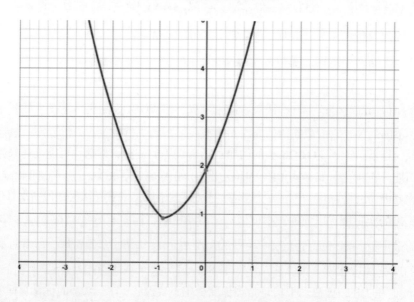

图 3-4　加上强凸函数后的效果

此时的最优值就特别明显，能够帮助收敛。所以，虽然稀疏性还是由 $r(w)$ 来负责的，但是我们引入了 $h(w)$ 来让它更容易求解。RDA 算法的求解过程可以完全模仿 FOBOS 法进行。最终的结论是，若 $\overline{g_{t,i}} \leq \lambda_t^{\text{RDA}}$，则最优解是 0；否则，最优解是 $-\dfrac{\sqrt{t}}{\gamma}\left[\overline{g_{t,i}} - \text{sign}(w_i)\lambda_t^{\text{RDA}}\right]$。从整体上看 RDA 算法的优缺点：**由于引入了强凸函数，L1 范数可以更快地到达稀疏解**。同时截断的是 λ_t^{RDA}，这个阈值可以设定下限。因此，RDA 算法到了后期仍然能够保证截断性能，这两个性质决定了 **RDA 算法可以得到比 FOBOS 法更好的稀疏性**。

谷歌提出的 Follow The (Proximally) Regularized Leader（FTRL）算法[5]也是类似的优化方式，不同的是在 FTRL 算法中提到了很多工业实践经验。第一个技巧是特征舍弃，在实际的应用场景下，有的特征出现的次数很少，但它们的种类特别多。由于是在线学习的环境，所以需要在线上不断学习的过程中决定当前出现的新特征是否要加入到模型中来学习。第一种方案是按照概率来的，每出现一个新特征，我们就分配一个概率并把它加入到模型中，同时统计。如果特征出现的次数越来越多，被加入到模型中的概率也越来越大。第二种方案则是特征出现的次数超过 n 次，就被加入到模型中。

第二个技巧是量化，本来保存一个权重需要 32 位浮点数，但是经过观察，大多数系数都集中在 $[-2,2]$，那么就可以减少到 16 bit 保存，其中 2 bit 保存整数，13 bit 保存小数，剩下的 1 bit 保存正负号。

第三个技巧则是负采样①。负采样本身的含义是，所有的正样本都保留，但负样本只以 r 的概率保留。这样做很符合"复读机"理论，毕竟未点击占据大多数情况。但是，从上面讲的"为什么是 Sigmoid 函数"那里可以看出，函数的原始输出拟合的是真实的后验概率。如果进行了负采样，拟合的目标就不是真实的后验概率了。在推荐场景下只关心物料之间的排序，负采样不改变相对顺序，可以忽略。但如果是在广告场景下，要计算出价、CTR、CVR 的乘积来竞价排名，这时就需要精确地知道 CTR 的值是多少。负采样对精确值有干扰，需要校正。

FTRL 算法的校正方式是给样本一个权重，如果是正样本，那么 $w=1$，否则 $w=1/r$。r 是采样率，如 0.1 表示从 10 个里面随机挑一个。这个操作为什么是对的呢？若用 s 表示采样到的样本的概率，那么 $s=1/w$。这样原始损失函数的期望就等于

$$E(L) = swL + (1-s)\cdot 0 = L$$

式中，第一个等号的意思是采样到的样本，损失函数为 L；没有采样到的样本，损失为 0。既然计算后的期望和原来的损失函数一致，就说明校正（在一定程度上）是成功的。

---

① 常说的负采样有两种情况：第一种是对学习样本中的负样本进行降采样，主要是为了凸显正样本，往往用于精排，或者正样本很稀疏的场景；第二种是从别处找来物料当作当前用户的负例，属于过采样，往往用于召回等负样本不足的场景。这里指的是前者。

3.3 FM 的一小步，泛化的一大步

> ⬇ 泛化就是指没见过的对象，也能推测出一些属性，但是泛化有时和个性化有点矛盾。
>
> ⬇ 泛化往往来源于拆解，虽然没见过组成的产品，但如果见过各种零件，就能推断出很多信息。
>
> ⬇ 在 FFM 中，第二个"F"有时不太重要，第一个"F"一直很核心。域的设计包含了从业者对业务的理解。

我们重新把逻辑回归模型中的主体部分拿出来，模型的形式可以看作

$$w_0 + \sum_{i=1}^{n} w_i x_i$$

式中，n 代表一共有 n 个特征；w_0 是偏置项，也可以把它看作 0 阶参数，而后面的线性部分则是一阶参数。想要模型复杂一些，自然应该引入更高阶的信息。从上面的式子出发可以想到，通过交叉特征达到添加高阶项的目的，在这部分我们暂时先停留在二阶上。添加二阶特征后的形式为

$$w_0 + \sum_{i=1}^{n} w_i x_i + \sum_{i=1}^{n} \sum_{j=i+1}^{n} w_{ij} x_i x_j$$

式中，w_{ij} 表示交叉特征的权重；而 $x_i x_j$ 表示交叉特征。继承上面对逻辑回归模型的理解，当两个部分取值都为 1 时，交叉特征取值为 1，否则为 0。比如城市与性别的交叉，男+北京这个特征要在用户确实是男性且在北京时取值为 1。想要模型的能力强一些，自然要设计好的交叉特征。但交叉特征的代价较大，两个特征的交叉特征的可能取值是原来取值的平方级数量。设计的交叉特征太多，模型的存储负担急剧增加。

另外一个很重要的问题是，交叉特征的权重之间没有任何联系，如有两个特征，性别和城市。推荐一个火锅，先遇到一个样本是（男，重庆），结果点击了，男+重庆这个二阶特征就会有权重，下次再遇到一个女性样本，也是重庆，女+重庆的二阶特征却没有权重。可是从人为理解来说，吃不吃辣，重庆这个特征占了很大的权重。（女，重庆）的样本也应该有一个较大的起始值才对。总体来说，按照独热码的思路构建交叉特征，存在两个问题：一是开销过大，二是不能推广。

上面说的这种合理猜测，本质上是想要一种泛化。可以简单地理解为，虽然没见过某个组合，但它的性质我也能猜得差不多。结合生活经验，实践中的泛化是怎么做的呢？**想要泛化往往需要拆解**，比如我们对人有一些认识，然后遇见了一个新的生物——猫，外形看起来差异很大，好像不太懂这种生物的特点是什么。这时我们就可以做拆解，如果知道一些底层属性，如猫也是由细胞、组织构建起来的，我们就可以

猜测它也要吃饭、喝水。当知道猫也有毛发时，我们可以猜测这是为了保温的需求进化来的，那说明猫也有恒定的体温。这样一做拆解就能分析出很多性质，哪怕我们是第一次见猫，也会有大概的认识。

FM[6]就是按照这种思路来处理稀疏数据的，FM 假设每一个特征都存在一个隐式的嵌入和它对应（简单理解就是每种取值都对应一个向量，本书下面所讲的特征嵌入都是如此），而二阶的特征交叉不应该只表达为两个特征直接地相乘，还应该包含它们嵌入的内积作用。

$$w_0 + \sum_{i=1}^{n} w_i x_i + \sum_{i=1}^{n} \sum_{j=i+1}^{n} \left\langle v_i, v_j \right\rangle x_i x_j$$

式中，v_i 就是上面所说的隐式嵌入。由于 FM 把特征交叉做了一步分解，所以叫作因子分解机。FM 并不对所有的交叉特征准备权重，假如有两种特征，它们所有可能的取值分别有 n_1、n_2 种，按照本节一开始的设计，权重总共就需要 $n_1 n_2$ 个。现在每种特征只需要一个嵌入，若每个嵌入是 d 维向量，那么等价的权重是 $(n_1 + n_2)d$ 个。当选择合适的 d 时（一般来说不会很大），所有需要优化的参数可以远远小于原先需要优化的特征权重总数。这解决了第一个问题，把存储开销降下来了。

那么，有了嵌入表达之后，我们想要的泛化性质有改善吗？像上面的例子，男+重庆这个样本给出了 $v_{男}$ 和 $v_{重庆}$，由于存在点击，这两个嵌入被拉近了一些（内积要最大化）；而 $v_{女}$ 可能在别的组合中被训练过了，这样 $v_{女}$ 和 $v_{重庆}$ 做内积，可以得到一个非 0 的结果，那对于**没见过的这种组合**其实就是有指导意义的。这样解决了第二个问题，具有泛化性了。

由于解决了上述的两个问题，FM 成了引入交叉信息的头号工具，也成为逻辑回归模型之后的首选。模型突破了"复读机"的限制，具有了泛化能力，同时并不给训练和部署带来很大负担，起到关键作用的就是这种分解再组合的思想。

在同期可以横向对比一下，从 20 世纪 90 年代左右开始到 21 世纪 10 年代，支持向量机（Support Vector Machine，SVM）都占据着核心位置，但在推荐算法领域它却很少被提及，这是为何呢？SVM 是一个二阶的方法，有特征做基础，再去拟合分类面；而逻辑回归模型和 FM 则不是，与其说是在学习特征的权重，倒不如说可以把权重看作特征本身。在在线学习的过程中，如何得到特征的表示其实不太明确，而且表示随时在变化。如果想使用 SVM，没有一个既定的特征表示，用 SVM 就很别扭。另外，随着新样本的加入，如何移动分界面也是一个需要解决的问题。有一些文章试图在推荐场景下使用 SVM，但是都没有给出特别漂亮的形式。

FM 自从提出后，在很多场景中都取得了广泛的应用，然而人们也很快发现了它的缺点：FM 存在冗余。在原始形式中，每两个特征之间都存在交叉，但其实在实际使用中，这点是没必要的，甚至可能成为一个缺陷。因为 FM 的点积会让两个交叉的

嵌入变得越来越相似，如果不加以控制，那么在优化的过程中会出现矛盾。此处以域感知因子分解机（Field-aware Factorization Machines，FFM）论文[7]中的例子来说明，有 3 个嵌入需要相互交叉：出版商 ESPN、商家 Nike、性别"男"。按照 FM 的设计，如果 ESPN 和 Nike 经常一起出现则贡献一个正样本，那么他俩的嵌入距离会接近，因为交互形式是点积，正样本要促使内积的结果增大。同理 Nike 和"男"同时出现，它们的嵌入也会变得相似。但是传递下来出现了意料之外的结果，ESPN 和"男"的嵌入长得像，这种传递关系就不一定合理了；或者说 3 个嵌入被捆绑了，互相之间会有拉扯，如果 ESPN 和"男"的组合在实践中贡献的是负样本，Nike 的嵌入又该往哪边走呢？

FFM 引入了一个场或域的概念来解决这个问题。每一个特征都准备多套嵌入，而一个域中包含某一些特征的一份嵌入。在同一个域中，用该域下面的嵌入来做交叉。举个例子解释一下，有两个域，三种特征。特征分别有用户 ID、物料 ID 和物料热度。在两个域中，一个主题是用户与物料的建模，另一个主题是物料自己的建模。前者把用户 ID 和物料 ID 交叉，后者把物料 ID 和物料热度交叉。

由于物料 ID 在两个域中都被用到，因此该特征有两份嵌入。在第一个域中，对用户 ID 的嵌入和物料 ID 的第一套嵌入做内积；而在第二个域中使用第二套嵌入。可以看出，由于同个特征在不同域中存在多份嵌入，总参数的数量被推高了很多，但是同时自由度也大了很多，这就可以解决"拉扯"问题。在上面的例子中，可以通过多加一个域来隔离。Nike 的嵌入可以有两份，分别和 ESPN 与"男"作用即可互不干扰。

FFM 还有一处不同，既然有了多份嵌入，我们就肯定不会穷举所有的特征子集都作为域，也因此交叉时特征**放进哪个域里面是手动指定的**，更进一步，允许哪些特征来交叉也是手动指定的。在实践中几乎没有人像 FM 那样允许任意两个特征之间都交叉，而是选择人认为需要交叉的特征来做，在这个过程中也体现出一些从业者对业务的理解。

简单地总结一下，FFM 与 FM 有两点主要不同：第一，实践中使用 FFM 往往需要人为挑选交叉的对象；第二，每一个域里面是一套独立的嵌入。当然第二点也不是强制的，在实践中也可以根据需要灵活处理，如指定两个域，这里面的嵌入可以共享。

在进入深度学习时代之后，FM 以灵活的方式和深度神经网络（Deep Neural Network，DNN）结合在一起。比较经典的例子是 DeepFM[8]，DeepFM 结构的 FM 部分如图 3-5 所示。

DeepFM 分为 Deep+FM 两个部分，图 3-5 所示为 FM 部分。加号表示的是 FM 中的一阶项，就是把各个特征的一阶权重加起来。从域到上面的稠密嵌入就是从 x 映射到 v 的过程，乘号是原来的内积，最后把所有结果加起来就是 FM 这部分的输出。

DeepFM 结构的 Deep 部分如图 3-6 所示。

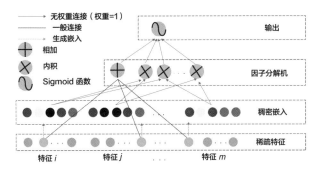

图 3-5　DeepFM 结构的 FM 部分

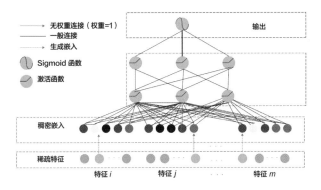

图 3-6　DeepFM 结构的 Deep 部分

图 3-6 所示的 Deep 部分就是一个 MLP。进入 DNN 阶段时，需要把 ID 特征转化为嵌入。在实际中，这是通过嵌入查表来实现的。每一个特征的嵌入要拼接起来作为 DNN 的输入。在最后，把两边的标量结果加起来就是 DeepFM 的最终形式。

虽然 FM 在泛化性上已经有很大的进步，但既然都有 DNN 了，为什么还需要两个交叉的嵌入做内积，然后得到一个标量呢？能不能直接嵌入，按元素乘之后就算达到了交叉的目的呢？事实上，得到点积的结果是次要的，FM 的精髓是在特征的交互上。放松了这步约束，反而能改出一个丰富的世界。

3.4　多彩的 FNN/PNN/ONN/NFM 世界

- FM 的精髓，最上在于隐式嵌入，有了它才能把交互拆解到基底上；居中在于按元素乘，有了它才能让两个特征之间互相影响；最下在于点积，有了它才能把好不容易带进来的高维信息全部压缩。
- 特征分组的技巧：交叉前要同质化，交叉时要差异化。

FM 在深度学习时代之前占有一席之地，当深度模型迅猛发展后，大多数模型都逐渐被取代，FM 也不例外。想要直接击败 DNN 很难，但 FM 可以很好地和 DNN 结合，发展出新的架构。

这里要介绍 4 种模型，从 FNN、PNN、ONN 到 NFM，从业者的思路从 "FM 和 DNN 不直接联系" 到 "FM 可以和 DNN 相互作用，但实现方式偏向形式化"，再到 "FM 可以以比较优雅的方式融合进 DNN"，最后对 FM 的内核重新思考，保留了最关键的部分，同时也保留了更多的可能。

当 DNN 在 CV、NLP 领域已经取得巨大成功，开始延伸到推荐时，学者们首先要考虑的问题是，如何把一个高度稀疏、维度也很高的嵌入放到 DNN 中去呢？在当时学术界的背景下，特征往往是独热码且可以穷举的，如城市这个特征有 1000 种选择，那就有一个 1000 维的向量，其中只有一个地方有非 0 值。当把所有特征拼接起来时就是一个非常高维的输入了[①]，这种特征也可以被称为类别型的特征。将这类特征的拼接输入网络，用来承接的参数矩阵需要大量的参数，训练用的样本量如果不是特别充分，效果可能无法保证。如何训练得比较好呢？Factorisation-machine supported Neural Networks[9]（FNN）就是针对这个问题所提出的，其想法是把 FM 当作初始化工具。

在训练时较为特殊：我们先训练一个 FM，就可以得到每一种特征值对应的一段隐式嵌入 v_i，接下来用这些嵌入来初始化从独热码输入第一层特征图之间的权重矩阵 W，也就是说 FNN 的作者认为 DNN 中最难学的部分就是权重矩阵，那里参数最多、最难学，要用更成熟的 FM 训练先打个基础。因此，**FNN 的训练是要分两个阶段的：FM 阶段和 DNN 阶段**。先把 FM 训练好，给权重矩阵一个初始值，再训练 DNN。

FNN 的提出和时代背景（2016 年之前）有很大关系，当时业界对 DNN 普遍存在的担忧就是参数量太多，数据量不够会学得不好。以现在的视角，笔者觉得可以换种思路来看，当一个产品选择 DNN 时，说明它的日活跃用户数和月活跃用户数都已经不错了，这时候数据量肯定是够用的。没有必要在产品不够成熟、数据还很少的时候就用 DNN。总的来说，FNN 给 DNN 进入推荐系统开了个很好的头，接下来的工作是把 FM 和 DNN 的关系体现得更加明确。

如果说 FNN 是初步探索，那么 Product-based Neural Networks[10]（PNN）真正把 FM 和 DNN 结合在一起。PNN 的结构示意图如图 3-7 所示。

PNN 使用嵌入层从独热码的特征生成稠密的嵌入 f，在乘积层中用 z 来表示 FM

---

① 后面会讲现代的嵌入生成方式，DNN 的输入会变成比较短的稠密输入，拼接起来不会是特别高维的。

的一阶项，用 p 表示交叉项。左边圆圈中的 1 就是和 f 相乘来生成一阶项的，而 f 两两间交叉生成交叉（二阶）项，下面的激活元是对 z 和 p 分别线性映射，再加上偏置项，合在一起得到的。

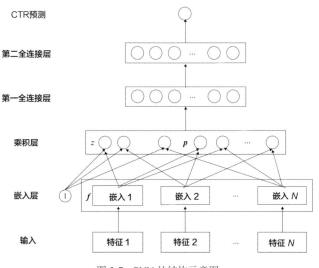

图 3-7　PNN 的结构示意图

　　PNN 比较有意思的是对乘积不仅定义了内积，还定义了外积，也就是所谓的 IPNN（Inner Product-based Neural Network）和 OPNN（Outer Product-based Neural Network）。内积就和图上画的一样，直接对两个 f 做。但是外积怎么做呢？按照外积的定义 $g(f_i, f_j) = f_i f_j^T$ 得到的结果是一个矩阵，继续往下进入 DNN 需要把矩阵"拉平"成向量。如果每次都先算完两两的外积然后再按照 FM 求和，复杂度就会太高。于是 PNN 做了一个近似：先计算所有 f 的和，再做外积，即 $p = f_\Sigma f_\Sigma^T$。计算求和的复杂度不高，最后只需要做一次点积就行了。

　　现代的推荐模型中不太有时间、空间允许所有的嵌入互相交叉，上面的操作完全可以借鉴到内积中，挑出两组特征，对嵌入分别求和，再做点积，可以融合 **FFM** 和 **PNN** 的优点。

　　既然 PNN 把 FM 融入 DNN，Operation-aware Neural Networks[11]（ONN）也把 FFM 的思想借鉴过来。ONN 是操作感知的，也给特征分组，允许特征有多套嵌入，和不同的其他特征分别交叉，扩大了自由度。只不过这个划分方式在 FFM 里面叫作"域"，在这里叫作"操作"而已，它可以看作在 PNN 的基础上加了分组的操作。

　　实践中选择哪些特征交叉到一起很重要，这可能也是大多数推荐算法工程师日常工作的一部分。这里介绍一些笔者个人的经验。

　　（1）类型相似的特征可以放在同一个域里面，如用户的城市、年龄、性别，它们都是静态的，且短时间内不会变化。

（2）域之间应该尽量有差别，第一个以用户静态特征为主题，第二个就可以以用户兴趣标签为主题，第三个可以选到作者侧上。

（3）交叉的时候倾向于用户交叉物料。物料或用户内部的交叉收益不太大，而用户和物料的共现（Co-Occurrence）更加重要。

FM 的精髓在于利用了隐式嵌入，点积对信息做了压缩。当两特征的嵌入按元素乘后，就已经把 FM 的大部分优势引入了。有没有办法不做下一步求和，取 FM 的精髓，又不造成信息损失呢？

答案是肯定的，Neural Factorization Machines[12]（NFM）就是基于上面动机提出的。作者认为嵌入比较长，包含更多信息，但点积后就只剩下一个数了，限制了 FM 的表达能力。于是所有的交叉按元素乘之后就停止了，往下用交叉后的嵌入直接做 DNN 的输入。我们都知道 DNN 具有很好的非线性，输入又是二阶的，二阶信息叠加高度非线性，可以展望一下输出的结果可能是更高阶的交叉。

既然说 FM 的精髓在于按元素乘体现特征交叉，除了到这里停止，还有其他灵活的处理吗？在实践中可以对这三种信息，单独的嵌入、按元素乘后包含二阶信息的嵌入和点积结果做各种各样的操作（其中也归纳了上面方法中所提到的操作）。

（1）对于单独的嵌入，可以让它参与按元素乘法或点积的运算，同时共享单独的一份作为 DNN 的输入。

（2）对于按元素乘后包含二阶信息的嵌入，可以独立给 DNN 输入，也可以共享一份得到点积的结果。

（3）对于点积结果，可以把和 DNN 的输出加起来的整体作为输出，也可以新增损失函数，用来辅助嵌入的训练。

上面的每种做法都是一种可用的选择，实践中也不一定存在哪种最好，灵活地尝试就好了。

最后，还要解答一个问题：为什么在 DNN 为主的时代，SVM 消失了，逻辑回归模型几乎消失了，但是 FM 还在呢？

本质原因是**点积不能被 DNN 很好地替代**，"Neural Collaborative Filtering vs. Matrix Factorization Revisited" [13]这篇文章做了详细的实验来验证。实验中，点积的效果都好于 MLP，这说明点积的信息不容易被 MLP 覆盖。有的读者在学习深度学习时可能听说过一个很著名的理论叫作任何函数都可以用一个足够大的 MLP 去拟合。但理论毕竟是理论，多大的 MLP 叫足够大？在实践中能做出来这样的吗？足够大的 MLP 容易训练吗？这些都是问题。这些理论的允诺在当下还是无法兑现的，因此 FM 仍然以非常灵活的姿态存在于各个实践模型中。

3.5　高阶交叉

> ↳ 高阶 FM 的核心设计是先对多个嵌入按元素乘，再求和。核心的优化方法是利用计算中的冗余构建递推关系，然后使用动态规划解决。
>
> ↳ xDeepFM 和 DCN V2 是真正的高阶交叉，和 HOFM 有着千丝万缕的联系，适当简化后都能退化为 HOFM 的形式。
>
> ↳ 数学告诉我们，所有阶的交叉都加上，上限最高。但实践需要回答的是哪些特征交叉，交叉到几阶性价比最高。

　　FM 引入了特征交叉之后，模型取得了不错的提升，我们顺带想到一个很自然的问题：既然从一阶到二阶有提升，那么除了二阶关系，是否还有更高阶的交叉存在？这些交叉应该选用什么样的数学形式，又如何来优化？在本节中我们就来探讨这个问题。在 3.4 节的最后提到，仅仅凭借 MLP 是很难做到高阶交叉的，因此想要有高阶，首先还是要 FM 自己向高阶拓展。但是形式中需要优化大量的参数，高阶因子分解机（Higher-Order Factorization Machines，HOFM）抓到了计算中的冗余，巧妙地化解了指数复杂度的问题。从另一个角度看，在 DNN 中如果能引入很自然的交叉结构，实践起来当然也是非常便利的。深度交叉网络（Deep Cross Network，DCN）就做了这方面的工作，不过它的交叉有点特别，这又是为何呢？

　　FM 向高阶的自然扩展就是 Higher-Order Factorization Machines[14]（HOFM），在原来的 FM 中二阶的特征是两个特征乘起来，再乘上它们嵌入的内积，以此类推，可以设计出第 n 阶的交叉关系：

$$\sum_{i,j,k,\cdots \in S} \mathrm{sum}\left(v_i \odot v_j \odot v_k \odot \cdots\right) x_i x_j x_k \cdots$$

式中，S 表示要进行交叉的特征索引的集合；里面的 i、j、k 都是对应的索引；x 是特征；v 是对应的嵌入。交叉分为两部分：一部分是所有涉及的特征的连乘，而另一部分是先把所有涉及的嵌入按元素乘（公式中的 $\odot$ 操作），然后再把所有元素加起来（即上面的 sum 函数）。这样就得到了第 n 阶的单项形式，而整体的高阶 FM 就可以表示为

$$y = w_0 + \langle \boldsymbol{w}, \boldsymbol{x} \rangle + \sum_{i<j} \left\langle v_i^{(2)}, v_j^{(2)} \right\rangle x_i x_j + \cdots + \sum_{i<j<k<\cdots} \left\langle v_i^{(m)}, v_j^{(m)}, v_k^{(m)}, \cdots \right\rangle x_i x_j x_k \cdots$$

式中，上标 m 表示这是第 m 阶交叉；$\left\langle v_i^{(m)}, v_j^{(m)}, v_k^{(m)}, \cdots \right\rangle$ 等价于上面的 $\mathrm{sum}\left(v_i \odot v_j \odot v_k \odot \cdots\right)$。注意到第 m 阶交叉的选择是从 n 项中挑选 m 项，这是个组合数，因此 HOFM 无论计算还是优化，复杂度都是指数上升的。虽然 HOFM 提供了一个漂亮的形式，但还不够，现有条件不足以支撑指数级的运算。

　　可以用 ANOVA 核简写上述形式（即使不清楚 ANOVA 是什么，也不影响对下面

内容的理解），记 $A^m(\boldsymbol{v},\boldsymbol{x}) = \sum\limits_{i<j<k\cdots} \langle v_i, v_j, v_k, \cdots \rangle x_i x_j x_k \cdots$ ，可以再简化为 $\sum\limits_{d} \prod\limits_{t\in\{i,j,k,\cdots\}}^{m} v_{t,d} x_t$（ d 是嵌入中元素的索引）。HOFM 的作者指出存在一个递推关系如下。

$$A^m(\boldsymbol{v},\boldsymbol{x}) = A^m(\boldsymbol{v}_{-t},\boldsymbol{x}_{-t}) + v_t x_t A^{m-1}(\boldsymbol{v}_{-t},\boldsymbol{x}_{-t})$$

式中，$\boldsymbol{v}$ 的下标表示取出某位置的元素，$\boldsymbol{v}_{-t}$ 表示删除 t 位置元素后剩余的部分。我们描述一下这个关系如何理解，$A^m(\boldsymbol{v},\boldsymbol{x})$ 要从所有特征中选出 m 个操作，假如把 t 当作一个分隔点，原先挑选的组合分为两部分：包含 t 位置的和不含 t 位置的。不含 t 位置的这部分就要从除 t 位置外的所有特征中选择 m 个，这就是 $A^m(\boldsymbol{v}_{-t},\boldsymbol{x}_{-t})$；包含 t 位置的，在计算中先把 $v_t x_t$ 提到外面（参考上面的简化形式），剩下的就要在不含 t 位置的中选择 $m-1$ 个，这就是后一项。两项合起来，得到上面的递推关系。

有递推关系后，可以使用动态规划解决。每次要更新的位置都是最后一维，HOFM 的计算使用动态规划简化如图 3-8 所示。

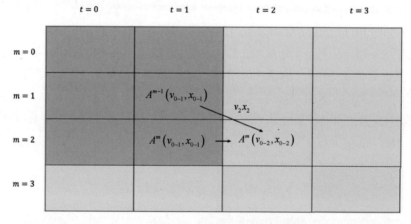

图 3-8　HOFM 的计算使用动态规划简化

横向是位置的索引，简单起见就从第一维按顺序向后更新，纵向是阶数。可以看出每个格子只需要综合左边和左上的两个结果就能得到。只要保证先从上到下，再从左到右的计算顺序，就可以在 $O(mt)$ 的时间复杂度内得到结果，避免了指数级的运算。前传是这样的，梯度的传导也是类似的，不同的是其是从下往上、从右往左倒着回来的，这里就不再赘述了。

总结一下，HOFM 的核心观点：高阶特征的交叉形式是所有嵌入先按元素乘，求和，再乘以所有要交叉的特征。它在计算中存在大量的冗余，通过推导递推关系可以简化为动态规划求解。

HOFM 中的高阶交叉确实优化得很好，但还是限定在 FM 的大框架下去做的，要是能在 DNN 中直接引入高阶交叉就再好不过了。Deep & Cross Network[15]（DCN）就是这样一个工作，我们来看看，它是不是能够很好地完成高阶交叉。

DCN 是斯坦福的学者们在 2017 年设计的网络结构，其核心是交叉网络（Cross Network）的旁路，这一路是专门对特征进行交叉的。按照设计，这路网络会对特征进行**任意有限阶交叉**，其核心设计可以用下面的公式来表示。

$$x_{l+1} = x_0 x_l^{\mathrm{T}} w + b + x_l$$

式中，x_l、x_{l+1} 分别是 DNN 中相邻的两层特征图；x_0 为所有输入特征的嵌入的拼接，它会在每一层都参与运算；w 就是这层要学习的权重，也是一个向量。

那么 DCN 是如何进行特征交叉的呢？设想在第一层，x_0 先和自己做向量外积，得到一个矩阵。在这个矩阵中，每一个元素都是原先嵌入中两个元素的乘积。

$$x_0 x_0^{\mathrm{T}} = \begin{bmatrix} x_0^0 x_0^0 & x_0^0 x_0^1 & \cdots & x_0^0 x_0^n \\ x_0^1 x_0^0 & x_0^1 x_0^1 & \cdots & x_0^1 x_0^n \\ \vdots & \vdots & & \vdots \\ x_0^n x_0^0 & x_0^n x_0^1 & \cdots & x_0^n x_0^n \end{bmatrix}$$

式中，上标表示取元素操作。当后面再乘以 w 的时候，其实是让权重筛选哪些交叉项留下继续进行后面的运算。在第一层计算完毕之后，结果保留了一部分二阶嵌入的元素交叉，那么再往下就会有三阶、四阶等一直到网络层数的阶层。这样，**只要网络有 n 层，就能输出带有 n 阶的交叉**。

到目前为止，一切看起来很美好，但是结合 DCN 和 HOFM 一起看，就有一个问题：HOFM 用了指数级的参数来优化高阶交叉特征，而 DCN 每一层仅仅一个权重向量就把高阶交叉做到了，会不会太轻松了？

再仔细研究一下 DCN 的形式，我们来想象一下，假设 w 可以人为指定，那么需要什么样的形式才能完全达到挑出交叉的效果呢？让 DCN 只有一层，然后还原出 FM 的形式？

想要达到这个目的，必须拿出上面 $x_0 x_0^{\mathrm{T}}$ 矩阵的上三角或下三角（不包含对角线）的所有元素将其加到一起才可以，这时候解不出符合要求的 w（因为 w 是个向量）。这里的交叉和 FM 及类似模型中的交叉已经有所不同了。另外，DCN 的交叉是嵌入中单个元素的乘法，而不是原来整个嵌入合起来内积。如果后面这点不成立，就不存在嵌入泛化性的保证了。

在 xDeepFM[16]中有一个推导，重新考虑 $x_{l+1} = x_0 x_l^{\mathrm{T}} w + b + x_l$ 这个式子，从第一层往下推导的时候，最后的 $x_l = x_0$，根据结合律有 $x_1 = x_0 \left(x_1^{\mathrm{T}} w + 1 \right) + b$，括号里面的结果是个标量，因此 x_1 相当于 x_0 整体做尺度变换和平移。简单起见，把 x_1 表示成 $a x_0 + b$，再代入得 $x_2 = x_0 x_1^{\mathrm{T}} w + b + x_1 = x_0 \left[\left(a x_0 + b \right)^{\mathrm{T}} w \right] + b + a x_0 + b$，根据结合律，

方括号那部分可以先算，并且结果仍是个标量，因此 x_2 也可以视为 x_0 经过尺度变换和平移得到的。如果忽略偏置项，DCN 的本质是给 x_0 整体乘了一个系数（当然，系数中包含高阶交叉的信息）。

既然 DCN 的交叉与 HOFM 不一样，那么有没有与 HOFM 一样，又和 DNN 很好结合的工作呢？答案是肯定的，除了 xDeepFM，还有 DCN 改进后的 V2 版本。

xDeepFM 的思路可以这么理解：现在要完成真正的交叉，首先想到的就是让两个嵌入做按元素乘。如果先做了二阶的，把结果存下来，再和原始输入做一次，就可以得到三阶、四阶等一直递推下去的交叉。因此刚好把二阶的结果当作网络中间层的特征图，然后每次交叉都从原始输入跳过来。当然按照 FM 本身的定义，需要有一个各个交叉求和的过程，这里也要保留。那各路交叉融合的时候，自然需要一个融合系数，也就是方法中的权重矩阵。

xDeepFM 强调一点：它属于向量级的交叉，而不是元素级的交叉。向量级的交叉指的是，在交叉的时候，**整个嵌入是一个整体，要么整个嵌入一起操作，要么不做任何操作**。与此相反的元素级的交叉操作就是嵌入内部的元素可以拆开，分别和不同的对象进行交叉。如果把嵌入输入 DNN，接下来的操作其实就是元素级的交叉，所以上面的 DCN 本质也是元素级的交叉。

在 WWW 2021 上，DCN 的作者重新提出了 DCN V2[17]，这次结构有所变化。DCN V2 的迭代方式如图 3-9 所示。

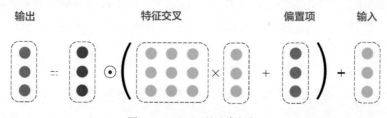

图 3-9 DCN V2 的迭代方式

它的表达式为

$$x_{l+1} = x_0 \odot \left(W_l x_l + b \right) + x_l$$

DCN V2 最大的变化是将原来的参数向量变成了矩阵。这一个改动解决了前面最大的问题。一个矩阵拥有足够多的空间来保留高阶交叉信息，或者挑选需要的交叉结果。在现在这个结构下就可以还原出 HOFM 的形式①，因此 DCN V2 的工作也实现了真正的高阶交叉。

xDeepFM 和 DCN V2 两个工作存在一些共同点：①都是将交叉结果当作网络的

---

① 这里留作思考题，读者可以尝试一下，设定哪些条件后，DCN V2 可以等价为 HOFM？

特征图；②不吝啬地投入大量参数来作为优化权重；③同时结合了显式交叉的部分（向量级）和隐式交叉的部分（元素级）。所以这两个工作可以看作以更容易操作的方式融合了 HOFM。

这一节一直在探讨如何做高阶交叉，但是回过头来看，在实践中高阶交叉本身有多大的必要性？

在文献中没有说明某个具体的高阶，或者某种具体的形式是能够确定提升性能的，如把用户、物料、环境信息三者交叉能取得提升，或者这些大方面中的某些具体特征交叉起来是最有利的。如果没有这些经验，高阶的探索就变得很不确定。如果仅仅是把所有的特征一起放进去，过程中可能有很多浪费的计算，操作很不经济。

另一方面，在实际迭代的过程中，我们往往不仅追求提升，还要看复杂度、时延的变化情况。这说明这些复杂度的增长换来线上表现的提升是划算的。模型越复杂，并发能支持的请求越少，就得通过加机器把这些并发补上。这些机器的租、买、维护也需要成本，所以如果时延显著增加了，需要看看投入产出比（Return On Investment，ROI）是不是划算。交叉网络相当于把原先的复杂度翻倍了，对后续迭代、维护可能都会有影响。

3.6 工具人 GBDT

> ⬇ 集成学习中区别 bagging 和 boosting 的准则是，先训练的模型对后训练的模型是否有影响。
>
> ⬇ GBDT 用在推荐里的重点是为了自动地找出特征的归类方式，并没有说明树模型在推荐中优于逻辑回归模型，但可以说明树模型是顶级"工具人"。

在推荐算法领域里，树模型是很独特的存在。Facebook 最开始发表"Practical Lessons from Predicting Clicks on Ads at Facebook"[18]的时候，大家都觉得很新奇、很有意思，但是这时 DNN 已经开始"攻城略地"了。到了 Embedding+DNN 范式称霸的现在，还没有特别好的方案能把树模型和 DNN 结合在一起。时至今日，GBDT 可以作为一个很好的分桶工具，而它的升级版 XGBoost 和 LightGBM 则以另一个形式活在推荐系统中。

没有背景知识的读者可能不理解 GBDT 这四个字母代表什么，我们首先来拆解一下其具体含义。

DT：Decision Tree，也就是决策树。具体来说，"Practical Lessons from Predicting Clicks on Ads at Facebook"里使用分类与回归树（Classification And Regression Tree，CART）作为决策树。决策树的内容比较基础这里就不赘述了。它可以完成两件事：①

非线性的分类；②分桶。其中分桶的性质非常重要。

B：指的是 boosting。当我们不满足一个模型的能力，用多个模型融合来达到最佳结果时，涉及的方法就是集成学习，而集成学习又可以分为两种：bagging 和 boosting，集成学习的分类体系如图 3-10 所示。

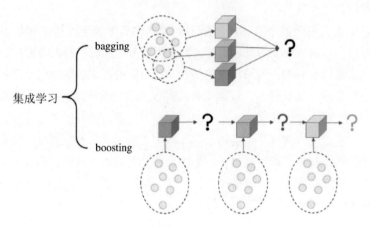

图 3-10　集成学习的分类体系

图中黄色表示数据点，蓝色立方体表示模型，而问号表示优化目标，问号的深浅表示拟合问题的难度。在集成学习中，bagging 方法使用多个模型来共同完成目标，但目标不会拆解，在训练时，每一个模型的任务都是拟合同个目标；在部署时，可以简单地把决策加起来或投票；在数据上，有时为了让模型的侧重点不同，每个模型用的特征或数据不一样。投票可以算是 bagging，随机森林（Random Forest）就算是典型的 bagging 了。boosting 方法也使用多个模型来拟合目标，但目标是循序渐进的，即后面的**模型学习前面模型没学好的部分**，在数据上可以做区分。这一族的算法比较著名的是 AdaBoost，还有梯度提升机（Gradient Boosting Machine，GBM）。

如果对于第 i 个样本，模型的输出和真值分别是 $\widehat{y_i}$ 和 y_i，我们把损失函数表示为 $l\left(y_i, \widehat{y_i}\right)$。最终的决策可以表示为

$$\widehat{y_i} = \sum_{t=1}^{T} f_t\left(x_i\right)$$

一共有 T 个模型，模型用 f_t 来表示。从部署上来看，boosting 和 bagging 没有区别，都是由多个弱分类器决策加起来组成更强的结果。但是对于 **boosting**，前面出错的样本在后面会增大权重，即前后是互相影响的，而 bagging 的各个模型几乎是独立的。到这里可以理解为什么 boosting 总是和树模型一起出现，本质原因是树模型往往比较弱，需要借助 boosting 来变强。

GB：Gradient Boosting，梯度提升。该方法的每一步都重新训练一个模型，这个

模型学习的是之前所有结果综合后，仍然距离目标的误差：

$$L^t = \sum_i l\left[y_i, \widehat{y_i^{t-1}} + f_t(x_i)\right] + \Phi(f_t)$$

式中，之前模型的结果合起来就是 $\widehat{y_i^{t-1}}$，所以其实等价于 f_t 学习 $\widehat{y_i}$ 和 y_i 之间相差的部分，也可称之为残差。公式最后的 Φ 表示正则项。

简单起见（也符合这部分技术发展的历史），我们用均方误差损失函数来代入 l，那么忽略掉正则项之后，损失函数就变成了 $\sum_i\left[\left(y_i - \widehat{y_i^{t-1}}\right) - f_t(x_i)\right]^2 / 2$，前面括号里的计算结果就是残差，可见损失函数实际上就是希望 $f_t(x_i) = y_i - \widehat{y_i^{t-1}}$。另外，如果对 $\widehat{y_i^{t-1}}$ 求导，则有

$$\frac{\partial L}{\partial \widehat{y_i^{t-1}}} = -\left(y_i - \widehat{y_i^{t-1}}\right)$$

这样看下来就等价于要求 $f_t(x_i) = \dfrac{\partial L}{\partial \widehat{y_i^{t-1}}}$，我们似乎可以得到结论：后面加的函数就是拟合在前一步时的负梯度。要注意上面的推导其实是省略了正则项的，如果加上正则项，那么梯度方向一定会变，不会严格等于负梯度。但后续的方法还是拟合负梯度的，为什么呢？"Gradient Boosting Machines, A Tutorial"[19]中解释，在实践中，如果任何形式的损失函数都要经过上面的推导太难做了，而直接用负梯度的方法不仅简单好用，而且也不差。XGBoost[20]中还给出了另一个理由：在每次计算新结果时，上一步的结果和梯度是可以提前算好的，利用得好也可以减轻计算负担。

GBDT：把前面的积木组装起来。知道了 DT、B、GB 分别是什么之后，GBDT 就好理解了，就是在 GBM 中把模型换成决策树。

然后，回到本节一开始的问题，为什么 Facebook 在推荐模型中使用 GBDT？

要理解这一点，得回顾特征的处理。在推荐模型中，特征最方便的表示方法是一个 ID，或者用独热码来表示，如在前面讲的逻辑回归模型中就是这么用的。但对于连续值特征（如这个用户已经累计登录了多少天），值是不可以穷举的，要把它们加入模型，比较常见的做法是分桶。比如对用户累计登录的天数划分，0~1 天是一档（称为一个桶），1~7 天是一档，7~30 天、30~180 天、180~365 天、365 天以上各有一档，这样特征就一定可以表示为这六者之一。但是问题是桶的边如何才能切得很好呢？如果所有的特征在分桶之后都放进了同一个桶，分桶就没有意义；如果有的桶中最后只有个位数的取值可能，那么桶的利用效率就不高。可能有读者说，我可以做个统计，选择最有信息量的切法，那么具体应该如何操作呢？

不只是连续特征有这个问题，离散特征也有这个问题，如物料 ID，可能有很多商

品之间没太大差距，仅仅是代理商换了一下，ID 就不一样。这些 ID 可能出现的次数还很稀疏，如果给这些 ID 都分配嵌入也是比较占空间且低效的，可不可以做一些压缩，把低频 ID 都放到一个桶里面呢？

理解了上面的两个问题就可以理解 GBDT 用在这里的动机：对于物料 ID 这个特征，单独用它输入决策树来训练一下 CTR，在决策树分裂的过程中自动地按照信息量划分，决定一些 ID 是不是在同一个叶子节点中，做到某个深度之后就停止，然后这个叶子节点的序号就成为新的 ID。也就是说，在这里使用 GBDT，其实只是把它当作一个更高级一点的分桶工具。

GBDT 中特征的分桶过程如图 3-11 所示。

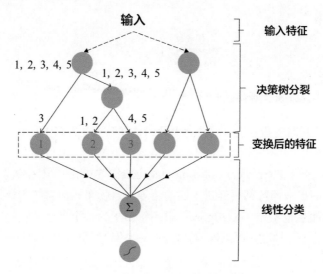

图 3-11　GBDT 中特征的分桶过程

这棵树用来分桶物料 ID 这个特征，一共有 5 种取值（1～5）。在做决策的过程中，3 号落入第一个叶子节点，1、2 落入第二个叶子节点，4、5 落入第三个叶子节点。那么原始输入 3 对应的分桶后的物料 ID 就是 1，同理，原始 1、2 现在都是 2，原始 4、5 变为 3。

接下来每一棵树处理一种特征，套用 GBM 刚好就有了 boosting 的过程。在算法中，分为两个步骤，训练好的 GBDT 仅仅用来转换特征。转换完成的特征仍然使用逻辑回归模型来进行分类，GBDT 只是一个变换/压缩特征的工具，并不意味着树模型好于逻辑回归模型。文章中也给出了比较，直接使用 GBDT 来分类，效果并不会更好。

GBDT 是决策树的升级版本，而更进一步的版本是 XGBoost 和 LightGBM，如果在实践中的某个环节需要树模型，都有成熟的开源工具可以直接调用。

3.7 嵌入表示亦福亦祸，树模型的新机遇

- 微小性能差异带来的好处比不上实现方便，这一点是 XGBoost 和 LightGBM 的最大优势。

- 没能与嵌入很好地结合，无疑是树模型的灾难，处理不了巨量的新数据，也比不过 DNN，除了一些规模比较小的公司在使用，树模型在精排中已经几乎灭绝了。

- 但没能与嵌入很好地结合反而带给树模型无限生机，在每一个需要模型但又不能部署太重模型的场合，树模型都可以灵活地存在。以这种方式，树模型在推荐系统中获得了"永生"。

- 想要成为精排模型的必要不充分条件是，新出现的特征/取值不会对训练、部署流程有任何中断或形式上的改变。

树模型在推荐中的应用、在算法上的发展比较简单，从决策树到基于树的 GBM，包括上面的 GBDT 改进点都比较偏细节。虽然 XGBoost 和 LightGBM[21]在 GBDT 的基础上各自还做了一些改进，但都是属于修补性质的。这两个工作作为工具发展得越来越好，因为有开源实现，所以是很多人打比赛刷榜的利器。在实践中，好用的框架/工具是算法长盛不衰的秘诀。

本节要讨论一个问题：在 Kaggle 等比赛中，树模型非常强势，但是在实际业务中，树模型几乎不会成为精排的选择，为什么会出现这样一头热一头冷的情况？其本质原因是，要成为不断接受新数据、新特征的"门神"（精排）模型，必须拥有形式上的不变性。

先延续 3.6 节的 GBDT 推导来介绍 XGBoost，GBM 的核心是级联很多模型，后面的模型学习的都是前面模型综合后剩下的残差：

$$L^t = \sum_i l\left[y_i, \widehat{y_i^{t-1}} + f_t(x_i)\right] + \Phi(f_t)$$

在此可以做一个二阶近似，即按照泰勒展开到二阶：

$$L^t = \sum_i \left[l\left(y_i, \widehat{y_i^{t-1}}\right) + g_i f_t(x_i) + 0.5 h_i f_t^2(x_i)\right] + \Phi(f_t)$$

式中，g_i 和 h_i 分别表示上一次迭代中对 $\widehat{y_i^{t-1}}$ 的一阶、二阶偏导。由于上一步的结果已经得到，设现在这步要拟合的目标是 $\hat{L}$，那么就有

$$\hat{L} = \sum_i \left[g_i f_t(x_i) + 0.5 h_i f_t^2(x_i)\right] + \Phi(f_t)$$

为了让这个式子继续简化，可以假设模型结构 f_t 是一棵决策树，不过叶子节点带

有权重，应用到 GBM 中就有多棵树，每棵树是按照一组特征分类的，最后把所有树的决策合起来就是把对应叶子节点的权重加起来。

XGBoost 对寻找切割点的"贪心"算法做了效率上的优化，不是遍历每一个点，而是先通过特征分布缩小可能成为切割点的候选范围，再遍历这些筛选后的点。总结来说，相对于 GBDT，XGBoost 的主要优点有：①使用了二阶项作为更细的近似，精度更高；②使用正则项并且把叶子节点的个数加入正则项，可以控制模型的复杂度；③在特征排序上和寻找切割点的过程中都做了并行化处理。

LightGBM 是 GBDT 的另一种改进版本，它的出发点是从样本角度和特征角度来简化 GBDT 的运算过程。

（1）样本角度：GBDT 中的每一个样本都要参与运算，而在 LightGBM 中，提出一个假设，只有梯度大的那些样本才会影响学习的过程，梯度小的样本在一定程度上是可以忽略的。基于这个假设，把幅值大的梯度放回去继续优化，小的丢弃。但如果梯度小的全丢了可能会引入偏差，所以我们可以全部选择梯度最大的（也就是排序前 a 比例的），在后面的部分中采样出 b。采样后的部分要乘以一个系数 $(1-a)/b$，为什么是这样的系数呢？假如采样后和采样前均值没发生变化，乘以系数之后两类样本的比值没变，这样可以尽量不让分布发生变化（有没有注意到和之前说过的样本负采样很像）。

（2）特征角度：特征中有很多是不会同时为 1 的，如类别型特征，性别、年龄，一个用户只会有其中一个值不为 0，那么遍历其所有取值是不太合理的。LightGBM 提出把这些不会同时取 1 的特征合并在一起，形成一个"束"，这样寻找切割点时，遍历起来会更快，叫作互斥特征捆绑（mutually Exclusive Feature Bundling，EFB）。不过在实现上，还有两个小问题：第一个问题是选择哪个和哪个拼成一个新的特征？第二个问题是具体怎么操作？对于第一个问题，LightGBM 给出的做法是以特征为顶点，以冲突（同时为 1）有多大为边建图。每个节点的度是与其他节点冲突的大小，由大到小挨个开始：如果加入一个"束"会导致总的冲突数超过既定阈值，就新开一个"束"，反之则加入。对于第二个问题，其实就是把值域合并一下，按照文章中举的例子，A 的值域是 $[0,10)$，B 的值域是 $[0,20)$，那么给 B 加一个 10 的偏置项，再合起来，新的特征值域就是 $[0,30)$。

补完了 XGBoost 和 LightGBM 的知识就要回答开头的问题，在实践中我们如何选择是否使用树模型呢？如果用的话，用在哪些场合是比较理想的？上面提到了很多树模型的优点，如它的非线性非常好，但读者如果对业界有所了解，就会发现很少在实际业务的精排中看到树模型的身影，这是为什么呢？

先抛出结论：因为树模型不能很好地处理在线学习过程中源源不断出现的新的 **ID** 类型的特征。虽然 XGBoost 和 LightGBM 都谈了对未训练的值如何处理，但在实际场景中，这种特征的量可能会非常夸张。树模型处理新出现的 ID 特征有点进退两难：
如果把没出现的值都用默认值填充，随着时间推移，默认值的占比会越来越大，模型
会逐渐劣化；而如果出现新值就重新训练，又和在线学习的精神相违背，怎么处理都
不自然。从冷启动的角度来想，如果希望我们的平台是富有活力的平台，就理应源源
不断地出现新物料，那么冷启动的规模就更大。在现在的大平台上，新物料的比例可
能远远超过 50%，在这么大的未见过的样本面前，树模型就显得捉襟见肘了。不能很
好地解决这个问题，树模型就不能负担得起精排的重任。

当然，树模型不是完全没有想过应对方案。在前一节 "Practical Lessons from
Predicting Clicks on Ads at Facebook" 中其实就说了，他们的树模型是一天一更新的[1]。
这个方案当然体现了他们对问题的深入思考，但也不是完美的解法。如果树模型后面
接的环节是一天的重新训练不能收敛的，同样的方案还能用吗？那么现在主流的精排
模型怎么解决这个问题呢？答案就是嵌入，每当新出现了 ID，都可以开辟一段新的空
间来存储，让这段嵌入保留该特征的信息。一个新嵌入的加入，虽然会引发冷启动问
题，但是对于训练、部署的流程结构没有任何改动。因此，基于嵌入的 Embedding+DNN
范式几乎无往不利。

有读者可能会问那逻辑回归模型也没有嵌入，为什么它可以呢？我们可以认为逻
辑回归模型是有嵌入的，只是只有 1 维而已，就是之前所说的特征的权重。在未来还
可能有新的形式或模型出现，但是笔者认为，不管哪种模型来做精排，新的特征出现
时，都不应该出现训练中断或者结构改变的情况。

目前为止还没有看到树模型和嵌入很好地结合的例子，或者准确地说是树模型没
有加嵌入的必要和意义。嵌入本质上是把低维的 ID 映射到一个更高维的空间中，记
录更细致的信息[2]，而决策树是按照特征本身的信息划分的。可以说因为没有嵌入，树
模型绝迹于精排。

然而，"塞翁失马，焉知非福"，嵌入虽很强，但也需要大量的空间，如参数服务
器（Parameter Server，PS）来存。试想一个特征的嵌入表示维度是 64，原来在逻辑回
归模型中一台机器能存下的特征现在需要 64 台机器来存，这是非常可怕的空间消耗。
推荐系统不是除了召回、粗排、精排就没其他环节了，还有许多小的场景需要模型来
预估，难道个个都用 Embedding+DNN 的模型结构吗？它除了占用空间太大，其中有
些模型的投入产出比也不太高。

这时树模型就可以大展身手了。既然不需要嵌入，那它就很省空间。在一些需要

---

[1] 如果不更新，就会渐渐失去树模型强化分桶的作用。

[2] 笔者也有一些相关的经验，如把所有特征的嵌入表示长度都翻倍，基本上涨幅有大有小，但是从
　来不会掉点（效果降低，指标表现不好）。这表明更大的嵌入拥有更多的存储空间。

轻量级应用的地方，需要模型时都可以考虑用它。不要小看这些边边角角的场合，有些是可以发挥很大作用的，举两个例子如下。

（1）判断一个物料处于生命周期中的哪个阶段[①]，此时物料 ID 做特征显然是没有意义的，需要的特征是物料现在总的曝光量、已经投放了多久、每个阶段的曝光、转化等。

（2）预测一个用户第二天是不是还会来，依据是各种行为特征，如用户在某个类别下观看了多少视频、用户已经用了多长时间、今天的总播放时长是多少等。

这两个例子都是实践中使用树模型的典型场景，也是非常重要的应用场景。第一个场景关系到在在线广告系统中怎样为广告主分配流量；而第二个例子与留存-日活跃用户数这个漏斗的优化有关联。从这两个例子中归纳一下，当触发以下两个条件时，可以优先考虑树模型。

（1）特征中没有不断新增的 ID 类特征，且类别型特征可以穷举，如年龄、城市等。

（2）当输入的特征混有各种各样的类别型、数值型（Numeric）等类型的特征时，尤其对于像计数类特征（如用户在 App 上的行为次数）等类型很有效果。

经过上面的分析，我们就能理解为什么在工业界树模型从精排模型中绝迹了，但在 Kaggle 等比赛中，经常出现树模型的身影，这是因为 Kaggle 的比赛大部分是闭集的。解释一下闭集的概念，以人脸识别为例，闭集指的是，测试集中的人模型都见过，只是测试用的图片没见过；而开集则指的是，测试集中会出现新的人，要判断这些没见过的人的图片之间是否相似。一般公开数据集都是闭集场景，而产品则要面对开集场景。闭集这种场景对特征设计的要求较高，而且又没有太多的机器用来存储嵌入表示。这种情况就很适合树模型发挥强大的非线性分类能力。因为没有嵌入，树模型反而得以"永生"。

---

① 在决策篇中会讲这个概念，现在可以简单理解为，物料经历刚开始获得曝光、稳定膨胀、流量下滑和死亡这几个阶段，根据阶段的不同可以做有针对性的策略调整。

3.8　DNN 与两大门派，"一念神魔"与功不唐捐

> ⬥ Embedding+DNN 范式有两个流派，一个更关注 DNN，我们叫"逍遥派"；一个更关注 Embedding，我们叫"少林派"。
>
> ⬥ 在 Embedding+DNN 这种结构中，Embedding 一般是模型并行的，DNN 则是数据并行的。
>
> ⬥ "逍遥派"能够创造奇迹，但是也很容易走上"邪门歪道"。一念成"北冥神功"，一念成"化功大法"。
>
> ⬥ "少林派"把汗水都洒在看不到的地方，但是从长期来看，笔者还是相信功不唐捐。

本章的叙事好像在讲一个武侠故事，前面讲的逻辑回归模型、FM、树模型等都是铺垫，可以说都是为了引出当下的主角——DNN。DNN 将机器学习的能力提升到一个很高的高度，当它的时代到来时，先是卷积神经网络（Convolutional Neural Network，CNN）在 CV 上引发了行业的关注，然后 NLP 领域也出现了长短期记忆（Long Short-Term Memory，LSTM）网络这样的工作，乃至后面的 Transformer，基于 DNN 的推荐系统现在也成了标准结构。我们这里并不会讲 DNN 为什么这么厉害，因为这样的分析已经很容易找到了。我们重点关注的是 DNN 与推荐之间的故事，它如何应用在推荐，以及有哪些需要注意的点。

DNN 在 CV、NLP、推荐等几个领域的发展很相似，都需要一些前提条件，也都有一些共同表现，如下所示。

（1）先有数据量，再有深度学习。正如有了 ImageNet 才能有 AlexNet 一样，当下恰好是一个内容分发、媒体平台的数据量爆炸的时代。因此 DNN 在推荐中才可以发展得如此顺利，毕竟 CNN 是做了复杂度简化的，而 MLP 却没有。

（2）升堂入室之前都会经历一个观望的阶段。早期 CV 领域刚出现 AlexNet 那几年，显卡成本很高，也没有几个实验室明白深度学习这一套怎么运行。而且有人说 CNN 不好收敛，对数据的需求大，所以那时的做法就比较保守，往往是用别人训练好的 CNN 提取特征，再在本地训练类似 SVM 这样的分类器来做的。在推荐这边也是类似的，一开始 DNN 并不直接用来进行预测，而是提取一些辅助的信息。

到了现在，DNN 在工业中已经逐渐形成一套标准操作，我们称之为 **Embedding+DNN 范式**。其流程是：①对于所有特征，通过哈希映射把它转化成一个 ID；②每个 ID 都用嵌入查表把特征映射成一段固定长度的嵌入（如果是序列化的可以池化，或者进行其他操作，后几节会详细讨论）；③把所有需要用到的特征的嵌入拼接起来，输入 DNN（一般是 MLP），得到结果。

上面的流程就是 Embedding+DNN 的主体架构，模型篇中接下来要介绍的其他工作虽然有各自独特的地方，但都不会改变这个主体架构。细心阅读过一些论文的读者可能会发现上面提到的哈希映射转化是之前没出现过的，和科研场景也有所不同。为什么是这样的形式我们会留到 3.9 节来说明。

让 DNN 在推荐中走入大众视野，让它开始引起注意的工作当属谷歌的 "Deep Neural Networks for YouTube Recommendations" [22]。图 3-12 所示为 YouTube 的经典 Embedding+DNN 范式结构，除了输入的特征有一些设计（有的特征同时存在一次项、二次方项和开平方项），还遵循了把嵌入拼接起来输入 DNN 的方式。

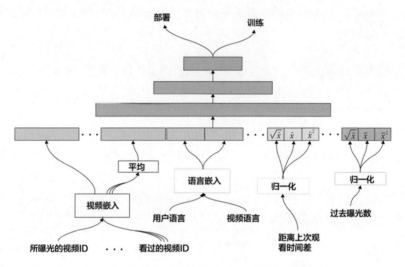

图 3-12　YouTube 的经典 Embedding+DNN 范式结构

有两点需要特别说明。第一点是这篇文章同时提了召回+精排。召回的最终形式是一个单塔（因此物料的嵌入没有经过网络生成），而不是 DNN 直接预估 CTR。我们现在熟悉的双塔都用在召回上，按照复杂度从高到低应该是精排用 DNN，粗排用 DNN，召回用双塔。如果算力弱一点会是精排用 DNN，粗排+召回用双塔。在这篇文章的设计里没有粗排，这可能与候选的规模有关。

第二点是我们之前提到过的粗排学习目标、召回学习目标都是多变的，像这篇文章对召回的建模就是 Softmax 做分类的（后面再详细分析），唯独精排的学习目标一直没提。原因是之前两个都是序敏感的，而**精排（在多数情况下）是值敏感的**。也就是说，召回、粗排只需要知道哪个先哪个后就行了，但精排需要 CTR、CVR 等具体数字。很多地方都需要用这个预估数字，而这些数字是精排提供的。举个例子，广告竞价时是按照 CTR 乘以 CVR 乘以出价来竞价的，而竞价体现了广告主愿意出的钱。如果某个广告的 CTR 高估了，该广告主很容易赢得竞价，也就要出更多的钱，但是实际上点击数没有那么多，等于多花"冤枉钱"了。在这种场合下具体的值是有意义的，这就是所谓的值敏感。因此现在大多数精排还是单点分类占主导的[①]。这篇文章中对正样本做了额外的加权[②]，其实会影响最后 CTR 的预估，但是看起来文章中涉及的场景还是序敏感的。

Embedding+DNN 范式在工程上有特别的地方。2019 年，Facebook 发布了它们的 Deep Learning Recommendation Model[23]（DLRM）框架，Facebook DLRM 框架如图 3-13 所示。

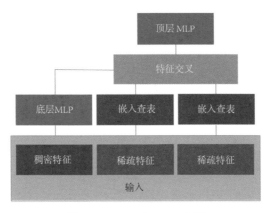

图 3-13　Facebook DLRM 框架

图 3-13 中的稀疏特征（Sparse Feature）指的是最常见的各种 ID，稠密特征（Dense Feature）指的是数值型特征，本书之前称作 Numeric，有时候也叫连续特征。各种 ID 可以用嵌入查表查找嵌入（一种存储，输入 ID，输出对应的嵌入，一般用参数服务器实现），而连续特征是拼成一块，再经过 MLP，得到一段嵌入。这样做的目的是让稀疏特征和稠密特征都得到形式等价的表示（都是浮点数向量）。在特征交叉这里对所有的浮点数向量一视同仁，两两做内积，再把结果拼接作为 MLP 的输入。

在 Embedding+DNN 这套体系中，目前为止涉及的算法都比较初级，但是想要这套体系无往不利，更重要的是工程层面的优化：每一个特征都有一个嵌入表示，百万、千万，甚至上亿的特征存到哪里？如果要做一套分布式的训练机制，哪些部分应该存到一起？不同的实例之间应该如何通信？这就要涉及**数据并行**与**模型并行**，数据并行与模型并行的示意图如图 3-14 所示。

---

① 也可以在精排得到预估值后，再加其他序敏感的环节，在这里就不展开了。
② 按照实际观看时间，也就是看的时间越长的，权重越大。

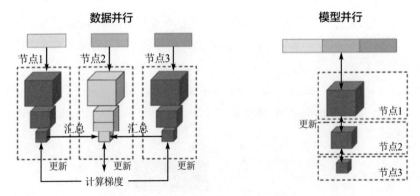

图 3-14　数据并行与模型并行的示意图

在图 3-14 中，蓝色方块代表模型中的环节，绿色方块表示数据的一部分。节点就是机器，其中黄色的是总节点。

（1）数据并行：在每台机器上都存储一份完整的模型，把一批大份的数据分成多份分别同步给每个节点计算。在这个过程中，对于模型的要求是参数得保持同步。为了达到目的，前传时可以各自执行，但是在反传时需要互相传递参数和梯度，每个节点要把所有的梯度汇总后回传。通常比较简单的实现办法是提供一个总节点负责更新梯度，算好以后发送给各个节点去更新参数。

（2）模型并行：这种方案往往出现在模型大到一个机器装不下的时候。做的时候把模型拆开，每一部分放在一个节点上。由于每个节点都只有很小一部分模型，存储负担不大，从输入端开始可以灌入全量数据。但前传必须按照模型结构的顺序计算，回传时顺序则会倒过来。

Embedding+DNN 范式需要混合以上两种并行。嵌入按照键-值（Key-Value）这样的形式存到嵌入查表中，需要用的时候，键就是当前特征的 ID，而值就是一段我们定义长度的向量，也就是嵌入。如果特征量很大的话，一台机器存不下。实际中用的方式一般都是**按照特征种类分别存到不同的多中央处理器（Central Processing Unit，CPU）、大内存机器中**。比如第一台机器存储所有的用户 ID，第二台机器存储所有的物料 ID，因此前半部分属于模型并行。下面 DNN 的部分一般来说并不复杂（常见的情况就 3 层 MLP），单台机器都是放得下的，就是数据规模可能比较大，要拆开，因此 DNN 这部分是数据并行的。DLRM 中的并行拆分如图 3-15 所示。

在图 3-15 中，上面是嵌入部分，下面是 DNN 部分。这里有编号 1～3 的 3 种特征，其中特征 1 全部放在设备 1 上，特征 2、3 也是同理。下面的 DNN 部分有 3 个实例，分别是蓝、绿、黄 3 种颜色，这 3 种颜色也对应一批数据内的 3 个子集合。需要计算时，蓝色的 DNN 从 3 个存储嵌入的机器中分别取出它的数据对应的 3 种特征的嵌入完成自己的推断，另外两边也以此类推。

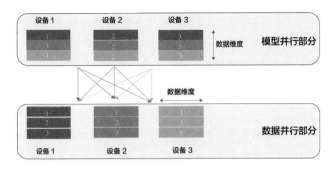

图 3-15　DLRM 中的并行拆分

像这样的工程架构其实还延伸出很多可以做的事情：从嵌入到 DNN 部分如何更加科学地通信，下面的 DNN 部分如何用图形处理单元（Graphics Processing Unit，GPU）加速，如何更好地设计特征的摆放等都是一些有意思的方向，也有很多公司搭建团队在做这些方面的探索。

让我们重新审视以上结构，就像无数的前人那样。Embedding+DNN 分为两部分：Embedding 和 DNN 部分。以现在的眼光来看，DNN 如果直接就 3 层 MLP 显得太简单了。既然在深度学习中很多场景都强调深度，是否可以增加 DNN 部分的复杂度带来收益呢？况且还有很多新奇的结构都可以试一试，这样想的人，慢慢就形成了以 **DNN 优化为主的"逍遥派"**。另一部分人认为推荐的关键还是在特征上，他们积累了若干年经验，对特征有着独到的理解。随着特征越加越多，DNN 的输入也越来越宽，这就是**以特征为主的"少林派"**。在实际业务中，两个门派各自有得意的祖传技法，但也有各自的苦衷。

所谓"逍遥派"就是要在 DNN 上尝试各种各样新奇的技术。眼观六路、耳听八方，新出的技术一定要及时了解，并且往往都有很酷炫的名字（小无相功，凌波微步）。比如 Transformer 能用在 NLP 的序列中，如果推荐中也有用户的行为序列，就可以把 Transformer 借助过来（北冥神功）；再比如 CV 领域的自监督学习（Self-Supervised Learning，SSL）很火，我们也可以想办法把 SSL 的思想用在推荐算法领域（对比学习）。所以对"逍遥派弟子"来说，只要这个领域还在发展，永远不会陷入没事情可做的境地，而且像 Transformer 这样的技术确实也能在推荐中发挥很大的作用，能拿到很不错的收益。对高手来说，有的模型变形不大，看起来是蜻蜓点水，然而效果却非常犀利。他们能把深度学习的很多技术和之前的机器学习技术都融会贯通。

但是"逍遥派"有一个弱点是，很多技术原生于 CV、NLP 等领域，这些技术发展时对实时性没有那么高的要求，当借鉴过来时大多数情况都要面对时延的增长，即使这一次成功说服大家部署上线了，后面的迭代也会变得越来越慢（内力不足）。毕竟允许的时延总归有个上限，不能一直往上加，所以这一派往往容易陷入后面要讲的"老汤问题"。

"逍遥派"是上限极高的一派，但是本质还是要实事求是+创新的。只靠看别的文章再实现仅仅是初出茅庐的水平，如果想在这一派中做到"护法"或"长老"，应该对**问题有自己的认识，有自己的理解**。

既然我们给"逍遥派"定义为专注于DNN，那么"少林派"我们就定义为关注特征部分。关注的形式倒不是嵌入表示本身的操作有什么差异，而是体现在特征的设计上。一方面，我们之前在讲FM时，提到过在实践中最好能指出哪个和哪个交叉才是好的。这个技能一般人没有，但是"少林派"的高手可能就有，而且有很多。所以"少林派"的门槛比较高，需要很深的业务积累（苦练内功）。另一方面，"少林派"做事情更加自然，更加贴合实际，要设计出好用的新特征其实是要仔细观察、分析系统和模型的各种表现的，针对模型目前的弱点加以改进总是一种更实事求是的改进方式。

想要在"少林派"中成长到高手必须耐得住寂寞。在学习算法的同时也必须端正自己面对问题的态度，到最后会发现，即使是在特征设计上也有很多学问，也能有"拈花指""千手如来掌"招式。但是如果心态不正也会走上别的路子，正如扫地僧说的那样，越高深的武功越需要"佛法"来化解。

3.9　再论特征与嵌入生成

> ♦ 全嵌入在概念上和独热码的操作等价，但在操作上省略了这个过程。
> ♦ 哈希映射是最便捷的，一切特征都能转化成字符串格式，只要能转化成字符串格式就能做哈希映射。

延续3.8节，这里要详细聊聊特征生成和全嵌入表示的过程是怎样的。需要注意的是，这部分是学术界和工业界有最大差异的地方。在阅读论文时，判断其中所讲的算法适用于学术界还是工业界，有两个参考问题：①该论文的特征机制如何处理源源不断的新的特征或新的ID？②该论文的训练机制是否与在线学习的习惯冲突？根据笔者个人的经验，和上面两个点有冲突的方案难以在工业实践中带来提升，即使把这两个问题解决了，最后效果也不理想。

在学术研究中，有很多特征本身就是类别型特征，如城市，枚举国内的所有城市，用户一定在其中之一。也可以把各类ID看作类别型特征，如总共有1000个用户，这次遇到的用户是哪一个，就是哪一类。与类别型特征直接相关的处理方式就是先变成独热码，再经过一个参数矩阵W转化到浮点向量中参与后面的处理。举个例子，我们在用户侧有性别、用户ID、城市3种特征。在科研情景中，我们有3个独热码的特征，每一个都通过乘以矩阵W转化为对应的嵌入，从独热码特征映射到稠密的嵌入的过程如图 3-16 所示；或者也可以把它们组合成多热码（允许不止一个位置非 0，把多个独热码相加就可以产出多热码）的向量，然后用一个统一的大参数矩阵来映射。这是典型的科研场景下的问题描述形式。

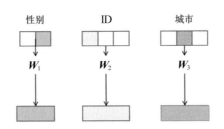

图 3-16　从独热码特征映射到稠密的嵌入的过程

　　工业界的处理方式大致符合上面的操作，但和常见学术论文的第一个区别是，**并不存在一个真正的独热码特征，更不存在从独热码特征乘以 W 再映射到向量的过程**。这是大部分初学者最不容易理解的地方。首先，在大型工业场景下，会源源不断地出现新的物料、新的用户、新的 ID，**想要让独热码这种机制运行，必须不断扩充它和对应的 W**。但是这个过程并没有什么必要性，在独热码乘以权重的操作中，**实际上就是取出了 1 对应的 W 中的那一列而已，0 的那些列实际并不参与运算**。那完全可以改为，哪里会出现 1，就给它分配一个列向量。这其实就是嵌入查表的查找操作，所以说工业实现在概念上和独热码一样，在操作上不一样。

　　第二个区别是特征高度 ID 化，一切特征都可以是 ID，原来不是 ID 的特征也可以转成 ID。上面说没有独热码的编码过程，但还需要记录非 0 值出现的位置，这个位置就可以看成特征的 ID。比如城市特征，我们可以把第一个出现的特征记为 cityID=1，第二个出现的记为 cityID=2 等。但是这样又会遇到一个问题：目前增长到哪里了是需要记录的，而且需要在各个机器中互相传递，否则 A 机器中新出现了一个，先定义为第 11 个，但是在 B 机器中出现可能是第 13 个，两边定义不一致就会出现问题。如果要针对同步的问题做处理，又得在机器之间做通信，比较麻烦。防止这个问题出现的做法就是**对特征本身进行哈希映射，将得到的数字作为它的 ID**。只要每台机器用的哈希算法一样，出来的值就是一样的。

　　用哈希映射还有第二个动机，就是其实我们不希望 ID 是无限增长的。使用哈希映射之后可以保证所有特征一定都在某个空间中不会出现意外。所以有一种做法是，我们给一种特征分配一个编号，称为特征槽 ID，每一个特征的取值我们映射后得到一个 ID，称为特征 ID，在一个 n 位的二进制数字中，前 k 位用特征槽 ID 的二进制表示填充，后面 $n-k$ 位用特征 ID 填充，组成一个整体数字作为该特征的最终表示。经过这种操作，可以保证每一个特征的取值都有唯一的取值（如果不考虑碰撞的话）。

　　哈希映射表示的最大好处是它可以处理（至少是处理，处理得好不好是另一回事）

所有类型的特征。只要是能写出来的，就可以用字符串表示，只要是能用字符串表示的，就能哈希映射。实际中完全可以先全部哈希映射"跑"起来，然后再细分某些特征需不需要特别处理。

既然使用哈希映射，那么不可避免地会遇到碰撞的问题。原则上，我们不希望有任何两个不一样的特征被映射到同一个 ID 上，所以会尽量选择好的算法，如 CityHash。但是问题也没有那么严重，很多特征都有生命周期。像广告中的物料 ID，预算没了就不投放了，对应的 ID 不再继续使用，可以设计遗忘机制。算出一个 ID 之后，看到记录上一次算出这个 ID 是很早之前了，就可以再次初始化嵌入让一切重新开始。

Embedding+DNN 是一个"头重脚轻"的方案，几乎所有的内存消耗都压在嵌入的存储上面。如果按照独热码那样，内存就会随着时间线性增加，这是一个很大的消耗。如果按照上面的哈希映射的方法，就可以避免内存线性增大，总的内存消耗和我们开的空间大小有关。但问题是既然是哈希映射，就一定有碰撞。如果空间开得很大，那么碰撞概率低、效果好，但内存大；反之，如果空间开得很小，那么碰撞概率就会增大，对效果有不好的影响。有没有方法可以做巧妙的权衡呢？

这类出发点在近两年引领了一波新的风潮，一种直接的思路是把一个大的 ID 拆解成数个小的 ID 的组合[24]，然后最终的嵌入也是在这两个小 ID 的嵌入上做某种操作得到的。我们会想到可能有两个大 ID 在某一个小 ID 中出现了碰撞，但是只要在最终的表示中另一个小 ID 不同，就认为最终的表示是不同的。

首先介绍的是一个 Facebook 发表在 KDD 2020 上的方案，它把一个大的 ID 拆解成商+余数的组合，如一种特征的 ID 取值介于 1～1000000 之间，完全保存这种特征的嵌入需要 $10^6 d$ 的空间，这里 d 代表平均的特征维度。可以找一个除数 m，然后把特征 ID 唯一地表示为原始 ID 除以 m 后得到的**商和余数**。m 这里就选 1000，商会有大约 1000 种取值，而余数也会有大约 1000 种取值。**原始特征的嵌入现在表示为商和余数的两个嵌入的组合**（可以是拼接，也可以是加起来或按位乘）。由于商和余数各自只有 1000 种选择，现在整个空间压缩到了 2000，相比于 1000000，有 500 倍的压缩。这个压缩是一个平方级的减小。

当然，我们会有疑问，2001 和 2002 这两个 ID 算下来商是一样的，那不就意味着有一半的嵌入都是一样的吗？是的，所以这个方法一定会带来性能折损，在实验部分也能体现出来，但是在实验中比直接哈希映射到 2000 要好①。

沿着上面的思路，还可以有更加通用的方案：将其分成固定的若干个**互补分区**，如上面的商和余数的方案，还可以对余数再取 m_2 的商和余数，一直往下，也可以拿出这个 ID 范围内的所有质数，把能整除某个质数的放一起等。综合下来，原始复杂度

---

① 性能的上界是完全没碰撞的情况，此时也不用哈希映射实现，称为全嵌入。

有指数级的衰减。在 CIKM 2021 中也有一个类似的方法[25]，通过控制二进制的表示来压缩空间，但这些方法有一个没有解决的问题是分配到多个分区的过程没有什么逻辑依据，缺乏语义。2001 和 2002 因为商一样，所以前半段的嵌入都是一样的，但是它们也有可能是两个完全没有联系的特征，那有一半嵌入都一样就不太合理了。根据我们在 3.3 节中提到的观点，嵌入要承载语义信息。**预期中应该是类型上越接近的特征，共享的概率越大，反之亦然。**

总结一下，无论什么样的压缩方案，肯定都会对效果有影响，毕竟天下没有免费的午餐，但是选用什么样的方案就是根据环境选择的。在业务还没到不计成本的时候，用一些压缩的方案是性价比较高的选择。

回到最开始的问题，我们说嵌入占用的空间那么大，其本质原因在什么地方呢？在于我们把原始特征表示为独热码，这种只用 0 和 1 的表示方式低效，自然是需要很大维度才能表示的。如果我们有一个非学习性的方法一开始就把特征 ID 表示成浮点数会怎么样？如果能表示成一段浮点数的向量会怎么样？

如果找到了这样的方法，后面的事情是水到渠成的：可以就地接一个 MLP，把前面的特征表示变换到一般要用的嵌入中，再接下面的 DNN，这样空间的占用立刻就下来了[26]。将 ID 直接表示为浮点向量，内存占用会极大降低，如图 3-17 所示。

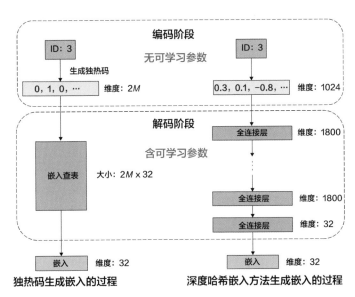

图 3-17 将 ID 直接表示为浮点向量，内存占用会极大降低

图上也强调了在第一步是不可学习的，对应左边的嵌入查表需要占 $(2M)^{32}$ 的空间，而右边的 MLP 就少非常多，**这样就大大减小了存储消耗**。那么怎么把一个原始的 ID 变成浮点向量呢？首先可以考虑变成整型向量，我们可以联想到，用不

同的哈希方式可以得到不同的 int 型数字，用同一种哈希算法加不同的种子①也可以做到这一点。

当使用各种哈希方法/种子拼出一个高维的整型向量后，再进行归一化+高斯化处理就可以得到所需要的浮点数向量，把这个向量送入下面的解码 MLP 即可。

上面方案的另一个考虑是基于冲突的，上面讲的哈希方法其实都是存在冲突可能性的。即使是商+余数的方案，表面上看最终的嵌入不一样，但是局部的冲突可能很大；而使用了许多哈希方法的结果，再经过网络变换、最终嵌入，冲突的概率就很小了。但也不是没有缺点，由于嵌入现在也是网络生成的，一点参数的变化会引起全局特征漂移，这样对推荐模型的"复读机"原则有影响，目前文章中的实验还是不如完全不冲突的全嵌入。

3.10 机器学习唯一指定王牌技术——注意力机制

> 📌 面对一个全新的机器学习任务，说要提升性能，你可能第一个想到的就是注意力机制。第一个实现的是注意力机制，第一个真的带来业务提升的技术也是注意力机制。

如果说机器学习有什么技巧是百试百灵，放到哪里都可以用得上的话，笔者会推荐两招：一是"人海战术"，二是注意力机制。"人海战术"可以理解为前面讲过的集成学习，在工业推荐中做得不多，即使决定要用，也用得很保守，因为要很小心地控制复杂度。注意力机制的发展也是比较有意思的。最早的时候要说自己引入了注意力机制，必须得旁征博引，从生理角度分析引用了什么原理，哪里能体现出人的认知过程。到了现在，注意力机制似乎只代表不同对象之间的权重调整。不过在实际中，注意力机制确实是一种非常好用的技巧。

深度兴趣网络（Deep Interest Network，DIN）[27]里面使用的注意力机制是整个机器学习领域里面几乎最直观的方式，其主要动机来源于对输入特征的观察。

用户的特征主要有两种：一种是非序列的，可以称之为 Non-Sequential。这类特征往往是用户 ID、年龄、性别、城市这种（后面的被称为 Profile，即用户画像信息）；另一种是序列化的（Sequential），主要是用户的历史行为，在电商场景下就是用户过去购买过的产品，在短视频场景下可以是用户过去点赞的视频。在 Embedding+DNN 范式结构中，计算图一般是固定的，所以输入特征也是需要定长度的。这里序列特征

---

① 指哈希算法内部的一个组成部分，根据种子来进行映射。

只能保留最近的若干个，多了截断，少了补 0。

将序列特征输入 MLP 时，序列中的每一项都有其对应的嵌入，如果把它们拼接起来，将是一个巨大的长度，非常浪费空间①，那么池化（如求和）就会是一个相对柔和的方案，至少可以保证特征的长度不会太长，但是池化有两个缺点如下。

（1）池化不会随着到来的广告变化而变化，无论来的是美食还是母婴产品，遇到的都是同样的历史行为表示。然而一个广告是否发生点击，应该更加重视对应类别的历史行为的强度是否足够大，换句话说就是美食来了应该看看历史行为中美食的行为多不多，和这个广告像不像，其他类别和当前广告的联系并不大。所以我们需要一个动态的机制挑出需要的部分。

（2）池化会对信息有所压缩，如果一个物料的信息需要 16 维才能装得下，最后 30 个物料的信息也只存在于 16 维里面的话，肯定是要压缩的。我们很难控制执行过程，或许需要的信息就刚好压缩没了，所以需要一个尽量不压缩关键信息的机制。

注意力机制是什么呢？它能够动态挑出需要的部分，而且可以控制压缩的程度，所以就和上面的需求刚好对上了！这也是 **DIN** 最主要的意义，把注意力机制引入到用户序列上，根据变化的物料对象挑出合适的响应对象。

为了完成注意力操作，要决定：①挑选出来的部分根据谁来变化；②最终融合的形式。对于第一个问题，根据上面说的，为了适应广告的变化，当然要把当前的广告信息作为输入，此外，用户本身的历史序列也是如此。对于第二个问题，我们最终还是希望结果的维度和池化差不多，因此加权和是一个好的选择，这也是大多数注意力机制的做法。综合以上两点，就得到

$$V_u = \sum_i a_i \boldsymbol{e}_i$$

式中，$\boldsymbol{e}_i$ 对应序列中第 i 个物料的嵌入；a_i 对应注意力系数；得到的结果是一个定长的向量。该向量再和其他特征的嵌入一起拼接起来，作为 MLP 的输入即可。这里没有对注意力系数进行归一化处理，主要考虑到输出尺度反映了兴趣的强度。DIN 中的注意力机制如图 3-18 所示，其中涉及注意力机制的部分用红框突出了一下。

有了 DIN 的基础，我们理解 Deep Interest Evolution Network[28]（DIEN）就更加容易了。DIEN 的主要出发点是，用户的历史行为体现了他自身兴趣的变化，而这个过程本身是时序的。这是一个发展的过程，也是 DIEN 中"Evolution"的由来。

---

① 举个例子，最近 30 个购买物料的 ID，如果每一个嵌入都是 64 维的，就需要将近 2000 维了。实际上现在常见的大公司的解决方案中，MLP 第一层承接的输入总共也就几千维。

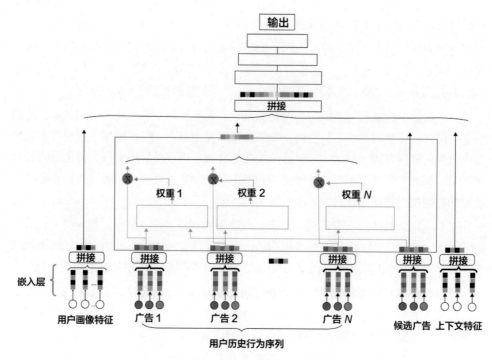

图 3-18　DIN 中的注意力机制

既然用户的序列是时序发生的，使用循环神经网络（Recurrent Neural Network，RNN）、门控循环单元（Gated Recurrent Unit，GRU）和 LSTM 网络就显得非常自然。这里选择的是不容易梯度消失且迭代较快的 GRU。

DIEN 有一个要点是使用辅助损失函数，DIEN 中的辅助损失函数如图 3-19 所示。

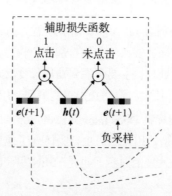

图 3-19　DIEN 中的辅助损失函数

图 3-19 所示为辅助损失函数的做法，如果发生了点击，那么当前的隐状态 h 和即将到来的广告的嵌入应该很像，也就是 t 时刻得到的隐状态 h^t 和下一个到来的点击广告 e_b^{t+1} 要相近，可以对它们做内积然后取最大值。仅仅是这样还不够，还可以采样

一些不出现在历史序列的广告,构成负样本 $\widehat{\boldsymbol{e}_b^{t+1}}$,然后和 $\boldsymbol{h}^t$ 内积后取最小值。通过这个辅助损失函数,隐状态开始富有语义:**点击与否能具体地归因到某一个时刻的状态上。**

辅助任务往往能带来好处。在真正的应用场合下,**把开始的输入和最后的要求告诉网络就能得到好结果的情况非常少,** 大多数情况是需要控制每一步的输入、输出,每一步的损失函数才能防止网络各种"偷懒""作弊"的。辅助损失函数能够使网络更受控制,向我们需要的方向发展,能够把正、负样本的原因更清晰地归因到特征层面。

3.11 注意力机制的几种写法

> ⬇ 关于注意力机制,我们要解决两个问题:①怎么做,在哪个层面上做?②注意力系数如何得到,由谁来产出?
>
> ⬇ 注意力机制应用广泛的本质原因是求和的普遍存在,只要是有求和的地方,加权和就有用武之地。
>
> ⬇ 注意力机制的本质可能是极其紧凑的二阶"人海战术",或者是极其高效的复杂度置换提升的方法。

DIN/DIEN 把注意力机制用在用户行为序列建模是为了得到更好的用户特征表示。此外,注意力机制还可以出现在其他很多环节,起到各种作用。本节我们对此做详细的总结。

从做法上来讲,引入注意力机制,方法可以分为如下几种。

(1)加权和,这是最简单的,也是最常见的。只要原先的结构中存在向量求和,我们都可以变为加权和。

(2)按元素/特征/模块乘,虽然把注意力系数乘上去了,但是不做求和,这种做法可以认为体现了重要性的差异。

(3)以 **Q-K-V** 的形式做特征的抽象表达,这种就是特指 Transformer 里面的做法。

从作用上讲就比较丰富多彩了,这里总结了如下几种,实际上还可以有很多其他的。

(1)凸显用户的兴趣峰。

(2)特征进一步地细化/抽象。

(3)对模块进行分化。

从输入角度分,注意力机制也可以分为自我注意力机制和非自我注意力机制,区别在于,产出注意力系数和注意力机制所作用的对象,二者用的输入是不是一样的。

第一种做法,也是最简单的加注意力机制的方式就是加权和了。在某环节中我们可能需要对特征进行求和池化（Summation Pooling）：

$$y = \sum_i x_i$$

在这里，每一个输入之间不做区分、地位平等，可以简单地给它们分配权重：

$$y = \sum_i a_i x_i$$

式中，a 就是注意力系数；x 可以是数量、向量，也可以是张量。

在推荐系统中使用这种方式的典型例子是 Attentional Factorization Machines[29]（AFM）方法，它求和的过程恰好是 FM 中各个嵌入求和的操作。AFM 的结构如图 3-20 所示。

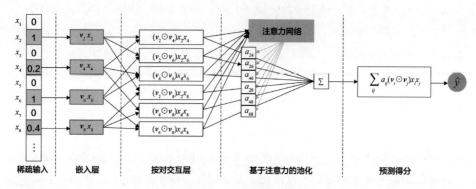

图 3-20　AFM 的结构

在图 3-20 中，从稀疏输入中挑出所有非 0 的特征，拿出对应的嵌入，然后两两交叉得到若干段交互结果。其中每一个都是一个等长的向量 $(v_i \odot v_j) x_i x_j$，中间的 $\odot$ 表示按元素乘法。假如没有注意力机制，后面的结果 $\hat{y}$ 就是把上面所有的交互结果加起来得到的。既然这里有一个加的过程，注意力机制就可以出动了：**在加的过程中给每一个嵌入分配注意力系数**，则后面的结果变为

$$\sum_{ij} a_{ij} \left(v_i \odot v_j \right) x_i x_j$$

式中所有系数已按照 Softmax 归一化。那么这些系数怎么来呢？AFM 中每个成员的注意力系数都由它自己输入，即前面的向量 $(v_i \odot v_j) x_i x_j$ 经过一个共享的全连接层得到注意力系数。注意一个点是，**注意力系数生成的时候一定要纵观全局，一定要有一个环节能看得见所有成员**，否则无"权"对大家做区分。AFM 把看到全局的任务交给了一个共享的全连接层，这个做法可能是考虑到前面的交互嵌入很多，如果都做输入会放不下。

第二种做法是按元素/特征/模块乘。典型例子是 LHUC[30]，即生成一个和原来激活元等长的向量，然后按元素乘上去。有的工作是把 CV 中的 SENet 用在推荐中：我

们对所有特征的嵌入先求和，可以视为"挤压"操作，然后经过 DNN 输出注意力系数，输出的结果和特征数量是相等的。之后每一个特征的嵌入整体乘上对应的注意力系数，即"激发"操作。这就是按特征乘的例子，相当于在整段特征之间做注意力系数大小的区别。

第三种是 Transformer 中 **Q-K-V** 的做法，我们留到 3.12 节来讲。

注意力机制常见的几种做法归纳起来其实都是加权，求不求和则是其次。它应用很广泛的原因并不在于操作有多新颖或多复杂，而是它可以起到非常丰富的作用，在每一个环节都可以考虑。下面看看注意力机制都能发挥哪些作用。

凸显最相关的兴趣峰。这就特指上一节提到的 DIN 和 DIEN，由于已经详细介绍过这两个工作，这里就不展开了。将其放在历史发展的过程中考虑，这类工作把注意力机制应用到用户行为序列建模的动机是凸显和当前物料最相关的兴趣峰。这种用法在下一节可以由 Transformer 发扬光大。

作为特征进一步细化/抽象的工具。上面讲的 SENet 的操作体现在特征层面上，那么对于下一层来说，输入特征的重要性相当于已经做了细化。在 AutoInt[31]中，注意力机制没有作为结果融合或接近结果融合的工具，而是作为一个非线性环节出现。一开始它把所有的嵌入拼接起来，然后用多头注意力（Multi-Head Attention，MHA）做一步抽象。这个过程会在 3.12 节详细描述，Query（**Q**）、Key（**K**）和 Value（**V**）接受同样的输入，经过抽象后可以得到一个更进一步的非线性的表示。那么层层堆叠起来，实际上就用 MHA 替代了 DNN 在特征抽象上的作用。

作为分化模块的工具。注意力机制下的常见操作是**根据输入的不同，生成不同的权重**，来决定后面模块中突出的是谁，抑制的是谁。反过来说，只要注意力系数的分布不是一成不变的，**后续的模块也会对输入产生特殊的倾向**。某种输入产生了大的注意力系数，那么对应位置的模块相当于更多承担了这种输入的预测。久而久之，不同的模块会对不同的用户/任务有所专注，这就是所谓的分化。

一个典型的例子就是 MMoE[32]，在 MMoE 中根据任务的不同会生成不同的门控元，然后作用在模块（称为专家）上。对于 CTR 任务，总有门控输出会偏大，那么对应位置的专家在 CTR 任务中就要扛起责任，同理，有的专家就是专注在 CVR 任务上的。

为什么"人海战术"和注意力机制总是有用的？

前面虽然讲完了注意力机制怎么做，以及能应用的场合，但还留了一个问题：既然说"人海战术"和注意力机制是两大王牌战术，那么它们有效的原因是什么呢？我们在这里分析一下。首先是"人海战术"，举一个例子，如果一个分类器在某个样本上得到正确输出的概率为 p，那么有 n 个分类器时（简单起见，假设它们平均意义上的概率差不多），按照投票制度获得正确输出的种类为 $\sum_{m=(n+1)/2}^{n} C_n^m p^m (1-p)^{n-m}$，即超过一半的分类器都得做出正确判定（这里忽略打平的情况，所以 n 都取奇数），而总体的情况则是 $\sum_{m=0}^{n} C_n^m p^m (1-p)^{n-m}$，需要验证是否存在：

$$\frac{\sum_{m=(n+1)/2}^{n} C_n^m p^m (1-p)^{n-m}}{\sum_{m=0}^{n} C_n^m p^m (1-p)^{n-m}} > p$$

如果存在这个关系，那么我们可以说，经过"人海战术"获得了更好的结果。表 3-1 所示为分类器数量增加时，"人海战术"准确率的变化情况，将 p 和 n 的不同取值代入进行计算，可以发现前一项的概率确实相对原来都获得了提升。

表 3-1　分类器数量增加时，"人海战术"准确率的变化情况

分类器数量 分类器概率	$n=3$	$n=5$	$n=7$
$p=0.6$	0.648	0.683	0.710
$p=0.7$	0.784	0.837	0.874
$p=0.8$	0.896	0.942	0.967
$p=0.9$	0.972	0.991	0.997

表 3-1 中间计算的是上面不等式中的左半部分，可以看出，每一个结果都大于原来的概率。"人海战术"对分类性能的确有提升。

那注意力机制呢？有读者可能会说，因为它具有更高程度的个性化/非常符合人的认知。这样的道理当然没错，但是要注意，**这些说法只能说明注意力机制可能有用，或者大概率有用，不能推导出它如此有用**。现在的现状是什么呢？太多地方都在用注意力机制，有点太好用了，这不是上面的浅显道理能解释的。从 CV 领域的 SENet 到 NLP 领域的 MHA，似乎注意力机制是哪里都能用的。而且最奇怪的点是，自我注意力机制（作用的对象和生成注意力系数所用的特征都由相同的输入决定）也是很有效的，如 SENet 这样的做法。这不是很奇怪吗？没有添加额外的信息就能取得提升，看起来简直像是天上掉馅饼了？

笔者有两点假说，供大家讨论：

注意力机制的本质可能是极其紧凑的二阶"人海战术"，即注意力机制有效的本质原因其实是"人海战术"十分有效。可以把注意力机制看作只有两个成员的"人海战术"，一个成员组成特征图，另一个成员组成注意力得分，并且相互交叉乘起来的形式是只有两个成员情况下的最优（或者极优）形式。

注意力机制是一种效率极高的复杂度置换性能的方法。虽然注意力机制的量级很

轻，但它终究还是加了东西的。这些东西加在特征维度上、加在通道上，都不如做成掩码效率高。这个假说和上面的不是互斥的，而是存在重叠的。

3.12　Transformer 的升维打击

> ⬇ 在推荐模型用到的各种特征里面，用户特征大于物料特征，行为特征大于画像特征。
>
> ⬇ MHA 比传统的自我注意力机制多 2.5 个维度，第 1 个维度多在生成注意力系数的成员有两个，第 2 个维度多在注意力机制所作用的对象经过了神经网络的映射，还有 0.5 个维度多在多个头的"人海战术"上。

谈到注意力机制相关的方法，是不能少了 Attention Is All You Need——Transformer[33]的。关注这几年科研进展的读者或许早就知道，Transformer 在序列建模问题（NLP）甚至非序列问题上（CV）都获得了广泛应用，相关研究已经热火朝天了。推荐中很典型的序列，即用户历史行为序列自然也是可以用它来建模的。精排模型发展的历程，我们可以说既简单又复杂。简单在于其看起来始终就是几层 DNN，而复杂又在于每一个小点都是牵一发而动全身的。乍一看把 Transformer 用在用户历史行为序列建模上有点"大炮打蚊子"的感觉。但是我们也要强调，在推荐系统中，**用户特征大于物料特征**，**行为特征大于画像特征**，用 Transformer 实际上是"大炮打巨人"。

MHA 是 Transformer 中最重要的环节，它拥有查询词（Query）、键（Key）和值（Value）三个关键元素，可以按照寻址来理解这三者的关系：Query 表示当前的输入，Key 可以标识出大量的内容中和它有关联的内容，因此 Query 和 Key 结合可以产出一套注意力系数的分布，最后从 Value 中取出相应的内容来融合。用公式来表达，就是同样的输入经过矩阵 W_Q、W_K 和 W_V 的作用①分别得到对应的特征图 Q、K 和 V，然后通过下式来得到最终结果。

$$\mathrm{head}\left(Q, K, V\right) = \mathrm{Softmax}\left(\frac{QK^{\mathrm{T}}}{\sqrt{d}}\right)V$$

式中，d 是用于尺度调整的参数。上面这是单个头的结果，既然叫作多头注意力，肯定有多个头参与，把每个头的输出结果拼接起来即可。

在文献[34]中，淘宝把 MHA 结合到推荐模型中，如图 3-21 所示。

---

① 但是要注意矩阵并不一定是两个维度，根据输入的不同维度可能会更高。

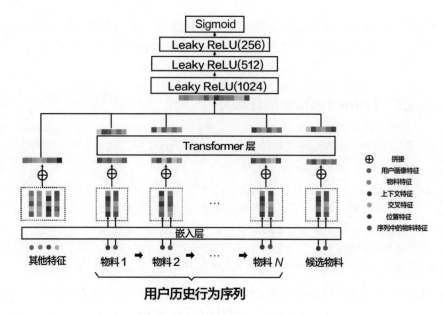

图 3-21 把 MHA 结合到推荐模型中

Q、K 和 V 的输入完全由用户历史行为序列中的物料信息组成。若物料的嵌入本身的维度是 d，那么这一部分序列会拼成一个 $|V| \times d$ 的矩阵，其中 $|V|$ 是序列的长度。W_Q、W_K 和 W_V 都是 $d \times d$ 的矩阵，得到的 K 和 V 仍然是 $|V| \times d$ 的。那么在上面式子中的 QK^T 这一项得到的是 $|V| \times |V|$ 的张量，这时的 Softmax 对最后一维产出注意力系数，结果再和 V 相乘，归一化的 $|V|$ 系数就对 V 有了加权的作用，得到一个 $|V| \times d$ 的结果。这里还留了一个小尾巴是标准的 MHA 算出来的结果，其仍然是张量而不是向量，简单的做法是把剩下的序列长度对应的维度池化处理掉，这样就可以和用户画像特征一起给 DNN 做输入了。

上面描述的是自我注意力机制的做法，另一种做法是可以做非自我注意力机制：把 Q 的输入改为图 3-21 中的其他所有特征的拼接，由于这个输入实际上是非序列的，当 Softmax 计算时，第一个 $|V| = 1$，因此最后的结果本身是个向量，这样就可以自然地和其他特征拼接加入下面的运算了。

将 MHA 放进精排模型中的概念虽然简单，但是后续的简化比较麻烦：加进来的矩阵都是高维矩阵，并且随着 $|V|$ 的增大，计算复杂度会一直增大，对于实时性要求较高的精排模型不太友好。因此求和池化可以操作上百长度的序列，MHA 就会很难做到。在序列长度较长时如何加速计算成了一个课题，这方面目前比较新的工作是 Linformer[35]，这篇文章中最重要的知识是低秩的观察，奇异值的累计分布如图 3-22 所示。

这里对 Softmax 结果的注意力系数进行奇异值分解，纵坐标表示的是归一化的累计奇异值。在序列长度等于 512 时，取前 128 就能覆盖绝大部分的累计奇异值了，这说明其他剩下的有没有都没太大区别。如果是这样的话，是不是可以做一些压缩呢？

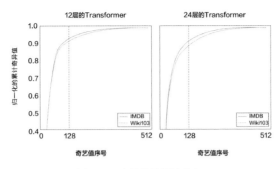

图 3-22 奇异值的累计分布

Linformer 压缩序列长度，在原本计算 Softmax 的时候，是 $|V|\times d$ 和 $d\times|V|$ 的两个矩阵乘，复杂度是 $O(V^2 d)$，可以先做一个矩阵乘把 K 的维度降到 $d\times k$：$K'=KE$，$E\in R^{|V|\times k}$，QK^{T} 的结果是 $|V|\times k$，此时再在后面对 V 做变换，可以使其变成 $k\times d$，这样最终结果的大小不变。如果在选 k 时令其非常小，就可以大概认为 V^2 这部分已经降到 V 的复杂度了。

站在现在这个时间节点看，Transformer 已经席卷机器学习的各个领域了[①]，甚至连 CNN 都有抵挡不住的趋势。我们前一讲所介绍的各种注意力机制的做法都没有这么厉害，似乎种种证据都表明 MHA 就是比它们好，这是为什么呢？

重新观察 MHA 的结构，第一个区别是它的注意力系数是由两个部分组成的，而不是像传统做法一样由输入直接生成。再加上后面的 V，Transformer 是由三个部分综合得到的。所以如果 3.11 节关于 "注意力机制是极其紧凑又极其高效的二阶'人海战术'" 的假说是成立的，那么就可以类比来说 **MHA 是高效的三阶 "人海战术"**，多了一个成员，形成了 "升维打击"。此外，在 MHA 中，注意力系数作用的对象和输入之间还加了一层变换，对输入的改变更加抽象。最后 MHA 通过加入多头还达到了 "人海战术" 的效果，总体看下来，**MHA 比上一节我们介绍的其他注意力机制的环节多了 2.5 个维度**。

精排模型的发展史既是推荐系统从业者与实际问题斗智斗勇的历史，同样也是**积极借鉴其他领域重要工作且发扬光大的历史**。因为精排是在整个链路上和其他领域从问题定义到需求最接近的，所以笔者建议多看看其他领域的发展，也许 "他山之石，可以攻玉"，借助整个业界的力量来推动自己的技术进步。

---

① 到 2023 年，Transformer 的进化版本 GPT（Generative Pre-trained Transformer，生成式预训练变压器）带来了更加震撼的应用。chatGPT 进行对话就像人一样自然。chatGPT 不仅是 AI 领域的革命性成果，更有人预测它将为搜索引擎带来质变。

第 4 章
粗排之柔

　　精排、粗排、召回这三个环节，进展速度并不是线性发展的，而是呈现两边快、中间慢的情况。精排不用多说，一心追求最高的精度，优先深度。召回要负责入口的全面性，优先广度。粗排则是负责协调它们二者，既要保证召回来的优质内容能通向精排，又要保证自己和精排有一定的一致性。可以想见，粗排在模型选型上并不会脱离精排和召回模型的范围，相反，为了完成上述工作，迭代粗排的重点往往在特征和工程上。

- 是否要加一个粗排？甚至要不要在召回—粗排—精排三级结构中再加一个环节，是一个论据不充分的决定，因为这需要提前预判未来很长时间的发展趋势，更要考虑到各种客观或主观因素。
- 近来，粗排的两个主要研究方向是结构的复杂化和样本的松弛化。
- List-wise 学习的实现方式是比较间接的，需要结合归一化+某项最大这两个点才能得出某一项比其他大的目标。
- 相对于 Pair-wise 优化，List-wise 的训练更高效，省略了拉扯的过程。

　　第 3 章梳理了推荐系统中最强大的模型——精排的发展历程，本章将详细讲解粗排。作为精排和召回间的中间环节，粗排在模型选型上往往偏向其中一方，或是精排的简化版，或是召回的复杂版。

　　近年来，粗排发展有两个趋势：模型复杂化和样本松弛化。

　　模型复杂化指的是从双塔（偏向召回）变为 MLP（偏向精排），甚至是其他更复杂的结构。这一条路径的发展和算力的发展息息相关，随着算力的提升，粗排可以运行更复杂的网络。说不定在未来，召回也是基于 MLP 的。

　　样本松弛化有三方面的动机：其一是粗排召回的都是序敏感的，不必得到 XTR（CTR、CVR 等指标的概括写法）准确的值；其二是学习的目标和后面的环节联系更强；其三是目标松弛后对网络要求变低，反而更容易学好，带来提升。

4.1　粗排存在与否的必要性

首先要明确粗排不是必须要的一个环节，到现在还有很多大公司的业务没有。像谷歌、YouTube 都是建模成召回—精排这两个阶段，和我们现在一直在说的召回—粗排—精排架构相比，就没有粗排这个环节。同理，推荐的链路中也并不是最多只能有 3 个模块，随着算力的提升和业务的需要，完全可以发展出小粗排、大粗排、小精排、大精排这样的模块。

在 "COLD: Towards the Next Generation of Pre-Ranking System"（COLD）[36]中，作者把粗排的发展分为 4 个阶段（粗排模型发展史如图 4-1 所示）：①基于规则，上下级漏斗相接时用预估 XTR 或后验 XTR 排序，然后舍弃靠后的部分；②用逻辑回归模型，也就是最早的精排模型；③用双塔，模型基本和召回一致；④将双塔改进到 DNN 中。在这个趋势中粗排会越来越复杂化，因为算力提升了。不仅仅是这样，像精排的"终极武器"——MHA 机制都已经在召回中使用了[37]。

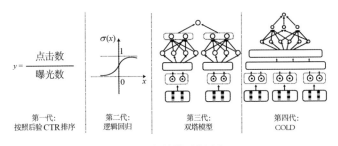

图 4-1　粗排模型发展史

那为什么要多粗排这一个环节呢？在现有的召回+精排两级的结构下，实践中加一个粗排其实不一定能直接观测到提升，此时我们可以下结论说不应该加粗排吗？

这个问题还可以问得更宽泛一些，加一个额外的排序环节，应该需要两点支持。

（1）算力充足，加新环节后，整个推荐系统的并发和时延可以支持。

（2）对未来的信心，多了一个环节，前面的漏斗可以透出更多，后面的漏斗可以输入更少。此时相信后面的环节输入更少后，可以改出更复杂的结构进一步做出收益，或者前面的环节卸下了一个很大的负担，从而学得更好。

从长远角度来看，只要对第（2）点有信心，多一个额外的环节就是合理的，但是决策者还要分析很多其他的问题。这种决策对未来有非常深的影响，必须要慎重。

4.2　粗排复杂化的方法

想要把 DNN 放在粗排上面临的最大的问题是粗排的入口要比精排大得多，如果把和精排一样的结构照搬到这里是不可行的。从以下两个方面入手，可以减少复杂度。

第一个方面是特征，输入特征可以不是精排的全部，而是最重要的一个子集。在 Embedding+DNN 范式中，特征变少，输入的嵌入的拼接就更窄，DNN 的入口也会变小，再往下就会减少很多复杂度。对于特征筛选，COLD 训练了一个 SE（Squeeze-and-Excitation）的模块，和第 3 章所讲的注意力机制类似，随着训练的进行，**注意力系数会揭示哪些特征是更重要的（系数大的更重要）**。据此我们从高往低挑选想要的数量的特征，然后可以重新训练一个网络，就是所要的粗排。

第二个方面是计算精度，在很多任务中都可以尝试用低一点的精度来做加速。原来的网络是 float 32 的计算精度，如果能够简化到 uint 8 来计算，那么时间消耗能够大大降低。反过来，如果时间不是太关键，也可以把网络变大，在时延差不多不变的情况下追求性能提升。在 COLD 中就是用 float 16 来替代 float 32 的，这个跨度是比较小的。

COLD 适用于 DNN 部分本来就比较简单（少林派）的情况，所以会集中在特征上。在有的场景下（逍遥派）精排本身会加很多东西，如 MHA、MMoE 等，此时粗排适当删减即可。

4.3　Pair-wise 与 List-wise

在第 2 章中我们简单提到过粗排学习目标的问题，并且举了一个 Pair-wise 学习的例子。由于粗排的目标是给精排输送有潜力的内容，所以它是序敏感的而不是值敏感的。它只关心两个物料的相对排序，而不关心预测对象的绝对值。对于 A、B 两个样本，按照 Point-wise 的方式学习和预估后，自然会得到排序的关系，然而学到 A、B 之间排序的关系却不能得到它们具体的数值，因此学习排序是更低要求的目标。

在这里呼应一下前文，介绍一下 List-wise 学习是怎么做的。在这种方法中一个比较经典的工作是文献[38]。我们在这里会省略各种数学推导，因为各种 List-wise 的损失函数都很好理解，比如下面这个：

$$L = -\sum_i y_i \log\left(\frac{e^{p_i}}{\sum_j e^{p_j}}\right)$$

式中，p_i 就是列表中每一个项的输出；前面的 y_i 是标识，第 i 个物料在列表中越靠前，y_i 就越大。**当所有的项的得分由 Softmax 归一化之后，某一个项的变大会意味着别的项的减小。这里损失函数让所有项都最大化，但幅度不一样。排在第一项的以最大的幅度最大化，它的排序就比其他项高，以此类推。**y_i 的取值也可以多种多样，无具体语义的取法有按照列表长度反过来取的，如长度为 10，那么可以按照 10、9、8、…这样的顺序取。有具体语义的取法可以按照实际业务数据来，如可以令 y_i 等于一段时间累计的实际点击数。关于这个损失函数本身也可以灵活处理,如列表有 9 项,我们可以最大化前 3 项,中间 3 项不做处理,最小化后 3 项。

另一种常见的损失函数是把每一项都分开:

$$L = \prod_{i=1}^{N-1} \frac{e^{p_i}}{\sum_{j=i}^{N} e^{p_j}}$$

含义是,先归一化物料第 1~N 项的分数,然后令 p_1 最大(**所以说 List-wise 生效的方式是间接的,这两点组合起来才可以达到第 1 项比其他项大的目的**);同样归一化第 2~N 项的分数,再令 p_2 在其中的得分最大,就是第 2 项比剩下的都大。以此类推就实现了第 1 项在所有项中最大,第 2 项在除第 1 项外的所有中最大,以此类推达到目标。具体实现时可以在外面加对数函数,把乘积变成求和。

还可以用铰链损失函数(Hinge Loss function)来添加别的需求,如可以用

$$\max(0, p_2 - p_1)$$

表示第 1 项只要大于第 2 项就可以,以此类推,用一系列铰链损失函数叠加作为 List-wise 的损失函数。如果把这里的 0 换成参数,那么就要求第 1 项必须大过第 2 项若干幅度才可以。总结下来看,**List-wise 的损失函数没有什么固定的形式,根据实际业务把我们需要表达的东西表达到位就好**。

将 List-wise 应用在粗排学精排的过程中是非常自然的,因为精排的输出本身就是一个列表。不过不论是 Pair-wise,还是 List-wise,选取样本都应该有区分度。比如精排输出队列是 100 个,选取第 1、20、50、100 个来组建样本就比较有区分度,选择第 11、12 个这种相邻的不太好,这样的差距可能仅仅是噪声造成的。

最后讨论一下 Pair-wise 和 List-wise 的区别,**Pair-wise 和 List-wise 相比,各自的优缺点是什么?** Pair-wise 表达的东西比较清晰,A 比 B 大写出来就是最大化 A-B 的得分,而 List-wise 的损失函数表达的过程是间接的,需要借助归一化或有界化才能完整表达。Pair-wise 的收敛相对于 List-wise 要慢,有拉扯的问题:A 大于 B,可以是 0.9 大于 0.8,也可以是 0.2 大于 0.1,因此 A 和 B 的位置飘忽不定,必须学习大量的样本,反复振荡才能收敛到最终的位置。而 List-wise 一开始就缩小了范围:A、B、C、D、E、F 由大到小,分别在 1、0.8、0.6、0.4、0.2 和 0 附近,省去了很多收敛需要的时间。不过 List-wise 想要看到全局,列表的长度会比较长,在实践中列表长度会和批处理的那一维复用。比如 Point-wise 的 batch-size=100,换到 List-wise 下,列表长度是 10 的话,batch-size 就只能缩减到 10。所以在应用 List-wise 学习方法时,太长的列表长度会导致 batch-size 变小,这一点要额外注意。

第 5 章
召回之厚

在推荐的链路中，召回是第一个入口。作为一号位入口的召回不但承担着最大的时延压力，还要考虑多样性及负责纠偏。一方面，三种模型中，召回从入口到出口的候选数量下降往往是最快的，这也就迫使召回借助双塔实现，同时利用近似搜索来加速推理。在这种方案中，物料侧甚至不是实时的。近年来，双塔+近似搜索逐渐升级到基于树模型和深度模型的方法，未来双塔可能会被舍弃。另一方面，从物料之间相似度入手，或者从用户之间相似度入手的补充召回百花齐放，对推荐系统做出了很好的多样性补充。

5.1 u2i 之双塔进击史

- 召回的主流是 u2i，u2i 的主流是双塔。
- 双塔结构能够作为召回基线的核心原因是把用户和物料完全分离且建模成内积的形式，进而能用 ANN 近似加速，更进而可以做漏斗中靠前的环节。
- 精排和粗排在算力不够时，双塔是"掌上明珠"；等到有一天算力上来了，双塔就被舍弃了。

相比于精排，召回更加丰富多彩。链路中只有一个精排，但可以有多个召回，因而每个召回可以只考虑某个方面，靠大家共同做好全局，这样负担大大减轻。从不同角度出发，召回的形式也多种多样。首先对召回做个分类，如图 5-1 所示。

召回首先分为个性化召回和非个性化召回两种，个性化召回会根据当前用户的属性推荐不同的物料，而非个性化召回则不受用户信息影响。非个性化召回往往以策略的形式体现，例如，我们会根据后验表现把一些物料汇总为精品池，这些物料大多数人都喜欢，我们相信当前的用户有较大概率也会喜欢。一些新闻类的内容对实时性要求较高，也可以建立新物料的池子。政策、公益类的信息本身不是为了转化，但它们很重要，我们保送这些信息，让它们能够顺利地透出。

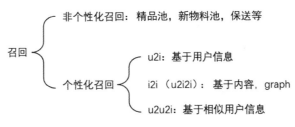

图 5-1 召回的分类

个性化的部分是召回中的主体，一般都是占比最大的，分为 3 类：u2i、i2i 和 u2u2i。u 指的是 user，即用户；i 指 item，即物料；"2" 是一个简称，本来是 to，即从用户到物料的意思，由于英文中与 two 发音接近，形成了一种简化写法。综上，**u2i 指的是根据用户信息寻找相关的物料**。那么类似地，u2u2i 就是根据当前用户找到相关的用户，再寻找这些用户历史正向行为中的物料直接拿来推荐。i2i 其实是一个简写，应该是 u2i2i，意为根据用户寻找历史正向行为中的物料，再根据这些物料寻找相似的物料。

u2i 的建模很直接，现在以双塔为主，一个塔输出用户的表示嵌入，另一个塔输出物料的表示嵌入（在输出之前两边没有交互），通过判断两边的信息是否相似来排序。i2i 是以物料信息为主的，可以根据具体物料的图文等内容决定，也可以将用户行为转化为物料的关系。u2u2i 中间会间隔一步寻找相似用户的操作，但具体方案和 u2i 很相似。

双塔的起源和推荐本身或 DNN 本身关系不是很大，而与文献检索高度相关。对于一个搜索的系统，如果对输入的查询词进行字句拆解，再和文献中的字词去做对应，会有很多误判的情况。因此当时人们设想，是否有一个空间叫作语义空间（Semantic Space），想象中，把查询词和文献中的内容都映射到这个空间中去，也许"泰坦"和"显卡"这两个表面上看起来没有关系的词能够建立联系。在这样的设想下，自然就是两个模型分别处理查询词和文献，输出各自的向量。相关的一"对"（Pair）对象之间，两个向量应该尽量相似，而不相关的"对"之间向量则应该离得远。

所以，当我们把判定"对"间是否应该相似的任务从标注员的手里交给点击数据，同时又借助强大的 DNN 模型时，就得到了深度结构化语义模型（Deep Structured Semantic Models，DSSM）[39]，DSSM 的结构如图 5-2 所示。

查询词和文献分别经过一个非线性的变换，它们之间的相关性由点积给出。在损失函数上需要做的就是让相关的"对"之间距离接近，不相关的"对"之间互相远离。如果把查询词类比为推荐中当前的用户，文献比作候选物料，那么就可以在推荐中很自然地使用这种结构，如 YouTube 的双塔，其结构如图 5-3 所示。

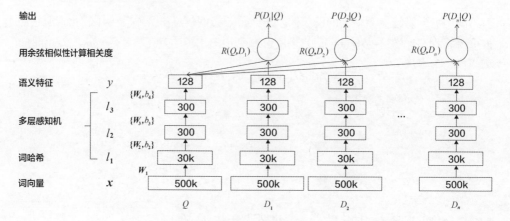

图 5-2　DSSM 的结构

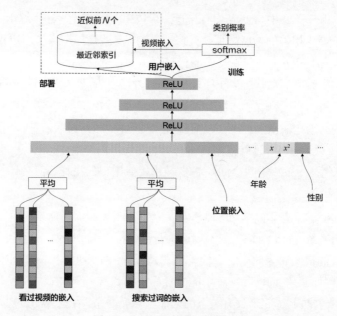

图 5-3　YouTube 使用的双塔结构

　　用户侧的信息是通过塔，即 MLP 变换得到的，物料的塔的输出是 Softmax 前面矩阵的权重。此处把用户和物料的相关关系建立成一个分类任务，如果用户和某个物料相关，那么它就被分类到该物料对应的类别上；而 Softmax 在前面需要对特征做一步线性变换，使得输出个数等于类别数，那么那里的变换矩阵的每一行就代表一个物料的向量。YouTube 的方案一直是按照 Softmax 来建模的，比较抽象，一般情况我们就用上面 DSSM 这种形式理解就好了。

　　另一种起源可以从矩阵分解来看。在协同过滤的时代，用户对物料的评分可以写成一个 2 维矩阵。这个矩阵存在的问题是里面有很多位置都具有未知值，很稀疏。在实际应用时，这些未知值都需要预测出来，所以研究者采用矩阵分解的方法来做。先利用已知值把得分矩阵分解为用户矩阵和物料矩阵的乘积，然后未知值就由分解得到的两个小矩阵决定。这里就出现了用户嵌入和物料嵌入相乘的处理，进一步让这两个部分分别由一个塔来生成，就得到了我们目前的双塔模型。

既然我们说双塔是 u2i 的主流，甚至是召回的主流，那它就一定有性质能在召回这么靠前的漏斗中处理大量候选。这其实是双塔最重要的性质，就是它和近似最近邻搜索（Approximate Nearest Neighbor search，ANN）的结合。双塔模型部署过程的抽象图如图 5-4 所示。

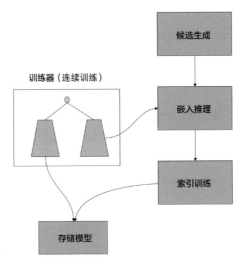

图 5-4　双塔模型部署过程的抽象图

在双塔的部署中，用户和物料的地位不对称，用户实时计算，而物料信息间隔刷新。图 5-4 所示为双塔模型训练完成之后部署的过程。训练时，每隔一段时间需要保存一次用来推断（对所有模型都是一样的）。这里的候选生成用来决定哪些物料是需要考虑的，有点像广告里面的定向，有些物料在规则上就不需要考虑，那在这步就可以删掉了。这些物料的嵌入每隔一定时间重新计算一次，然后存到 ANN 里面。推断时，对象是用户侧的塔，是请求发生后现场计算的，最后用计算出来的用户侧嵌入去 ANN 里面搜索相似的物料完成检索。理解这种部署方式就能理解为什么在模型中无法给两边的塔增加用户和物料的通信。可以想象，一旦在计算过程中双方产生依赖，就无法复用上面的方案了。

双塔能用在召回上是因为它很快，不仅因为模型本身算得快，更因为它可以利用 ANN 进行近似搜索省了很多计算变得快。也可以简单地理解为，和一棵树里面的父节点相似，若父节点符合要求，就把下面的子节点全拿走，这样就能算得很快。双塔为什么在召回中有如此高的占比，原因就是速度很快 + 高度个性化。

即使双塔可以用 ANN 加速，自身条件的限制也使得它无法做得很大或很深。像精排这种模块，至今还有很多大场景仅仅使用 3 层 MLP，召回这里调整的空间就更小了。那么双塔，或者 u2i 的从业者在研究什么呢？

其一是关于负样本。精排的作用是曝光样本，它学习的对象是曝光后点击的样本和未点击的样本，自己控制的部分和自己学习的部分是重叠的；但对粗排、召回来说，它们的作用是筛选候选样本。如果此时学习目标依然是曝光后的样本的话（此时假设学习目标还没有改成后一个环节的输出），就会有大量未曝光的样本是未评价的。如果不管这些样本可能会造成某种偏差，也许召回还以为它们质量不错，实际上精排并不会给它们机会。这种偏差我们称之为选择性偏差，会在前沿篇中详细介绍。

这个问题的解决办法就是把未曝光的样本当作负样本让召回来学习，所以最简单的做法就是从整体中随机找一些没什么曝光的样本，然后就认定它们是负样本。按这种做法找到的样本本身就比较容易区分，对模型可能没有太大提升。YouTube 使用另一种 in-batch 的负采样，即一个 batch（并行计算的一批数据）内部把数据组织方式变为一一对应的，即同序号处的用户和物料组成正样本，如用户 1 和物料 1 之间存在点击或其他正向行为，同时"伪造"用户 1 和其他物料的组合样本，并把这些样本认定为负样本。

其二是将对比学习引入召回阶段。介绍对比学习之前要先讲解 CV 中的 SSL。对于一张没有真值的图片，我们随便裁剪一下（但裁剪的窗口别太小），得到两张子图。即使不知道是什么，也可以说子图都属于同一个类别，记为 A 和 B。这时再从图片库里面随便找一个其他的 C，大概率和 A、B 不属于同一个类别。A、B、C 三者就构成了一组学习样本，一个好的特征提取器，能够让 A、B 的表示尽可能地接近，而让 A、C 或 B、C 的表示距离拉远。如果得到了这样的特征提取器，它就能让另一张和 A 同类图片的表示和 A 的表示很接近。这就是说，在没有任何标注的情况下，我们能得到一个工具，它让同类靠近，异类远离，这就是 SSL 的工作原理。SSL 的流程如图 5-5 所示。

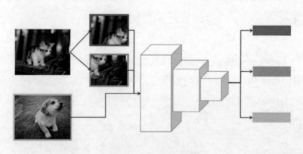

图 5-5　SSL 的流程

图 5-5 描绘了 SSL 的流程：在猫的图片上做两种裁剪，再经过 CNN 得到红色和蓝色的特征，在狗的图片上得到黄色的特征，训练中使红、蓝特征接近，同时使红、

黄，蓝、黄特征远离即可。

同一个正样本裁剪两个子图的过程叫作数据增强，有了这一步才能执行后续的优化。如果将其放到推荐场景中，应该是什么样的操作呢？在谷歌的 SSL[40]中就对此问题进行了探究。SSL 给出的增强操作是随机遮盖，即随机把若干个物料特征"移除"，替代为某个默认的嵌入，然后加入训练。这是为了模仿默写情况造成的特征缺失的样本。随机遮盖特征之后的 A 版本和另一种随机方式的 B 版本最后生成的嵌入应该是相似的。因此在原任务的基础上，还应该加一个辅助任务来进行表示的学习，SSL 算法结构如图 5-6 所示。

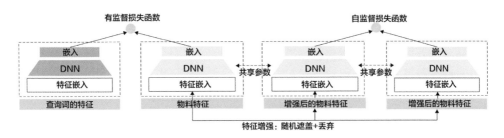

图 5-6　SSL 算法结构

在批数据中，物料 A 经过变换得到 A′，物料 B 经过变换得到 B′，那么 A 和 A′ 的距离应该接近，而 A 和 B′ 的距离应该拉远。这个操作和上面的 in-batch 负采样很相似，通过这部分任务，网络具备更好的表达能力，再和原始任务结合可以带来提升。

对比学习是一种典型的损失函数+数据驱动的方法，在模型的能力都差不多的情况下，告诉它你要什么是很关键的。我们以为自己的目标是训练一个好的模型，但是实际上必须要拆解得更细致，如训练一个能让相似样本的表示接近，不相似样本的表示远离的模型才可以。

5.2　i2i 及 u2u2i 方案

- ↓ u2i 的个性化比较笼统，而 i2i 则针对用户历史行为序列深挖。
- ↓ 物料之间的"相似"有两种含义：外观相似或用户行为相似。
- ↓ 无论是 itemCF 还是 Swing，核心都是用户和物料间的多重关系，它们都可以看成图模型的特例。

u2i 的召回做的是比较概括性的个性化，用户信息、物料信息最终压缩在用户塔的输出里，而 i2i 可以看作把用户的历史行为推到很高的位置。具体操作是，找出用户历史行为中有正反馈（如点赞）的每一个物料，把它类比双塔 u2i 中的用户侧嵌入，在 ANN 中寻找前若干个相似的物料，然后再去重融合。举个例子，在用户过去的购买列表中有 10 个物料，这里的正向行为是购买，那么每个物料到 ANN 里面找 100 个相似的候选，都加起来，这路 i2i 的召回总量就是 1000 个（不考虑去重）。要说明一下，实际上上述操作是用户先找（to）自己过往的物料，再找其他物料的，所以严谨一点来说应该是 u2i2i，只是一般简称为 i2i 而已。

想想看，i2i 的依据是什么？假如用户之前买过某款衣服，再给他推荐长得像的衣服是不是很合理呢？或者用户喜欢看 MOBA（Multiplayer Online Battle Arena，多人在线战术竞技）类游戏，就给他推荐 MOBA 手机游戏是不是也说得通？也就是说，**i2i 就是根据用户行为寻找与正样本相似的物料来做推荐**。但是，这里如何定义相似是个问题，根据不同的定义方式，可以构造出不同的召回方案。

很多地方讲解推荐系统都是从协同过滤开始的，我们到了这里才涉及，原因是随着各种模型的突飞猛进，重策略的方法因为个性化稍弱一些，不适合放在非常顶部的位置，而是更多出现在召回中。与协同过滤有关的 i2i 其实就是非常古老的 Item CF（CF 意为协同过滤，Collaborative Filtering）。**物料之间的相似是由用户的正反馈来衡量的，越多用户对两个物料有共同的正反馈，它们之间就越相似**。具体来说，两个物料的相似度由下面的式子给出：

$$\frac{N(v_1, v_2)}{\sqrt{N(v_1)N(v_2)}}$$

式中，$N(v_1)$ 表示 v_1 有多少用户点击了；$N(v_1, v_2)$ 表示有多少用户在两个对象上都有点击。根据公式，如果两个物料的共同点击很高，相似度就会很高，这也是很容易理解的。

除了用户行为的相似，像视频、图像、文本这类内容信息的相似也是顺理成章能想到的。拿到物料后，去某个 KV（Key-Value）存储结构中（如 Redis）找出对应的内容嵌入，然后传到 ANN 中，找出对应的最接近的那一批即可。

但是基于内容的方案有一个缺点是容易受到复制粘贴的影响，按照这种搜索方式，图像/视频素材复用的这一批一定是排序最靠前的（因为它们和传进去的候选"长"得一模一样），但是用户短期内又不太可能把一模一样的物料"消费"两遍，**这就导致这路的输出是很低效的**。在实际业务中为了防止这种情况，有的地方会改变相似的评价，从嵌入距离最相似的前 k 个变成嵌入距离最相近的 $k_1 \sim k_2$ 个。

为了生成内容嵌入，可以借助 CV 中的 CNN 或 NLP 中的 Transformer 来做。比如简单一点，用 ImageNet 预训练的网络作为特征提取器，复杂一点则需要根据业务场景自己设计一个学习目标来训练 CNN。其实这里的探索很有意思，本书会在难点篇讲解如何根据实际业务设计训练目标。

还有一种基于图计算的方法，如图卷积网络（Graph Convolutional Network，GCN）。这里简要地介绍用图计算做召回的方法，更多的细节留到前沿篇来讲。基于图计算的方法在大约 2018 年后获得了很多关注。基于图计算的方法本质还是训练得到物料的嵌入，然后用 ANN 去检索。但是物料之间的相似不像上面仅仅定义为内容上的相似，而是用户行为中体现的相似。图结构中各个节点的关系如图 5-7 所示，*A*、*B*、*C*、*D*、*E* 都是物料，建立节点。边则可以设计为"多少用户买了 *A* 以后又买了 *B*" +"多少用户买了 *B* 之后又买了 *A*"。这样的数字越大，说明 *A*、*B* 之间的联系越强，越相似。

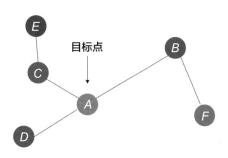

图 5-7 图结构中各个节点的关系

建好图之后，下一个问题就是如何得到图上节点好的嵌入表示。简单一点的算法可以单纯基于图嵌入（Graph Embedding）来做，即对每一个节点都分配一段嵌入，然后如果说 *A* 和 *B* 之间的边比较强，和 *C* 比较弱，可以做一个损失函数，令 *A* 和 *B* 的内积大于 *A* 和 *C* 的内积。当我们用 *A* 的嵌入去做召回时，就能把 *B* 的嵌入搜索出来（比 *C* 靠前）。

更复杂一点的是基于 GCN 的，如 PinSAGE[41]就是建立在 GraphSAGE 的基础上的方案。GCN 在简单的嵌入基础上定义了卷积操作，即聚合邻居节点的表示后变换到新的表示上。PinSAGE 的操作流程示意图如图 5-8 所示。

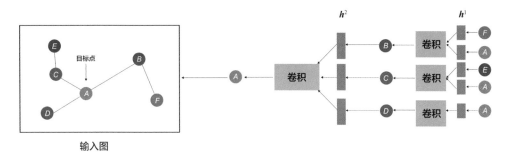

图 5-8 PinSAGE 的操作流程示意图

A 的邻居是 *B*、*C*、*D*（这里有所筛选），因此 *A* 的 h^2 表示（第 2 个隐层的嵌入）是 *B*、*C*、*D* 的 h^1 表示（第 1 个隐层的嵌入）经过若干穿插的变换和对称的聚合函数（如求和池化）作用后得到的；而 *B*、*C*、*D* 自己的 h^1 表示又是根据它们的邻居按照相似的卷积操作得到的。也就是说，GCN 和 CNN 一样也会越卷越深，先计算所有 h^1 的结果，再计算 h^2，以此类推。因此随着层数的加深，*A* 点综合的信息会越来越多。最

后我们在召回上要用的就是 A 经过多层变换最终得到的结果。

上面介绍的是 i2i 中图计算的应用。图的方法也可以用在 u2i 上，此时图中就会分出两种节点：一种是物料节点，一种是用户节点。按照类似的方法训练完毕，部署会和 u2i 的双塔一样。

和 itemCF 及图计算非常像，但不局限于 i2i 的一个算法是 Swing：如果用户 u、v 共同点击过物料 i、j，就可以认为 i、j 之间是相似的（注意 Swing 比 itemCF 要求的条件要强，itemCF 要求的是同一个用户对两个物料，这里则要求两个用户对应两个物料）。同时这两个用户共同购买的对象越少，相似度就越高[有点类似于词频逆文档频率（Term Frequency-Inverse Document Frequency，TF-IDF）]，其公式表达如下：

$$\text{sim}(i,j) = \sum_{u \in U_i \cap U_j} \sum_{v \in U_i \cap U_j} \frac{1}{\alpha + |I_u \cap I_v|}$$

式中，U_i 表示所有点击了 i 的用户，因此前两个求和表示的是点击了 i、j 二者的用户 u、v，它们的分子都是 1，但是在分母上做区别：I_u 表示所有 u 点击的物料，分母的含义是 u、v 共同点击的物料数目加上一个防止异常的项。

ItemCF 也可以尝试装到图计算的框架里面，我们想象一个三层的图，底层全部是物料，中间层全部是用户节点，这些用户如果连到了下一层的同一个物料上，就可以认为它们之间有边相连。顶层还是一个只有物料的图，这一层的物料之间连接的强度取决于它们连接到下一层的用户节点上能形成四节点通路的个数①。

另一种召回——u2u2i 的思想是先找到和当前用户相似的用户，然后把相似用户有过正向行为的物料直接拿过来作为候选。这里用户和用户的相似有各种各样的做法，如可以按照上面图计算的方式建立用户-物料的二部图，得到用户的嵌入，也可以只是从某个排序模型里面取出已有的用户 ID 这个特征对应的嵌入。

有一个小问题需要注意，**这类做法取出来的物料之间是没有排序的区分的**，如用户 A，他有两个相似用户 B 和 C，B 过往点击的物料是 a、b、c，C 过往点击的物料是 c、d，那么 a、b、c、d 之间没有定义排序关系，然而作为召回还是需要定义排序关系的。在实际业务中往往会加一个兜底的简单模型，如一个很简单的双塔，再把上面的所有候选过一遍，排好序再截断输出。

① 第一层的 i 到第二层的 u，再到第二层的 v 然后回到第一层的 j，这就是一个四节点通路。

5.3 近似搜索概览

> ↳ 其实，基于图计算的方法召回的质量更高，但是向量量化类方法灵活、增删方便、易于上手，二者各有千秋。
>
> ↳ 在 PowerQuest 中，重点是理解一种思想：把一大段向量切分成几小段，各自聚类形成大量聚类中心比直接一起聚类得到大量聚类中心要容易得多。先分再合。
>
> ↳ 防止某种偏差出现的简单方法——随机化，如随机选样本、随机化进入点、随机化路径等。

前面讲的召回部分，不管是 u2i 还是 i2i，在搜索时都是借助近似搜索来完成的。近似的原因是候选的数量实在太多，无法一个一个计算点积然后再排序。这里的近似主要是在空间中形成一种排布，使得在点击行为上相似①的物料嵌入在这个空间中也更接近，然后选取的时候可以同进退。比如在量化方法中，一些点经过量化后就没区别了，此时要么都选，要么都不选。一个最简单的例子是 k 均值聚类后每一个物料都有一个属于它的聚类中心，此时将每一个物料直接映射到聚类中心上，属于同聚类中心的物料互相不区别，这就相当于把该物料和聚类中心的差别抹掉了，这就是所谓的向量量化。

近似搜索的要求有 3 点：速度快、存储少、精度高。当然，精度高是一种取舍，因为精度再高也不会比挨个遍历更高。近似搜索可以分为下面几类。

（1）k-d 树，每一次搜索都把空间分成两份，然后在其中继续搜索。在 k-d 树中，并不能保证沿着某一个分支下去就能得到所有结果，因此当特征维度升高之后，复杂度也会急剧升高，在现在的搜索方案中一般不会选择。

（2）哈希方法，具体说是局部敏感哈希（Locality Sensitive Hashing，LSH），目标是把两个距离较近的高维向量经过哈希映射到一起。

（3）量化方法，是本节的重点之一，先把一些点"捏"成一个团，它们要么一起被选，要么一起被丢弃。向量量化方法在近几年的主流都是基于乘积量化（Product Quantization，PQ）方法[42]的，也是开源库 Faiss 的实现方法。

（4）基于图的方法，注意这里的"图"和上一节的"图"的区别。在上一节中即使也叫"图"，它主要是一种训练嵌入的方法，这里的"图"是真正按照数据结构本身来搜索的。

---

① 这个点击行为的相似是我们想要的，但是很难一步到位地做出来，实际中可能转化成别的，如内容相似等。

目前的大多数推荐系统使用的都是基于量化的方法或图的方法，本节集中讲解这两种方法。

5.3.1 向量量化类方法

首先梳理一下向量量化类方法的发展。向量量化最简单的做法可以按照 k 均值聚类来理解，假设一共有 10000 个物料，使用 k 均值聚类到 100 类，每个类有 100 个物料。**量化就认为每个类中间的这 100 个物料没有区别，它们都等于聚类中心向量。** 按照量化后的向量召回，操作就是取到量化的聚类中心节点即可，不再继续往下计算。比如要召回 200 个物料，那么可以寻找聚类中心向量与查询词最接近的 2 个聚类中心，然后它们下面的物料全要，这就是 200 个。

在向量量化类方法中，应用最广泛的是 PQ 方法。做法是在向量的维度上做拆分，比如原始向量长度为 l，PQ 会对前 $l/2$ 的向量和后 $l/2$ 的向量分别做 k 均值聚类并且得到各自的聚类中心向量。如果两边的聚类中心都是 128 个，那么量化后的向量只有 128^2 种选择。这里的两段只是举例，实际操作时可以分成更多段。相比于所有维度一起聚类，**PQ 的优势在于每次聚类的长度都短很多，每一个分段的聚类都更容易。** 分成 n 段，并且给每一个小段做 C 个聚类中心，总共就有 C^n 个聚类中心，比整段向量聚类得到这么多聚类中心要容易得多。

假如把搜索的过程看成在树结构里执行，就会是由粗到细的。一开始寻找最粗的聚类中心，然后去掉那些偏远的；再在粗的聚类中心里寻找更细一些的聚类中心，以此类推。在这个过程中，层次化很重要。文献[43]中更进一步提出了 IVFADC 算法：先使用一个比较粗糙的量化器（还是 k 均值聚类，但是类很少）做一遍筛分，从里面得到几个聚类中心，这是第一层，再在这些聚类中心所包含的点里面继续寻找。但在下一层，不是简单地再次重复一遍，量化器量化的目标变成了原始目标和上一层聚类中心点之间的残差：

$$y \approx q_1(y) + q_2\big[y - q_1(y)\big]$$

这种思想就和 boosting 有点像，两层的结果结合起来能输出更精确的结果。IVFADC 算法实现时，一般都会在第一层放一个轻量级的 k 均值聚类，而在第二层则是用上面讲的 PQ，IVFADC 算法流程如图 5-9 所示。

当分层适当增多时，层次靠前的复杂度就可以适当减轻。在一开始快速抛弃大量不需要详细计算的样本，既可以提速，也可以提升精度（因为可以把更准的结构放在下面）。

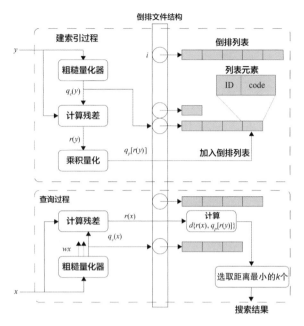

图 5-9 IVFADC 算法流程

5.3.2 基于图的搜索

基于图的搜索是另外一个方向，这里主要讲解分层的通航小世界图（Hierarchcal Navigable Small World graphs，HNSW）方法。首先要先讲一下它的基础 Navigable Small World graphs，即 NSW[44]算法。在 NSW 中寻找最邻近点的算法如图 5-10 所示。

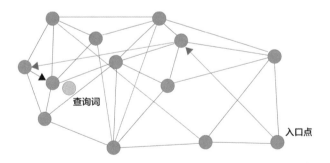

图 5-10 在 NSW 中寻找最邻近点的算法

如图 5-10 所示，在 NSW 中，所有的物料都对应一个节点（蓝色），互相之间的连接方式有短接（黑色）和长接（红色）两种。假设图已经建好了，此时用户的嵌入在这个空间中作为查询词（绿色）寻找最邻近点的算法很简单：随机找一个点作为起点，称为入口点，把它的邻居全部取出来，然后计算它们到查询词的距离，跳到能产生最短距离的点上即可。什么时候一个点的邻居到查询词的距离都没它到查询词的距离短，迭代就停止。在 K 近邻（K-Nearest Neighbor，KNN）搜索的时候，需要做若干次，每一次都以一个随机的入口点切入，访问过的点不会再访问，并且 k 个最近的点是全局维护的。

要注意：如果图中全是短接线，即使算法没有陷入局部最优点，想找到最近的点也需要经过非常多次的迭代，复杂度会很高。所以我们需要一定的长接边来给算法加速，并且缓解局部最优的问题。在构造图的时候，NSW 使用顺序输入来构图，并且在构造的过程中要求每个点必须与前若干个点相连。由于点进入的顺序是随机的，所以**早期就非常容易建立起长接边**。

假如一开始的入口点的度很低，那么算法可能要花费大量的工夫，先通过度比较低的点找到度高的那些点，然后才能跨到目标点上。此外，在度比较低的点上搜索，陷入局部最优的可能性也更高。有一个好的改进是我们把度最高的那一批点事先找出来，然后一上来就从这些点访问，但这样复杂度仍然很高；而 HNSW 在 NSW 的基础上，在早期就快速筛掉大量不需要访问的点来加速运算。HNSW 算法示意图如图 5-11 所示。

搜索时从上到下：先在上面层搜索，然后往下细化继续做。看起来好像搜索的步骤变多了，但是上面的搜索已经及早确定了需要的点大概在哪一块，在下面层搜索时很多都是看一眼就退出的，不占用多少复杂度。

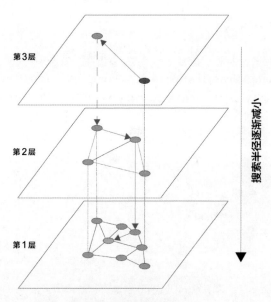

图 5-11　HNSW 算法示意图

注意到在上图中，有的点在每层都有，有的点则在最下层才有。这里也是借助了随机性来构图：每一个点都由一个随机数决定它可以连续保留到第几层。在随机的情况下，**最顶层的图中的点分布比较均匀**，否则如果最顶层的点偏到整个图的一个角落里，下面的搜索就会非常费力了。

5.4　树模型与类树模型的冲击

> ♨ 双塔+ANN 本身就可以放在一个树模型中来看待，只不过是一个 3 层的树模型，计算只涉及第 2 层。
>
> ♨ TDM 的父节点继承子节点最大值的假设非常重要，有了这个假设，挑中父节点层级的 Top-K 之后就不会遗漏最佳结果了。
>
> ♨ 双塔、TDM、DR 的区别是物料是一个节点还是一条路径，以及是否取到某个非叶子节点就把下面所有的节点都放进结果。
>
> ♨ DR 的数据结构其实是树模型把物料设定在路径上，且松弛了相等条件之后的等价形式。

　　双塔+ANN 虽然在现在的召回中处于霸主地位，但也并非完美无缺。对双塔来说，最大的问题就是用户和物料的特征交互得太晚了，这两部分在最后一层才通过点积产生交互。如果能在网络计算前期就让它们产生交叉，模型的性能可能会有非常大的提升。FM 的成功已经说明了用户和物料的交叉是多么重要。

　　实际想要"改革"，没有我们嘴上说一句"双塔的范式必须打破"这么简单。双塔和 ANN 是强绑定的，如果要替换双塔，必须也找到一个快速的搜索方法，或者索引结构才可以。而打破约束的方法，近年来的代表工作是深度树匹配模型（Tree-based Deep Match model，TDM）[45]和深度检索（Deep Retrieval，DR）方法[46]。这一节把双塔+ANN、TDM 和 DR 三种方法合并在一个更大的框架下面，然后展示其中的区别。把双塔的检索过程放在树结构中如图 5-12 所示。

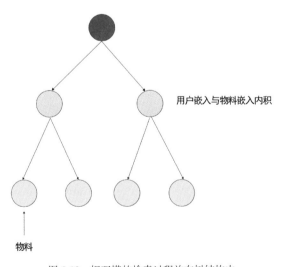

用户嵌入与物料嵌入内积

物料

图 5-12　把双塔的检索过程放在树结构中

首先重新认识双塔+ANN（举例，先按照 PQ 的做法来理解）的做法。如图 5-12 所示，总体上，**可以把搜索物料的过程放在一个树结构中**。ANN 的操作就是一个 3 层的树模型，同时把向量量化简化为 k 均值聚类，那么绿色节点就是 k 均值聚类的聚类中心。**所有物料都在叶子（黄色）节点上**，只是通过量化把它们"捏"到绿色节点上。此时只有绿色节点是实际运算的节点，选取哪个绿色节点的函数是一个计算用户喜好的函数，设为 f。在双塔中，这个函数的计算方式就是用户和物料输出嵌入的内积。**搜索的过程就是遍历所有的第 2 层节点，从中选出固定个，把下面的叶子节点全部纳入结果**。

从上面的框架出发，能更加容易地理解 TDM 的原理。首先 TDM 继承了上面的形式，让物料都在叶子节点上。不过此时，由于不再使用 ANN，上面 3 层的约束可以拿掉了，此时是一棵任意深度的树模型。

TDM 中最重要的设定是除叶子节点外，父节点也有用户和物料交互的预估值，但这个值等于子节点中最大的值除以当前层的归一化系数。这么说有点绕，换句话说就是**子节点在该层中最大，那么父节点在上一层中也最大**。有了这样的设定，在第 l 层中找到 Top-K 个节点，在第 l+1 层中的 Top-K 一定都是上面那些的叶子节点。这样的话，执行过程就是在每一层计算所有节点，排序后找到 Top-K 最大的节点（如果已经有一些叶子节点，就认为这部分已经找到了，要去掉，同时 K 的数值也要变化），然后继续往下搜索。

在上面的假设下，训练的过程也是很好理解的，TDM 检索过程的抽象图如图 5-13 所示。此时还在树模型的架构中，不过喜好函数变成了一个深度模型（非双塔，可以是 MLP 等结构）。训练时如果用户的正样本是 3 号，那么模型就把 3 号当作正样本，而同时做负采样，在 4、5、6 号中可能采样出一个或多个当作负样本一起训练，令 3 号与用户交互的得分大于其他人与用户交互的得分。再上一层，由于 1 号是 3 号的父节点，它也会被视为正样本，而此时 2 号成为负样本。

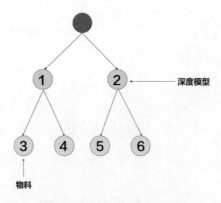

图 5-13　TDM 检索过程的抽象图

在树结构中的每一个节点上都有一个嵌入,那么实际搜索时,用户的信息可以和此节点的嵌入产生复杂运算,然后决定沿着哪些节点继续搜索。在这里,复杂运算就可以不用双塔实现,而由 MLP 甚至包含注意力机制的模型实现,这样就实现了我们**喜好函数的计算在很早的阶段就引入用户和物料交叉信息**的目标。

构造树模型的时候可以引入一些先验,如同类别的物料大概率是相似的,那么可以初始化一棵树,让属于同一个父节点的所有叶子节点属于同一类别。开始训练后,节点上的嵌入会慢慢变得成熟,此时可以根据这些嵌入重新聚类,让相近的叶子节点在一起,然后重复上述过程。

简要分析一下 TDM 在部署上的复杂度。假设所有的候选量是 C,那么树模型的深度为 $\log C$。在搜索的过程中,每一层都要取 Top-K 个结果,那么下一层就要计算 $k \times$ 子节点数量这么多次,子节点数量代表一个父节点平均有多少子节点,可以视为一个常数。由于下一层计算之后仍然保持 k 个结果,所以再下一层涉及的节点数量仍然是 k 的常数倍。可以大概认为每层计算 k 个,最后设深度模型的计算复杂度为 t,TDM 的整体复杂度就是 $O(tk\log C)$,整体上是一个对数复杂度。同时分析一下上面简化版本的双塔的复杂度,如果按照 k 均值聚类来看,需要计算的节点个数应该是 $\sqrt{C}$ 个,它的网络耗时记为 t',这个值应该小于 t,整体是 $O(\sqrt{C}t')$。由于 $\sqrt{C}$ 要大于 $\log C$,这里二者的大小不太显然,需要结合实际情况计算。

再次对比 TDM 的实现和我们一开始提出的基准框架,可以发现 TDM 继承了大部分的设定,如物料是以叶子节点的形式存在的,而 DR 打破了这一设定,**在 DR 中,从上到下的一条路径代表一个物料**。在树模型中,如果不把物料放在叶子节点上,就没有必要出现逐层增多的形式。也就是说,既然已经让路径代表物料了,就没有必要每层节点都不一样,为简单起见,可以设定成一个方阵,有 D 层,每层有 K 个节点,这就是 DR 中的数据结构,如图 5-14 所示。

在第 1 层中,DR 通过一个 MLP+Softmax 指出用户嵌入应该被分配在哪个节点上;到了第 2 层,还是用 MLP 来分配,不同的是,这里的输入是原始用户嵌入和上层所选节点嵌入的拼接,后面以此类推。

检索时的方法和 TDM 一样,每层找出 Top-K 个节点,然后只考虑它们的子路径。

理解了上面的内容,我们再换个视角。假设我们简化一下 DR 的形式,让物料的表示从根节点过来,经过每一个节点的嵌入的拼接,同时规定只要两个物料的最终嵌入不是完全一样的,就可以接受。这样会发生什么?这样的话 D 层 K 节点的结构能表示的独立物料是 K^D 个,这个数字是一个指数级的,而且就等于一个把物料设定在叶子节点上,D 层每一个节点有 K 个子树的树结构。因此 **DR 的数据结构可以看作树模型把物料设定在路径上,且松弛了相等条件之后的等价形式**。松弛对时间消耗来说影响不大，但是空间消耗是减少的。TDM 存储物料的空间是 $O(C)$ ，但在这里则是 $O(KD)$ ，其中 $K^D = C$ ，因此这一节把 DR 称为类树模型。

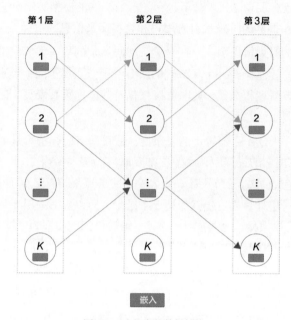

图 5-14　DR 中的数据结构

第 6 章
模型迭代的术与道

作为推荐算法工程师，除了懂得各种模型的原理，自己动手实践当然也是需要的，可这还不够，实际中往往还需要自己提出想法对模型做出改进，而这才是工作中的主线。和想象中不一样的是，迭代时的决策不仅被研究者的知识储备、想法所决定，还往往容易受到环境因素和长短期利益权衡的影响。很多时候其实只要做对的事情就好，但是有各种各样的原因使我们做不到，这就产生了令无数人难受的"老汤模型"。除了要尽量避免"老汤模型"，模型迭代也不全是无规律的，观察其他领域获得启发，从反例中吸取教训也都是寻找思路的实用方法。

> ⬩ 造成"老汤问题"的典型原因有两个：一是训练资源和训练时间的要求不匹配；二是推荐系统探索不足。
>
> ⬩ 掌握模型十八式，熟练运用，能帮助你完成业绩的要求；但是掌握迭代之道，能让你长长久久地保持业绩。
>
> ⬩ 最好的方法却是最难做到的，只要做对的事情就好，可惜，绝大多数人因为各种原因做不到。
>
> ⬩ 为什么要创新？一直做已有的事情不是我们作为推荐算法工程师存在的理由。

在笔者的职业生涯中，改进模型总是很成功的，无论是人脸模型，还是推荐模型，即使场景完全没见过，到手里总能变好。但也有惨遭败绩的时候，不但没有提升，而且感觉浑身不适，腰也酸、腿也痛，随着"炼丹"时间的增加，连面对的勇气都逐渐消失。后来总结了一下，这种时候遇到的模型往往都有一些共同的特点，笔者把它们统称为"老汤模型"，什么是"老汤模型"，又为什么迭代这类模型这么难？

6.1 什么是"老汤模型"

老汤本意指的是煮了很长时间的肉汤。这种肉汤随着时间的增长，香味会越来越浓。很多饭店里就有一口锅，里面煮着这样的老汤，用来招待客人。老汤占了时间上的优势，重新做一份，没有它香，因此在市场中长长久久地占据着地位。饮食上有很多越老越香的东西，如老汤卤煮。

类比到机器学习中，所谓"老汤模型"，指的就是一个训练时间很长的模型。比如在推荐里面，线上的精排是从两年前开始训练的，不说它占了数据量的便宜，整个推荐系统也已经和它完美融合了，此时一个全新的模型和它比，就很难超过。这和 CV 还有点不同，CV 影响和评价涉及的方面往往是纯粹、可观的，对后续的影响没那么强，而推荐中的模型对上线后的效果有影响，具有影响用户心智的作用。

就像我们之前举的例子，一开始推荐系统只推出某种风格的视频，时间长了留下的用户都是只喜欢这种视频的用户，再想转变会很困难。从模型结构上来说也有类似的现象，假如之前的模型是很简单的逻辑回归模型，它可能就把点击与否重点归结到地理位置上，我们想重新训练一个精排模型和它有结构上的差别，地理位置不那么重要了，在线上的效果可能就会不好。在这个过程中时间顺序的影响很大，很有可能一开始在完全随机的情境下对比，后者更好。但是迭代总是有先后的，前期的影响已经发生了，没有回头路。在这些情况下，容易出现"老汤问题"，可以简单地归结出两种情况：第一，基线模型存在某种不合理，但由于和生态已经融合，改进问题无明显变化或变好；第二，在可接受的时间消耗下重新训练基线模型，效果弱于线上的基线模型。解释一下第二点，基线模型在线上已经两年了，如果从两年前的数据开始训练一个模型，追上基线模型可能要一个月，这就不可接受，从半年前的数据开始训练需要一周，这是可接受的，那么可接受的时间消耗就是一周。

"老汤模型"产生的最直接的影响是，重新训练一个模型很难比得过它，无论是改进的模型还是基线模型。原因是多方面的，最经典的一个情况就是，训练资源根本不足以支撑重新训练一个需要长期数据的模型。比如模型比较大，花一天时间只能消耗两天的数据，那一般按照一个礼拜迭代来看，只能训练半个月的数据。可是此时的基线模型在线上已经跑了几个月，新模型想要直接战胜它是很难的。更糟糕的是，这次没比过，基线模型还要继续控制整个链路的风格，再多学一段时间的数据，然后更不容易被战胜。长期下去，基线模型越来越厉害，越来越"老汤"，再也换不下来了。

造成"老汤问题"的另一个典型原因是模型权限过大、探索不足。精排决定曝光，而精排又使用了曝光后的东西来学习。自己学自己，很容易觉得自己是完美的，整个推荐系统的风格也特别契合这版模型。此时基线模型占尽了主场优势，新模型就会吃亏。当推荐系统中模型决定的部分越少时，这个效应就越弱。比如一次请求输出 10 个物料，其中 5 个是由模型决定的，另外 5 个是由策略决定甚至纯随机的，那么基线模型的优势就会弱很多，此时新模型更有可能战胜它。

当然，我们也可以说，"老汤模型"的本质原因是新模型的性能不够强，新模型如果很厉害，还是能取得收益的。这么说当然也对，但是一般情况下很难见到"天选之人"，常见的 AUC 提升在千分之一左右，新模型超出基线模型很多的情况在成熟一点的业务里面是很难见到的。反过来说，在前期 AUC 很容易提升时往往也需要留点心眼，可能这几次上线没注意好，后面就要流泪了。

上面说的仅仅是"老汤模式"对迭代效率本身的危害，它对人的身心健康也有危害。面对"老汤模型"时，**可怕的不是无法战胜它，而是无法从失败中找出一条成功的道路**。一般做十次尝试，有的差，有的好，有的持平，此时最容易的就是根据这些现象总结出规律，找到可以尝试的点。现在面对"老汤模型"，做 10 次尝试都是更差的，而且可能还要差不少，刹那间对业务的期待、对业务提升的渴望、对科学的追求，等等都落空了。随着时间的继续延长，积极性进一步受到打击，更别说做创新的东西了。

不过"老汤问题"也不是完全不可解的，应对"老汤问题"的第一种方案是研究热启动（Warm Start），即新模型的大部分都读取基线模型已经训练好的权重（DNN 就是参数，嵌入也是类似的，完全复制一遍），只有涉及的修改部分才随机初始化进行训练。比如只在 MLP 中多加了一层，那么这一层可以随机初始化，其他没有修改过的都不变。这样看起来"老汤问题"似乎已经解决了，但是实际上并不完全是。既然要通过读取基线模型的权重来缓解"老汤问题"，那么可重复利用的多与少自然影响"老汤问题"的程度，修改的地方越多，性能想要追上就越困难；反之，为了能和基线模型相比，几乎只能留下一两层自由的参数。这样的改进是非常细微的，步子不能跨得太大。最后看下来，不一定迭代得更快更好，**在实际中这样的方式特别容易陷入只有加特征才能提升的困境**。

所以说，当"老汤问题"已经发生时再想要扭转局势就很困难了。我们回到一切开始的时候，"老汤问题"为什么会出现呢？最大的来源就是训练资源和训练时间的需求不匹配。假如模型需要训练 3 个月的数据可以收敛，我的训练资源能够支持我在可接受的时间内再训练一个基于 3 个月数据的模型，那么大家在时间层面上就是公平的，就不会有"老汤问题"。但是在现有资源支持的情况下，大家都能想到增加复杂度用数据时间来换效果。这个过程一直持续，模型越来越大，能训练数据的时间越来越短，就离出现"老汤问题"越来越近。由于"逍遥派"比较集中在 DNN 中的各种复杂结构上（MHA、GRU 等），它们特别容易出现这类问题。出现问题后，不能靠弟子们自己解决，前人在做的时候没有把控好，反正自己的任务完成了，自己的绩效/晋升有着落了，不会想太远以后会是什么样子。这就考验资深的专家或主管在一开始制订方向的时候，如何把控。

再对"老汤"的概念做一点广义上的扩展，不单指训练时间很久的模型，也指一些迭代过程中不合理的结构。比如在做多任务时，每一个任务用的特征都不一样且没有一致逻辑（手动配置的）；再比如为了加某个结构把其他空间挤压到头了，后面没有复杂度再来承载新的结构等。所有的这类问题都会对后续的迭代带来巨大的麻烦，一些新颖的结构方法固然好，但这些都只是"术"。从业务甚至公司的角度讲，我们的目标都应该是构建好的系统和生态，那么，更大的"道"是什么呢？

6.2 模型迭代的"术"

不过，讲"道"之前先"卖个关子"，因为其实"术"还没有展开讲解。推荐算法工程师在日常工作中最需要发挥的能力就是改进模型、提升效果——线下训练观测到指标提升→做 A/B 实验→获得线上收益→业绩考核及格（或者超格），大概是这样的路线。有的读者可能说我就去看 SIGIR、KDD、CIKM 这些会议上发表的论文，看到哪个靠谱我就实现来试试。这样固然可行，但是效率很低。大多数论文都以科研为导向，和业界的实践场景有很大不同。对于这件事，笔者的感受是，论文一定要看，但是自己迭代也要有一条思路，你对自己业务的理解是不可替代的。那么自己的这条线如何寻找迭代的规律呢？笔者研究生毕业时曾做过一个总结，那时对于 CV 方向的工作做了模型迭代的各种"招式"比较，如表 6-1 所示。

表 6-1　模型迭代的各种"招式"比较

"招式"类型	含义	优点	缺点	效果
增量式	某方法的微小改进	思路简单，新人可以快速上手	一个容易想到的点不一定是真的没人想到，很有可能是已经做了，但是做不出来	实在没其他"招式"可以尝试，但是提升不大，这也是可预料的
启发式	根据生活中的现象提炼规律	新颖性基本有保证	效果不太可控，其他地方的规律不一定通用	有时候很有用
反例式	从所有失败的样例中总结规律	由于总结了很多错误样本的规律，改善效果比较有保障	取决于规律提取得如何。高度上去了就是经典工作，反之可能退化成增量式工作	在 CV/NLP 中很管用，但在推荐场景中不容易发动
引领式	俗称"挖坑"，创造新的任务	换了一条赛道，往往就是实现基线模型	如果没人关注会比较尴尬	取决于对业务的理解，如果理解精准，效果会很好
经典式	能够指出领域中非常重要但又被忽略的点	带动一波研究热潮	没缺点	提升很大

1. 增量式

一般入门搞科研，最容易上手的就是增量式的方法。比如看到有个算法是针对全局生效的，那是不是需要在每一种细分情况下使用不同的参数？此时"自适应""个性化”等词汇就出现在脑海中。但是这类方法太容易想到了，如果你的目标是发论文，基本上就是大家比拼速度，看谁写得快。如果你的目标是提升实际业务，此时可能要多一个心眼：有一个思路非常容易想到而现在的推荐系统里却没有，这不一定是大家没想到，更可能是前人已经试了没效果。

2．启发式

比增量式更高级一点的是启发式，启发式是根据生活中的现象来提炼规律的。举个例子，曾经看到有人对多尺度方法的解读是射击时有八倍镜，这启发我们把一个局部放大看，就能看到一些重要的信息，然后在物体检测中引入。像粒子群算法就是根据鸟类的习惯归纳出来的。启发式如果故事讲得有意思，是很有新颖性的，在这里不确定的因素主要在于是否能落地出很有效的算法。粒子群算法的动机大家都理解，但是实际应用时需要处理的点很多，不是仅仅有一个想法就可以的。

3．反例式

在 CV/NLP 中一个很好用的套路是反例式，就是把模型预测错的东西全拿出来肉眼过一遍，看看有什么规律。笔者之前发表的一篇论文“Single Image Action Recognition Using Semantic Body Part Actions”[47]就是这么来的。观察反例就发现，很多动作之所以难识别，是在于某个局部的动作认得不够准，比如有个人全身是直立的，但是脚会向下弯，这就说明他不可能在地面上，这是在跳跃的过程中出现的挺身姿态。因此定义每一个关键部件的动作，进而提升整体的预测性能。这种套路在推荐系统中不是特别好用，原因是推荐中的负样本很难归因。在广告场景下一个用户自然的 CTR 可能就是 2%这样的，有的物料就是临时没看清楚划过去了，甚至用户都不一定感知得到。这是一个遗憾，极大制约了推荐算法领域提出新方法的效率。

4．引领式

再往下的一种是引领式，通俗点说叫作“挖坑”。CNN 在服务器上运行得很好，那就可以研究如何在手机上使用；单个物料的推荐可以做得很好，那多个物料综合如何做呢？像这样的子方向如果找得好是能做出很好影响力的工作的。

5．经典式

最强的就是很经典的一些工作，这些工作有点可遇不可求。让笔者印象很深刻的是一个姿态估计的例子，以前都是用 CNN 去直接估计关节的位置，然后有个工作叫作部件仿射场[48]，它加一个任务来估计两个关节的连接部分。这是有依据的，因为关节的连接部分本身就是胳膊、腿这些部件，它就在图里，部件仿射场相当于把图像上一些本来可能没有用上的东西给用上了，而且还能帮助前面的任务纠正错误，因此部件仿射场在人多的时候表现非常好。前面召回里面讲的 TDM 也有类似的意思，大家思维都固定在双塔上，改动的点很小。TDM 从如何尽早进行用户物料信息交互出发，打破了点乘的限制，能带来一个很大的改革。

在推荐的业务中，笔者最推荐的是反例式。但是上面也说了，反例式不好发动。可以用"莫须有"的方法来强行发动反例式，就是看着现在的模型，然后想："如果一定要说现在的模型有缺陷，那么什么地方做得最差呢？"这时我们可能会想到好几个点，然后再继续思考，结合在线上观察到的宏观现象（或生态表现）来决定在哪一个方面加以改进。如果觉得找思路实在困难，记住多观察一定是对的。

6.3　模型迭代的"道"

下面就是"道"的讨论了，"道"说起来很简单，就是"求其上者得其中"。我们以更高的视角来看待推荐：**在整个产品中，这个环节应该发挥怎样的作用？做什么是对的？**

"做什么是对的"乍听起来好像没什么意义，可惜很多人都做不到这一点。在 YouTube 的方案里面，没有粗排这个环节，是否意味着在短视频场景里面也要去掉？别人公司的机器资源特别丰富，上了 Transformer，我的场景小机器又少，此时上线 Transformer 是对的吗？（老汤是怎么产生的，不就是这样吗？）某个方案在 A/B 实验中确实提升很多，但是依赖了非常多其他的模型，如果其中有一个父节点停止维护，模型就会面临停止更新的风险，此时上线这个方案是对的吗？

以上种种场景，相信读者们不带立场地思考能很容易指出其中不合理的地方，但也许是自己真的水平不够（没想到更好的方案），或者迫于业绩的压力等原因造成了问题。在这个"内卷"的世界我们当然理解这些动机，但是有时候"求其中者只能得其下"，业绩好的不一定是天天想着怎么完成老板任务的，真的晋升的也可能不是一开始就以晋升为目标的。很多人只关注短期的模型收益（如改参数，我们可以称之为堆砌产出），但是堆砌产出只能让你保持现状，不能更进一步。

迭代的"大道"可能不止一种，笔者这里提供自己信奉的一种，创新精神。面对一个问题，我们应该有自己的见解和思想，现实的问题还有很多方案是大家没有思考过的，等待着大家去挖掘。举两个例子。笔者在第一份工作中做的是国内第一代单摄像头支持可见光与结构光的手机解锁。那个时候大家一般都只有可见光数据，能够采到一些量比较小的结构光数据，由于结构光数据不足，可想而知提升性能的难度之大。做的时候有的同学就说问题都是在数据上，我们需要更多的数据，当时笔者不以为然。假如数据那么充足了，谁来不都行吗？

　　第二个例子是在做用户冷启动时，所有已有的方法关注的点都是用户的前几次刷新没有数据时怎么补充，或者让网络更加鲁棒。然而如果仔细想想，你就会发现用户到他决定是否留存之间其实还有很长的距离，后面的阶段信息并不是完全没有的，而是可能有别的问题。基于这些思考才有了后来的 POSO[49]。如果这时连实际数据都没有认真观察过，只是人云亦云地复现别人的方法，恐怕只能得到一个平庸的结果。

　　最后放一句笔者时常和年轻的同学强调的话来结束整个模型篇，也与各位读者共勉：为什么要创新？一直做已有的事情，不是我们作为推荐算法工程师存在的理由。

前沿篇

　　模型的发展给我们提供了很好的"武器"，学会了这些方法，领悟了背后的思想，接下来的问题就是如何应用到实际问题中。

　　下面将要进入的是本书的第 3 个篇章——前沿篇，这篇我们将对当下技术的进展及现存问题进行梳理。

　　首先会讲模型中收尾的一部分，用户兴趣和用户序列如何细化？我们现在已经知道序列特征是非常重要的一类，但在实践中往往只能用很有限的长度，容易引发短期兴趣太主导、太集中的问题。在这部分我们要研究如何引入长期兴趣，以及如何平衡多个兴趣。接下来的重点是多任务学习，意义是如何用多个目标组合出业务上想要的结果。在这个环节中具体的算法可能不是最重要的，更重要的是理解线上、线下指标不一致的根源，并由此引出非样本级、不直接接受梯度的算法。非梯度算法中往往就有探索与利用的取舍，而探索与利用又与推荐的后链路，即多样性控制与重排相关。在展示的过程中，要想办法去除偏差对学习过程的影响。最后会探讨如何用图计算做召回，用自动机器学习技术加速网络结构的搜索和压缩。

第 7 章
用户兴趣建模

虽然在现在的推荐模型中都使用用户历史行为序列特征，但受限于资源，能使用的长度较短。这造成了两方面的问题：其一，短期序列的信息占据主导使得推荐系统"遗忘"用户较长时间之前的兴趣；其二，如果短期行为序列集中，兴趣会缩到少数几个点上，推荐系统会忽略用户可能存在的其他兴趣点。在本章中我们讨论这两个问题的解法，称之为用户兴趣建模。

7.1 从百到万的用户长期兴趣建模

为长期用户行为建模，要点有二：
- 第一，异步化，短的现场算，长的提前算；
- 第二，强假设，要事先定义好搜索范围，减少复杂度。
总结为，百级靠计算，千级靠解耦，万级靠假设。

在精排模型中提到过，用户历史行为相对于用户画像特征更重要，因为它们更直接体现用户的兴趣，也更个性化。把模型中的序列长度拉长，有没有好处呢？答案是肯定的。因为用户既有长期的兴趣，也有短期的兴趣。比如用户是一位网游玩家，近期因为没有整块时间，所以只间歇地看了些休闲小游戏的视频，推荐系统因其"复读机"属性使得模型会尽快响应这位玩家的兴趣变化，开始向他推荐休闲小游戏的视频，这样可能会造成用户近期行为序列都是休闲小游戏。然而这位玩家原来的兴趣并没有消失，推荐系统推荐的网游视频他还是会看的。所以，如果推荐系统模型的序列长度太短，就不能把用户以前关于网游的行为包含进来，新的兴趣"挤掉"了旧的兴趣，导致预估不准。

在常见的模型中，用户历史行为序列一般会在 100 以内，也就是几十这个量级，因为用户历史行为序列长度增长会直接导致整体模型复杂度急剧上升。假设一种用户历史行为序列的长度是 100，而模型中所有特征（序列与非序列特征）的嵌入都设定为 64 维的长度，那这一种序列特征占用的存储空间就等于用户画像中的 100 个特征。如果有多种序列，空间进一步上升到几百倍，这个负担很大，有的场景总共用到的画像特征也才几十个。为了加长用户历史行为序列，目前业界一般都通过多加机器的方法，但这也只能到百级，再往上的千级甚至万级怎么做，这就是本节要解决的问题。

长序列建模的难点是：①部署需要的空间。假如序列是 100 个物料的特征嵌入求和，就必须把这 100 个嵌入向量放到内存中，保证其能尽快做完求和操作。那么随着历史序列增多，需要的存储空间会越来越大。②线上预估的时间。如果用 LSTM 网络、GRU 网络这类模型做抽象，每次请求都得从第一个嵌入向量开始输入，需要等的时间太久。

7.1.1 从百到千

多通道用户兴趣记忆网络（Multi-channel user Interest Memory Network，MIMN）[50] 能把序列长度从百级增加到千级，其解决方式是进行解耦。训练侧不做改变，但**在部署侧，用户行为序列的计算以行为发生为粒度执行**，其他部分仍按照请求粒度来执行。常规方案中所有特征和网络的计算都是按照请求粒度执行的，即只有在用户请求发生时，才取出序列嵌入进行抽象，再输入给神经网络。如果用户行为序列增长很多，上面的操作就无法实时完成。MIMN 把用户行为序列的抽象过程提前，只要用户行为发生，就开始计算，等到用的时候只是取出来。

异步化是 MIMN 能够做长序列建模的核心原因，但主要优化了部署的复杂度，在训练中并没有优化。

7.1.2 从千到万

如果想要再把历史行为序列的长度数量级加一级，那么万级的历史行为序列的训练就不能承受了，此时应该如何建模？

首先要明确的一点是，不能认为这一万条历史行为都有意义，当然也来不及在训练中探索谁有意义，必须由先验知识（可以通过观察总结，也可以通过别的训练过程归纳得到）来指导谁有意义。

基于搜索的兴趣模型（Search based Interest Model，SIM）[51]就是根据先验知识来完成万级序列建模的。整个工作的强假设是：**用户历史行为中的物料对判断当前物料点击有价值的是类别相同的那部分**。

基于这个强假设，很快就能得到第一种方案（实际上也是 SIM 最终建议的方案）：把用户的一万条历史行为都拿到，逐个对比其中的类别（如美食、母婴等）和现在要判断的物料是否一致，一致的就留下来，这就是 SIM 中的硬搜索（Hard Search）。在整个过程中不需要保存物料的嵌入，只需要保存一万个物料的 ID 和它们对应的类别。得到需要的 ID 之后，重新从参数服务器中取嵌入向量再放入网络也来得及（常见业务设置的类别在 100 左右，假如分布比较平均，那么按照硬搜索取出来的结果仅有 100 个）。这时用得就很自由了，在 SIM 里是用前面讲过的 MHA 来进行序列建模的。

在工程实践中，SIM 提出了键—键—值的方式，即按照用户 ID—类别—在这个类别下的物料 ID 来存储。在进行推荐时，将候选物料的类别取出到用户的第二级键里面，所有的内容都是可行的。

除了硬搜索，也可以构思一种更泛化的方式：软搜索（Soft Search），将用户历史行为序列和当前广告的嵌入映射到同一个空间中，然后在该空间里面用非对称的局部敏感哈希（Asymmetric Locality Sensitive Hashing，ALSH）[52]做搜索即可。把广告和用户历史行为序列的嵌入分别表示为 e_a 和 e_i，那么我们就要求拿出

$$W_b e_i \odot W_a e_a$$

最大的前若干项来。软搜索用到的嵌入都需要训练，为了防止长期兴趣训练的嵌入和短期序列太同质化，文章中使用一个额外的辅助任务来辅助训练，SIM 用辅助损失函数防止长期与短期行为同质化，如图 7-1 所示。

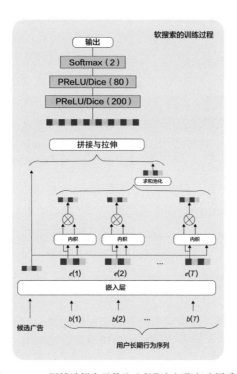

图 7-1　SIM 用辅助损失函数防止长期与短期行为同质化

长期行为的嵌入和当前物料嵌入做内积，结果和当前物料的嵌入拼接起来，用 MLP 输出结果。按照文章中的经验，软搜索的结果和硬搜索没差多少，说明用类别来圈大范围确实是准的。然而软搜索的成本较高，因此文章最终建议使用硬搜索。

SIM 的思想延伸一下，可以有第三种方案，即进一步假设：**用户历史行为中的物料对判断当前物料点击有价值的是长得像的那部分**。可以参考那些和当前物料在画面上、视频上、文案上都类似的历史物料，根据在它们上面的点击行为来辅助判断对当前物料的点击。这种方法在实践中也有不错的收益。

7.2 用户多峰兴趣建模

> ↫ 用户多峰兴趣建模基本遵循先分后合的过程：第一步要分得足够大，兴趣之间才有差异；第二步要再合起来，和当前的物料做交互。
>
> ↫ 分兴趣的时候有各种思路，合兴趣的时候基本都按照注意力机制来操作。
>
> ↫ 多峰兴趣建模中介于理想与现实之间的鸿沟是语义的"混沌"，几个峰是真的各有所长，还是"坍缩"到一起，这是个比较头疼的问题。

前面讨论了用户长期兴趣建模，引出长期兴趣的出发点是用户随着时间的推移，兴趣会发生变化。那么很自然地就能联想到，兴趣在变化的过程中会分裂成很多个不同的主题。以笔者自身为例，因为一直是机器学习领域的从业者，推送机器学习相关的文章很可能会发生点击，但同时，笔者在生活中也很喜欢游戏、动漫等。这几个兴趣点之间并不存在直接联系，但却能同时被用户所喜欢，这就是用户兴趣的多样性和复杂性。在面对推荐的物料时，很难直接确定是哪个兴趣点在发挥作用。与其把不一样的兴趣强行糅在一起，不如分个彻底，然后再挑选对应的兴趣点来判断用户的反馈，这就是研究用户多峰兴趣的动机。

在这个问题下，我们可以想到两个已有方法：MHA 和做聚类。第一种方法是 MHA，可以设想，MHA 中的每一个头建模一个兴趣点，对应的输出就是这类兴趣的抽象表达。由于 MHA 最后几个头的结果一般是拼接输出的，拼接后可以认为多个兴趣点的信息已经拿到。不过实际情况往往没有这么理想，MHA 的多个头的语义是比较"混沌"的，无法控制每一个头具体代表的是什么，也很难确定多个头捕捉的信息有没有本质区别（在有的场景中有人说 MHA 其实没有比单个头结果好）。

第二种方法是做聚类，直接对用户历史交互过的物料的嵌入向量做聚类，得到的聚类中心就是兴趣峰。它的缺点是随着用户历史行为的增多，聚类中心数量的选择会陷入两难：如果聚类中心的数量随着历史行为增多而增多，那么会越来越累赘，丧失代表性；反之，如果聚类中心的数量不随历史行为增多，那么每个聚类内部所包含的样本越多，方差会越来越大，逐渐失去聚类的意义。在这一节中，我们看看目前业界的多峰兴趣建模怎么解。

2019 年的 CIKM 上，阿里巴巴在 "Multi-Interest Network with Dynamic Routing for Recommendation at Tmall" [53]这篇文章中提出了一个基于多峰兴趣的网络（MIND）。这个工作较偏向召回，出发点是，**一个用户的兴趣不是单一的，而是可能存在多个较明显的兴趣点，这些兴趣点都体现在用户历史交互的物料序列里面**。把兴趣点看成一座山峰，那么用户的兴趣就是多峰的。

MIND 的动机很有意思，如一个用户在天猫浏览时，可能既对显卡感兴趣，也对掌机游戏感兴趣，所以他购买的记录里可能有 1 条显卡、5 条掌机游戏的记录，还有一些零食记录。简单地把这些序列特征求和池化后，结果既不体现游戏方面的兴趣，也不体现零食方面的兴趣。但在实际推荐时是只要命中任何一个兴趣点，就有可能发生购买行为的。

下面从设计的角度来一步一步地思考如何实现多峰建模，既然要建模多峰兴趣，那就意味着用户侧的塔可能产出的是多个嵌入向量①，而物料的塔则无变化。第一个要解决的问题是，在检索时如何处理多个兴趣点对应的用户嵌入向量呢？这里修改了双塔模型的得分方式，每个物料的得分是多个兴趣点用户嵌入向量计算后的得分的最大值：

$$f(\boldsymbol{u}, \boldsymbol{v}) = \max_{1 \leqslant k \leqslant K} \boldsymbol{v}_i^{\mathrm{T}} \boldsymbol{u}^k$$

式中，$\boldsymbol{u}$、$\boldsymbol{v}$ 分别表示当前用户和当前物料塔的最终输出；k 表示兴趣点的索引，一共有 k 个。这个操作就相当于把所有兴趣点的用户塔的输出拿来，每个依次都做一遍 ANN，得到一批候选集合，然后对这些候选集合进行合并。多个兴趣点都能召回的物料会有多个得分，我们只留下最大的得分，最后再统一排序、筛选，这样就解决了第一个问题。

第二个要解决的问题是，原先不区分兴趣点的时候，在训练时直接驱使用户和物料的嵌入向量接近就好了。现在有多个兴趣点的用户嵌入，选其中哪个来和物料的嵌入拉近呢？MIND 的解决办法是，**用当前的物料嵌入对多个兴趣点的用户嵌入先做一个基于注意力机制的融合，然后再进行拉近/拉远的操作。通过注意力机制，融合后的用户嵌入最能体现出和当前物料相关的那部分**，这样就解决了多个兴趣点的用户嵌入向量在训练中的选择问题。对于**正样本，大概率是和物料最相关的兴趣点起作用，反之，我们也可以说和物料最相关的兴趣点不起作用**。具体操作上借助了 MHA，将当前的物料嵌入向量作为查询字串，而将多个兴趣点的用户嵌入作为序列输入给键和值

---

① 或者干脆就是有好几个用户塔，每一个塔/每一份嵌入代表一种兴趣。

的模块。

接下来还要解决最后一个问题,怎么用用户历史行为序列产生多个兴趣点的用户嵌入?MIND 的做法是借助胶囊网络[①]来实现的,类比 DNN 来理解胶囊网络:DNN 从若干个元素(激活元)变换到新的若干个元素,胶囊网络从若干个向量变换到新的若干个向量。关于如何使用胶囊网络不是本书的重点,这里不做赘述,重点是理解上面两个问题的解决思路。

在多峰兴趣的研究中,目前的工作还没有很好地回答如何保证多个峰之间差异性的问题。已有操作没有约束来表示它们之间应该有的差异,在后面的 MMoE 可视化中就能看到这个问题。不加约束,很可能出现模块响应退化,即其中的多个甚至大部分模块没有特点,无论处理什么样本响应都很小的问题。

---

① 虽然胶囊网络的使用是一个比较引人瞩目的地方,但这里其实并不是 MIND 最核心的地方。

第 8 章
多任务学习

什么是"好"物料？标准可能不是唯一的。能够让用户长时间观看的，能让作者和用户互动的，能给用户或商家带来价值的，都可以是好物料。在自然内容的推荐中，没有数学上能表达出的"好"的定义，大多数场景都宽泛地把各个方面都好的物料看作好内容。这是多任务学习的起源，通过拆解多任务，我们可以把"各个方面"具体映射到预估任务上，而通过任务间的分配和均衡，把"好"的定义具象化。

8.1　多任务学习的实践意义

为什么要进行多任务学习？因为：

⤶ 单一的线下目标不能描述需求的线上目标；

⤶ 多个目标权衡的同时可以有效预防结果同质化。

如之前部分的描述，本章的主题是多任务学习，简单来说就是一个模型同时预估多个目标，如广告的 CTR 和 CVR。在进入具体的多任务学习如何做之前，重中之重是要先弄明白为什么要做多任务学习？这里的"为什么要做"指的不是"有 A、B、C 3 个任务，原先是分成 3 个模型做的，现在要不要合在一起"，而是"原先有 A、B、C 3 个任务，我们要不要继续添加 D、E、F"。

当然"有 A、B、C 3 个任务，分 3 个模型来做还是合成一个模型"本身也是个问题。在 CV 这样的领域里，多个任务间有互相弥补的地方（信息共享），如分类和检测任务，分别要预测图片中的物体是什么，以及物体是什么+物体的位置。在有些样本中，物体可能不处在图片的中心部分导致分类错误，但检测分支扫过整张图片时在角落里判定有物体，这个信息会回到分类这一支起到提示作用。在推荐中这一点往往是不成立的，除了那些关联性很强的（如视频的长时间播放和完整播放），一般任务之间有分享价值的信息较少。在推荐中合成一个模型来做更多是出于资源节省和迭代方便的考虑。只要把消耗最大的嵌入查表共享了，下面的 DNN 部分负担并不大，分开与不分开都是可以的。

在推荐中，"要不要继续添加 D、E、F 等任务"是一个更重要的问题，而且它的答案是肯定的。**预测的任务种类越多越好**，原因有两点：第一，模型训练是样本级的，而业务的目标往往是概括的，并且与样本级的目标不一致。我们**预测的任务越多，就越能更好地逼近线上需求的结果**；第二是要防止结果有偏，如果把广告的收入简单地与点击模型等同起来，"标题党"就会横行。如果只把视频完整播放当作目标，那么长视频将没有栖身之地。这两点将在下面详细说明。

先做一个基础概念的讲解，图 8-1 所示为多任务学习的基本框架。

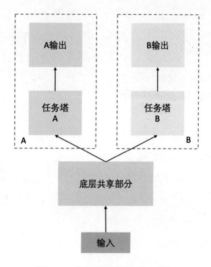

图 8-1　多任务学习的基本框架

在多任务学习中，统一的输入会被送进某种网络中。先经过一段共享的部分，然后在其中一层按照任务分开，每个任务使用单独的环节得到自己的输出。分开前的部分叫作底层共享部分，这层的输出分别经过任务 A 和 B 的小网络（图中的塔，一般就是 MLP）得到两个任务的预估值。这种拆分在一个瞬间就完成的方法叫作底层共享法，在本章的后续部分会介绍更先进的模型。

即使同一时间预估了多个目标，在最终展示阶段也只能按照一个顺序来排列物料，这就涉及多个目标的预估如何结合的问题。简单地，可以写出下面的式子：

$$s = \sum_i w_i r_i$$

式中，w_i 是某个任务的权重；r_i 是该任务的预估输出。根据它们的加权和得到排序分 s 再（从大到小）排列。这里的权重既可以手动设置，也可以通过非梯度的方式求解（见第 9 章）。

多任务学习对一个综合的平台和复杂的系统来说非常重要，原因有以下几点。

推荐系统需要多任务学习的结果来综合逼近线上目标。在推荐中，为了保证个性化，训练模型的样本都是依照当前请求而定的，我们称这样的学习目标是样本级的。在广告里面可能是单次的点击、转化等，在视频平台可能为是否完整播放，是否长时间播放（播放超过多少秒）等，在新闻门户中可能为是否评论。这些只是模型学习的目标，而在业务上，我们要的是商品交易总额（Gross Merchandise Volume，GMV），是用户人均使用 App 的时长。这些都是综合一段时间（如一天）的结果，线下和线上的目标天然就有区别。

举个例子，视频平台希望用户每天使用 App 的时间越长越好。但在模型训练时，预估的目标只能是样本级的长时间播放和完整播放，这些目标与业务指标的关系是什么样的？是否长时间播放越多就等于用户使用时间增多？答案是否定的。什么样的视频特别容易达成长时间播放？那自然是本身就长的视频。要求长时间播放的指标可能导致推荐的都是长视频，然而用户的耐心是有限的，每一个推荐的视频都很长，不一会儿他就会失去耐心（或者因为没有大段时间）放弃观看了。因此视频的曝光数和点击数会下滑，综合来看一整天的播放时长不一定是增多的。反过来，如果全部按照完整播放来排序，短视频就会排序很靠前，这也不等于用户使用 App 的时间增多。

所以样本级的预估目标和线上需求的目标之间是一个很抽象的关系，可能兼顾了长、短视频。平台推送的内容多种多样，长期看下来用户使用的时间才会增多。通俗地说，如果业务指标在样本预估时就能对应上，那么单目标就行了，但是因为做不到，所以采用尽量多的任务去逼近。我们手头的预估能力越多，我们就越有信心逼近业务的指标，像上面的场景一样会把点赞、收藏、下载、评论等一切因素共同考虑。

这个问题在不同的平台、不同的业务场景下会有所区别。有的地方不需要那么多任务来逼近，一个典型的例子就是广告点击和转化的模型，在广告系统中收益就定义为 CTR × CVR × 出价，线上的收益和线下的预估目标之间存在直接联系，中间的差距是足够小的。

此外，**系统需要多任务学习的结果来防止结果同质化。**所谓的结果同质化指的是推出的视频都有某种共同性质，或者说有偏。造成这一现象的原因往往是某一类视频在排序中占据了额外的优势。理解这一点最好的例子就是广告中的"标题党"了，如果只把目标定为 CTR，那么谁能吸引点击谁就是最好的，很多广告主就会想方设法当"标题党"。这类广告占据优势后平台的口碑会受到非常负面的影响，所以我们也要考虑 CVR。用户点击了"标题党"的广告后，发现是"标题党"一般都会退出，因此这类广告的 CVR 都比较低，综合考虑这两个指标，"标题党"就不会太过分。

放到问答的推荐问题上也是类似的，假如仅看收藏率这一个指标会有什么问题？硬核的内容都更容易得到点赞，尤其是又"硬"又长的内容。用户进来一看，好像很厉害的样子，但没有那么多时间观看，收藏之后就可以心安理得地退出。如果排序仅参考收藏率，靠前的将全都是非常硬核的内容，轻度用户就会被劝退。毕竟学习东西重要，看点轻松的内容也很重要。

多任务学习给系统调整提供了调整的着力点。假设小 A 负责一个直播平台的推荐算法，平时预估的目标包括"是否点击""是否送小礼物""是否送大礼物"三种。接近新年了平台要搞一个活动，让几个大主播来 PK，他做什么才能在推荐中吸引更多的路人参与到 PK 中呢？

由于是 PK，两边的粉丝一定会刷礼物，此时这些大主播的房间"是否送大礼物"的指标相比于平时应该会显著升高，但是"是否送小礼物"的指标反而有可能会降低。为了让这些房间更占据优势，我们就可以在最终排序融合多个目标的时候，适当增大"是否刷大礼物"的权重。所以有那种语义清晰的任务时，调节生态可以直接找到对应的"抓手"。

有两个延伸思考如下。

（1）在短视频场景下，"是否添加评论"任务的权重太高会引发什么问题？

答：如果添加评论的权重设置得过大，会出现"口水导向"，即作者想尽一切办法挑拨口水战让读者在评论区吵起来，对平台生态有害。

（2）在广告场景中，除了 CTR、CVR，是否需要再加深度转化的预估？在什么情况下适合，在什么情况下不适合？

答：这取决于广告的分布，如果某平台的广告大比例都是游戏广告，做深度转化的预估是有价值的（因为在游戏内出现付费行为才给游戏厂商带来收入）；反过来，行业极多且占比均匀就没有必要了。

8.2　多任务学习的基本框架

> ☙ 以"一个大模型的前半部分共享，后半部分分开"为起点，研究分为横向切分和纵向切分。横向切分指的是平行的模块配权，纵向切分指的是分裂点。
>
> ☙ 共享与否可以从"软"和"硬"两方面入手，软性的方法是增加共享单元，通过权重来区分的；硬性的方法是在每一步做选择，通过路径来区分的。
>
> ☙ 研究如何共享的上限不高，一个简单的单元，无论怎么操作，它的容量总归有限，想要获得更好的性能，需要付出更大的复杂度。

在这一节介绍最基本的多任务学习方法。多任务学习的目标是得到一个大网络，一次性做预测，兼顾多个目标同步输出。根据这样的目标自然得出前半部分共享，到某一层直接分开多路，每一路输出自己的预测的方法，即底层共享法，图 8-1 所绘的就是这种方法。

图 8-1 中有两个任务都经过底层共享部分，接下来两部分任务塔继续变换直到输出它们各自的结果。当梯度回传时，两个任务塔的参数都只响应自己的任务更新，而底层共享部分要同时兼顾这两个任务。

底层共享法是一种比较早期的算法，它的特点是不处理任务之间的关系。假如两个任务之间是相关的，或者是可以相互促进的，那么共享部分的能力会大大增强，进一步，它通过前传可以把信息带到双方那里，让两个任务都取得提升。这个逻辑在 CV 或 NLP 领域是成立的，如做姿态估计和动作识别，两个任务本身就是强相关的。但是如果两个任务是矛盾的，共享部分就会受到很大干扰，甚至可能会落到一个很低的性能上，每一个任务的表现都比单独训练更差。

在模型结构上，底层共享法的一个较大的问题是，是否考虑多任务是突变的？从输入到共享部分一直都是同时考虑多任务的，但到了共享部分的最后一层突然转变，任务之间彻底分开。这个转变太突然了，有没有方法能把多任务的考虑自然地穿插在整个网络中呢？另外共享部分有多深也是一个选择，每一个任务塔的深度也可以调节，分裂的位置可以更靠上或更靠下，那么如何选择合适的位置呢？

在 CVPR 2016 上提出的十字绣网络（Cross-Stitch Networks）[54]就是针对这两个问题做出的改进，其核心思想是，**网络的每一层特征图都是上一层多个任务特征图的线性组合**，十字绣网络把深层特征图看作浅层特征图的线性组合，如图 8-2 所示.

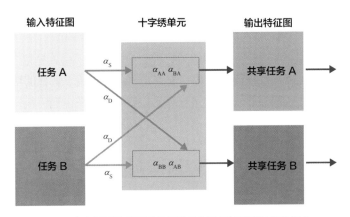

图 8-2　十字绣网络把深层特征图看作浅层特征图的线性组合

这里展示两个任务，分别记为任务 A、任务 B，在某一层有自己的特征图。下一层的特征图视为上一层两个特征图的线性组合，即十字绣网络中特征图的组合关系为

$$\begin{bmatrix} \tilde{x}_A^{ij} \\ \tilde{x}_B^{ij} \end{bmatrix} = \begin{bmatrix} \alpha_{AA} & \alpha_{AB} \\ \alpha_{BA} & \alpha_{BB} \end{bmatrix} \begin{bmatrix} x_A^{ij} \\ x_B^{ij} \end{bmatrix}$$

这里的 $\widetilde{x_A^{ij}}$ 表示的是下一层任务 A 的特征图，它是上一层两个任务的特征图的加权和，对于任务 B 也有类似的关系。通过这样的做法，**网络本身可以决定是否共享信息，或者从哪里开始共享信息**。比如某一层对任务 A、任务 B 的分配系数都是 0.5，这说明此时共享信息很重要。逐层往下，任务 B 的下一层组合系数对任务 A 是 0，这说明此时不需要共享信息。权重划分可以让网络灵活选择是否共享，这就解决了第一个问题，现在共享信息与否不会出现突变了。权重的分配也体现了分裂点的位置，若某层权重的分配出现了显著差异，这说明此处应该是任务之间分开的分裂点，这就解决了第二个问题，现在网络本身会选择一个合适的位置来分裂了。

上面的工作可以总结为一个思路，网络自动选择共享和不共享的尺度。但是这个选择是很连续的，可以说是一种"软性"的选择。相反，如果网络的选择比较"硬"，只能从多个特征图中选择一个，这个问题会变成什么样？

如果是这种情况，网络的选择其实是一种路径的选择，按照路由选择的方式选择性共享如图 8-3 所示，此图是 "ROUTING NETWORKS: ADAPTIVE SELECTION OF NON-LINEAR FUNCTIONS FOR MULTI-TASK LEARNING" 文章[55]中的结构。

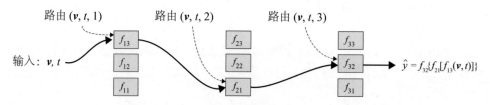

图 8-3　按照路由选择的方式选择性共享

这里有一个路由的概念，可以理解为一种选择器。它的输入是输入向量 v，当前任务的索引号 t，以及当前网络的层数；输出是在多个模块上选择的概率，谁的概率大，就由谁来处理当前特征图。因此，若两个任务的特征图由同一模块来负责，该模块就是一个共享模块；反之，仅处理一个任务的模块就是非共享模块。**共享与否的对象不是特征图，而是处理特征图所用的模块**。把此时的选择看成动作的话，就能自然地和强化学习联系起来了。实际上，文章中也是按照强化学习来训练的：首先按照当前路由的选择把前传过程走完，然后计算出总的奖励，最后每一个单层分别回传梯度（对强化学习不了解的读者可以先跳过这一部分，在第 9 章中会介绍）。奖励的设计也很简单，就是样本级的，做对了是 1，反之是-1 即可。

上面的工作都是放在横向上的，即一大段特征图是由多个小段组成的，在我们的训练中怎么抉择，应该选择谁或者如何分配权重呢？AdaShare[56]方法是放在纵向上的，**对于不同的任务，选择当前层是要执行还是跳过呢**？那么任务 A 的执行顺序可能是第 1、3、4、5 层，而任务 B 是第 1、2、4 层。1、4 就是共享层，而 2、3、5 不是。这里共享与否的控制者也是模块（网络层）。由于涉及选择，仅仅依靠梯度下降无法直接优化，因此这里的训练分为两步：一步是在选择哪些层执行，哪些层跳过的情况下优化网络的具体参数；另一步则是要选择哪些层执行，哪些层跳过。第一步好理解，就是正常的迭代过程，而第二步是个离散的选择问题，如何让它连续化，使用现有的优化器训练呢？这里有一个离散过程连续化的技巧，使用 **Gumbel-Softmax** 采样，可以简单理解一下，在 Softmax 中可以设置温度系数 τ：

$$\frac{e^{x/\tau}}{\sum e^{x/\tau}}$$

温度系数可以控制 Softmax 分布平缓还是锋利，Softmax 分布越锋利，它就越接近离散的选择。所以 Gumbel-Softmax 的本质就是把离散的采样过程用生成过程表示出来，由于 **Softmax** 可以求导，把 Softmax 放进网络中就类似选择的过程可以体现在训练中。

其实还有别的办法，我们可以得到执行和跳过的概率，然后把硬性选择变成"软"的加权和即可。此时虽然是加权和，但是只要双方的差距足够大（分布足够锋利），也就和硬性选择没区别了。比如执行的概率是 0.99，跳过是 0.01，它俩的加权和与直接选择执行几乎是等价的（这类思想注意掌握，后面还有别的场景需要用到）。

再回顾一下上面列的所有方法，它们都有一个共同点，就是**透支了网络的能力**，在某一层，只有一个普普通通的全连接层/卷积层/MLP，要求它身兼数职，即使它身法再巧妙，在各种极限拉扯下它的能力终究还是有限的。这时该怎么办呢？还记得我们在模型篇说过的两大王牌吗？其中最大的王牌就是"人海战术"。一个 MLP 当然没什么能力，但是如果有很多个呢？这就是目前多任务学习的主导方法：平行关系建模的 MMoE 类方法。

8.3 平行关系建模——MMoE 类方法

> ➕ "人海战术"虽然是王牌，但容易变成"乌合之众"，需要分化，各自找准定位。
>
> ➕ MMoE 的解决方案并不完美，存在少量专家统治，其他专家冗余的问题。有的专家太强会导致其他专家的输出变成噪声。

8.2 节的最后归纳了底层共享这类方法的通病：单靠一个全连接层或 MLP 的能力（文献中一般用 Capacity）是不够的，它们只是最基本的单元，让它既兼顾任务 A，又兼顾任务 B 只能透支它的能力，可能这些简单的模块发挥出 120% 的功力也不过就只能做好共享或做好一个专门的任务。随着同时预估任务的数量不断增长，这种方法不可持续。

要提升能力，就要请出我们的王牌——"人海战术"，虽然一个全连接层的能力弱，但把很多个模块叠加起来，就可以提升上限。像这样的方案是已有的，就是我们在第 3 章介绍过的 MMoE 的原型 MOE（Mixture-of-Expert）[57]，MoE 的形式如下：

$$y = \sum_i g_i(\boldsymbol{x}) f_i(\boldsymbol{x})$$

式中，f 是某种模型，叫作专家，在这里可以理解为一个 MLP，在 MoE 中使用了多个 MLP；前面 g 是门网络，它接受的输入与 f 相同，作用是对多个模块的输出结果做一个加权和（在此之前要先用 Softmax 对 g 进行归一化处理）。MoE 本身的形式只是穿插在网络中间的一个环节，先区分了多个模块，后来又合并回去。但有了多个模块，就有希望：专家们理论上是可以分化的，有的能做好任务 A，有的能做好任务 B，有的能做好共享。比如有两个任务，3 个专家，那么第 1 个专家专注于任务 A，第 2 个专家专注于任务 B，第 3 个专家可以专注于它们之间共通的信息上。每个专家各司其职，同时覆盖了所有任务。

有了 MoE 之后，再往下扩展就显得非常自然了，对于多个任务，使用不同的门网络进行融合，会得到不同的结果，这就是 MMoE：

$$y^k = \sum_i g_i^k(\boldsymbol{x}) f_i(\boldsymbol{x})$$

式中，k 是任务的索引，可以看到门网络是按照任务来区分的。如果专家一共有 8 个，任务有 4 个，那么门网络一共要输出 32 个结果。

MMoE 和 MoE 的区别在于，理论上 MoE 中的专家可以分化，但只是可以而已，没有外力来驱使这件事，底层共享法、MoE 与 MMoE 的比较如图 8-4 所示。

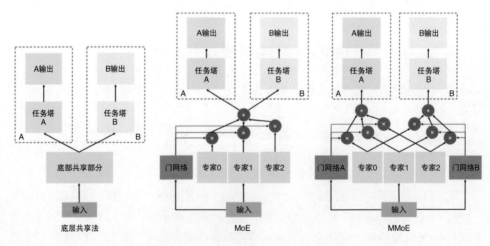

图 8-4　底层共享法、MoE 与 MMoE 的比较

最左边的是底层共享法，底层共享部分结束就直接接多个任务塔。按照 8.2 节中

的分析，这样有很多缺点。中间的是 MoE 方法，要注意即使前面分了很多专家，最后对每一个任务都使用了相同的输入，也存在不确定性。专家不一定按照我们设想的去分化，它们可能每一个都同时兼顾多个任务，然后每一个都没学好；也可能只有一个学所有任务，其他的都是无效输出（这样就和底层共享法没区别了）。而最右边的 MMoE 则不同，每一个任务的输入都是把专家的输出做了不同组合的，假如门网络 A 的输出是 1、0 和 0，那么就是第一个专家负责任务 A，此时门网络 B 的输出可以是 0、0.5 和 0.5，这样专家们就会各司其职。

从可视化的结果中也可以验证，MMoE 中专家对应门网络的输出权重如图 8-5 所示。

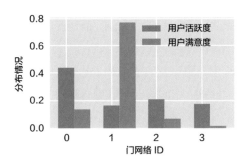

图 8-5　MMoE 中专家对应门网络的输出权重

图 8-5 中有两个任务，分别为用户满意度和用户活跃度，有 4 个专家。看门网络的分布，对于用户满意度，每个专家都承担一定的责任，但没有哪个完全占据主导。对于用户活跃度，1 号门非常强势，它是主要负责人。

一个 MLP 不够用，MoE/MMoE 就分出若干个。虽然提升了能力，但能力也并不随专家数量的增多一直提升，多个专家之间存在挤对。**看起来人是多了，但是单个来看能力都是削弱的。**

在图 8-5 中，对用户活跃度任务来说，1 号门占据了非常大的权重，最终决策基本就是看它了。那么 3 号这么小的响应算是一种查漏补缺吗？答案是否定的，3 号的输出可能只是一种噪声。根据笔者个人的经验，这个问题会随着专家的增多而恶化，如现有 4 个专家，有一个输出噪声，换成 8 个专家可能有 5 个输出都是噪声。产生该问题的本质原因是所有专家的输出都是经过 Softmax 归一化的，有一个占据了绝对主导地位之后，其他的就只能有很小的输出。**此问题还会随着训练的进程加剧，第一次迭代，某个门给的权重小，回传到这里的梯度也会小，相当于学习率变低，该专家在任务上的学习就会越来越弱。**到最后，相对于学得很好的主导者，这里的输出就跟噪声没区别了。这个问题笔者把它称作 MMoE 的专家主导与冗余（Expert Domination and Redundancy，EDR）问题。

MMoE 的作者们也注意到了类似的问题，他们在 RecSys 2019 的 "Recommending

What Video to Watch Next: A Multitask Ranking System"文章[58]中提出了一个做法：给专家加 Dropout。Dropout 可以防止专家持续专注于某任务，这样不会让某个专家变得太主导，其他专家有可能追赶上来。思路有一些启发，但加上 Dropout 以后，每一个专家所用的训练数据都比以前要少，等于变相给训练数据做了采样。在很多情况下训练数据的减少都会直接伤害性能，因此最后的表现不一定理想。EDR 目前来说还算是一个开放性的问题，有兴趣的读者可以尝试研究一下。

上面说，相比于 MoE，MMoE 有更大的分化倾向，但 MMoE 也不能保证分化。有一种情况是当任务 A 的样本大量涌入时，所有的专家都偏向任务 A，过一会儿任务 B 的样本密集了又都偏向任务 B。这样的结果就是在两个任务之间永远是你高我低，你低我高的跷跷板。专家之间没有明显的定位，而任务之间可能有点冲突，此时专家非常容易被一方全部占据。

在 2020 年的 RecSys 上，腾讯发表的"Progressive Layered Extraction（PLE）"[59]的文章就试图解决跷跷板问题。它的第一个改进点是把专家的分工明确化，PLE 的结构示意图如图 8-6 所示。

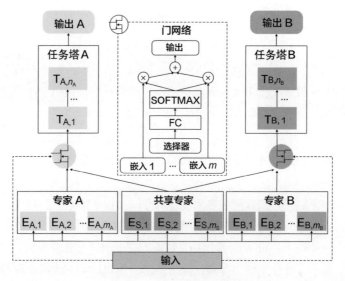

图 8-6　PLE 的结构示意图

在图 8-6 中，把专家分成 3 组，红色部分专门给任务 A 使用，绿色部分专门给任务 B 使用，而蓝色部分是共享的。有了这种设定，专家们就不会出现全部偏向某个任务的问题。对于任务 A，特征变换时仅考虑自己的专家和共享的专家，把这两部分的输出拼接起来作为门网络的输入。门网络接下来的输出结果也是只给红、蓝这两部分专家使用的。

PLE 的第二个改进点是把 MMoE 一次性的处理变为层层堆叠的。在 MMoE 中，分割点是一次性的；但在 PLE 中，当图 8-6 中下半部分的操作执行之后，得到的特征图还会继续被下一层 MMoE 作用，一直到足够深时再按照任务塔分开输出。通过这样的操作，信息的抽取可以逐层增加，循序渐进，这也是 Progressive 的含义。

8.4　非平行关系建模，任务间的因果

> ⬇ 当任务间区分时序先后或因果联系时，平行的 MMoE 类方法不能很好地解决问题。
>
> ⬇ 正、负样本高度不均衡的任务可以依赖均衡任务来帮助自己。

作为目前多任务学习的主流，MMoE 类方法把多个任务并列起来：当网络前传时，多个任务同时预测。这样的设定没有完全还原事情发生的顺序，在广告场景下，一个广告一定是先产生了点击，才能产生转化的，谁先谁后分得很清楚。并列形式的建模并没有准确地描述两个任务这方面的差别。

此外，对于 CTR 和 CVR 来说还有一个问题是，CVR 的样本空间会急剧缩小，这就造成 CVR 的学习非常容易有偏差：CVR 学习的样本都是已经点击的，没有点击的样本它没见过，也不会拿来训练，说不准会做出什么样的预测（万一预测分很高也说不好），这种偏差叫作选择性偏差，在后面的章节会重点讲。CVR 的样本急剧减少后，如果单独训练，会不会出现嵌入收敛不够好的问题？毕竟不太头部的商品，CTR 在 2%～3% 也是比较常见的，现在样本少了几十倍，还能学好吗？

为了解决这两个问题，阿里巴巴在 SIGIR 2018 上提出了全空间多任务模型（Entire Space Multi-task Model，ESMM）[60]。该方法的核心是，**不再直接拟合 CVR 目标，而是把它和 CTR 连起来，拟合 CTCVR 目标**。这个 CTCVR 目标指的是从曝光直接到转化的漏斗，因此负样本就是曝光未转化的①，正样本则是转化了的。ESMM 把 CTR 和 CVR 一起建模到 CTCVR 任务上，如图 8-7 所示。

在图 8-7 中，右边是 CTR 任务，左边是 CVR 任务。这里用 pCTR 和 pCVR 相乘的结果得到 CTCVR。在实际操作时，CTCVR 是个辅助任务，由于没有自己的参数，一切 CTCVR 的梯度都会直接传给 CTR 和 CVR 的分支。分析一下这样的设计如何解决上面所说的两个问题：在训练 CTCVR 时，所有的曝光样本都要用到，CVR 的模型也要消费所有样本；而曝光未转化的样本对 CTCVR 任务来说都算负样本，这些信息都会通过 CTCVR 的训练过程传到 CVR 这个分支上。也就是说，原始 CVR 训练中没见

---

① 注意也包含曝光未点击的，后者是前者的子集。

过的样本，现在全都按照负样本让 CVR 模型感知到了，这样就消除了选择性偏差。

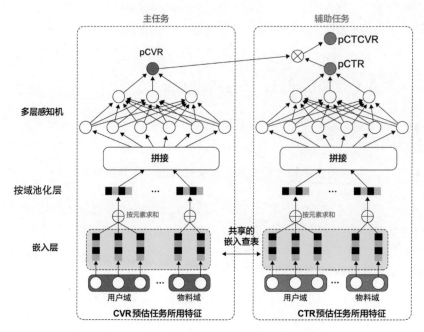

图 8-7　ESMM 把 CTR 和 CVR 一起建模到 CTCVR 任务上

CTR 和 CVR 两个任务之间共享了嵌入查表。已知原始 CVR 的训练样本是 CTR 的子集，那么 CVR 的嵌入查表自然也是 CTR 的一部分。在 ESMM 中，CVR 共享 CTR 的嵌入查表有助于它获取更全面的信息。

从 ESMM 来看，似乎 CTR 和 CVR 的样本空间不一致是关键区别，那么假如任务的样本空间完全一致，是直接套用 MMoE 的并列形式就行吗？答案是否定的。第一点原因是，多个任务之间存在因果联系，在文章阅读场景中用户行为发生的先后顺序如图 8-8 所示。

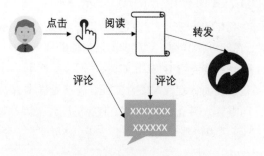

图 8-8　在文章阅读场景中用户行为发生的先后顺序

这里展示了一个文章阅读的场景，在此场景下，用户应该是先产生点击的，阅读一段时间才会添加评论。在偶然情况下，用户也可能直接看完标题，没怎么深入阅读就评论。在这个过程中添加评论和阅读之间肯定存在很强的联系，但在并列建模中明显没有考虑这种先后关系。按常理来说，从阅读到评论应该比直接添加评论的概率高才对。前面已经发生的行为对后续行为的是否发生有影响，**让信息在任务间进行迁移是更合理的建模方式**。

直接把 MMoE 类方法用在先后次序明显或存在因果关系的任务中时，不同专家之间会挤对，这在正样本稀疏时尤其严重。比如短时间播放和拍摄意愿这两个任务，一个是预测播放某特效视频是否超过 3s，另一个是用户看了这个视频之后会不会自己来拍。前者的 EXTR（后验 XTR）会很高，可能超过 50%、60%，正样本是高度均衡的。但后者的正样本出现的概率就会非常低，毕竟拍摄是一个主动动作，而且比较麻烦。此时多个任务之间就发生挤对：专家们不太可能在被一个平衡任务调动的同时，还能兼顾一个样本基本不怎么变的任务。这是多任务学习的一种特殊情况，正、负样本较为均衡的任务为稠密任务，正样本出现概率较低的任务为稀疏任务。下面讲的工作集中于如何在这些任务同时学习的过程中优化训练，此时**稀疏任务可能需要稠密任务来帮助它**。

这里介绍清华大学在 AAAI 2020 上提出的高效异构协同过滤（Efficient Heterogeneous Collaborative Filtering，EHCF）[61]工作。在它的场景中用户有多种行为，EHCF 对于两个任务的关系建模方式是：**如果任务 A 到任务 B 有联系（从任务 A 指向任务 B），那么任务 B 的决策层应该由任务 A 的决策层生成**。

$$h_B = M_{AB}h_A + r_{AB}$$

式中，h_A 和 h_B 都是全连接层的参数，按照权重 W 来理解就是个向量（假设任务的最终输出是个标量），那么 M_{AB} 就是一个矩阵；r_{AB} 是个向量，起到偏置作用。

类似地，如果不仅仅是任务 A 到任务 B 有联系，其他任务到任务 B 也有联系的话，h_B 就是多个矩阵变换结果的求和了。例如，在图 8-8 中，"点击"是一切的起因，有了"点击"才有"阅读"和"评论"，即 h_1 到 h_2 和 h_3 都有联系。那么"阅读"这里的全连接层就是由"点击"的全连接层生成的，而"评论"要发生，需以"阅读"为前提，在很多情况下（不是必须）"评论"也会发生在"阅读"之前，因此"评论"的决策层参数应该分别由"点击"和"阅读"生成的决策层参数的加和得到。

在 EHCF 中，不同任务之间是否有信息迁移？这个是比较显然的，既然后续任务的决策层是由前面任务的决策层生成得到的，前面任务的信息完全可以通过矩阵变换留到后面。

还有一点是关于稀疏任务用稠密任务辅助的，这一点在原文中不涉及，是在笔者个人的实践经验中发现的。如果任务 A、任务 B 分别是一个稠密任务和一个稀疏任务，我们大概知道任务 A 的学习不会有什么问题，因为它的正、负样本分布比较均衡，而任务 B 放在它后面，没有什么东西和任务 B 形成挤对。任务 A 的损失函数开始回传梯度的位置靠前，而任务 B 这一层只有任务 B 的梯度回传，不会像 MMoE 那样由于并列优化出现专家资源都被任务 A 抢走的情况。

在实践中，任务之间建立联系往往由手动指定，比如在短视频场景下，完整播放是一切的开端，在完整播放的基础上才可以点赞、评论等，进而才有可能生成"评论区停留时长"这样的任务决策层。

第 9 章
非梯度场景

　　自然内容推荐与广告推荐的一大不同是，自然内容推荐很难明确地说出如何融合样本级的目标来逼近线上需求的目标。当前大多数场景下有两方面可以调整：一是每一个目标损失的权重，二是简单融合形式（如加权和）中的系数。由于线上目标需要样本聚合才能体现，无法自动地反馈梯度，从而导致在初始状态下都是由推荐算法工程师肉眼观测、分析结果，然后调整的。这本质是推荐算法工程师接受了线上的梯度，再反馈到多任务的权重中。为了加快迭代效率，我们需要更自动化的解决方案，打通梯度的传播路径。

9.1　线上与线下的鸿沟

⬆ 非梯度场景：反馈不以样本为单位，也不直接以梯度的形式。

⬆ 非梯度场景的解决方案：一个字，"探"；两个字，"投针"；四个字，"蒙特卡罗"；五个字，"探索与利用"。

　　为了调整多任务在训练中的优先级，在推荐的训练侧可以为每一个任务分配权重。在部署时，每一个物料有多个预估目标，如是否完整播放、点赞、评论等。每一个目标都有一套排序，有的视频更容易播放，有的视频点赞高。但在最终，只能给用户展示一种排序，该如何融合这些队列的排序结果呢？这也是在上一章多任务学习中遗留下来没有说明的问题。

　　我们先介绍融合形式的发展，再讲解如何得到具体的参数（这是本章的重点）。融合技术本身的发展比较简单，用 XTR 来指代 CTR、CVR 等各种指标，最简单的办法是线性加权和：

$$y = \sum_i w_i \text{XTR}_i$$

　　每一个 XTR 都有一个对应的系数，然后进行加权和，按照最终得分 y 来排序。

为了方便理解，我们先假设这里的权重 w_i 都是手动拍出来的。观察上面的形式，一个显而易见的问题是 XTR 的分布存在较大差异，比如完整播放目标的 XTR 完全可以达到 40%～50%，但是评论率一般都小于 1%，还有更稀疏的，如会不会主动点击"拍摄"按钮。可想而知，如果完整播放和评论的系数一样，评论目标的预测值很小，融合后很难体现出来。为了让这些分布差异很大的目标都能起作用，w_i 需要小心设计，且会非常敏感。还有一个缺点是，有的任务的 XTR 随时间变化比较厉害，前两天还在 10%～20%，可能过几天就变成 10% 以内了。这两个问题都说明单纯以绝对值来融合不够好。

业界有一种对融合形式的改进方式是，只参考排序不参考数值，即

$$y = \sum_i w_i \mathrm{Rank}\left(\mathrm{XTR}_i\right)$$

假设有两个候选在两个队列的原始分数分别是 0.9、0.8 和 0.2、0.1。先把分数变成序号，再取倒数，4 个值的 Rank 函数的输出分别变为 1、0.5、1、0.5，这样就把值域变化很大的几个任务放到同一个空间里，即 Rank 函数相当于做了归一化处理。这个方法叫作集成排序。

有了具体的融合形式，接下来要解决的问题就是如何得到具体的参数了。手动去设置是可行的，但很麻烦，而且仅仅把长时间播放的权重调大不一定能得出用户使用时长增加（这是实际业务指标）的结果。因为单次播放的时长可能增加，但用户播放的次数可能下滑，这样最终的使用时长是不确定的。于是我们会发现，训练目标与线上业务指标之间似乎存在鸿沟，二者的对应关系很模糊也很抽象。如何合理调整任务权重来提升线上业务指标呢？

这就是本章要讨论的对象——横跨在线下训练指标和线上业务指标之间的鸿沟，在推荐中线下训练看的往往是 AUC，但是到了线上没有哪个业务场景是看 AUC 的；在线下我们预估的是样本级的目标，如当前物料是否点击，但在线上最终要的是一个综合的指标，如用户使用 App 的时长、产生的 GMV 等。换句话说，我们要处理的情况是：**实际环境对我的模型有反馈，但是反馈既不是样本级的，也不是以直接梯度的形式。我们称之为非梯度场景。**

那么当鸿沟出现时，如何根据线下的预估结果来提升线上业务指标呢？答案就是**广泛地搜索每一个任务的参数，根据线上的反馈调整到更好的结果**。搜索的方法简单来说就是一个字"探"，两个字"投针"，四个字"蒙特卡罗"，五个字"探索与利用"。把所有任务的权重综合起来，可以组成高维空间中的一个点，而每个点都有其对应的线上性能。**先随便用几个来探测一下，之后根据它们所表现出的性能来决定下一次探测哪里，这样一步一步调整到最好的位置。**一个非常简单又容易操作的方法是交叉熵方法（Cross Entropy Method，CEM）。CEM 算法的执行步骤如图 9-1 所示。

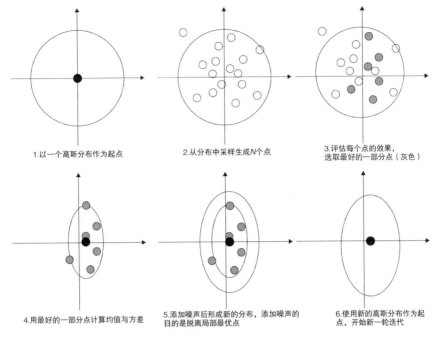

图 9-1　CEM 算法的执行步骤

（1）以一个高斯分布作为起点，在一开始可以随机生成一个。

（2）从上述分布中采样生成 N 个点。

（3）给每个点都分配一些流量，然后去探索。比如在线上实验时，CEM 整体使用 10%的流量，这里用 5 个点来探测，那么每个点就分到 2%的流量。经过一段时间的观察，挑出表现最好的若干个点。**这里的"表现最好"就按照我们指定的线上目标来体现，这就把线下和线上联系起来了。**

（4）从所有点中挑出表现最好的几个点再拟合一个新的高斯分布。

（5）加点噪声，使它们有机会脱离局部最优点。

（6）用新拟合出来的高斯分布重新开始下一轮迭代。

在搜索的过程中出现的最佳点就可以固定下来作为基线模型。实际上 CEM 有一些关于收敛性的推导论证，但这不是本书的重点，因此省去。从上面的流程可以看出这个算法简单、合理且鲁棒，既保证了有所探索，也让向最优点收敛的过程有所依据，但也有如下几个注意事项。

（1）CEM 每次生成的几个点都是在同期比较的，同期比较可以避免被推荐系统的时变性干扰（如昨天的结果和今天的结果不具备可比性），但同期探测的点太多会让每一个点的流量变少从而使结果波动变大，需要权衡。

（2）这个方法只考虑线上表现（相当于强化学习中的奖励）的优劣关系，不对数值建模，更不建模高阶量，因此非常鲁棒。

（3）虽然自己拟合了一个高斯分布，但也考虑了建模过程中的误差，可以施加扰动继续探索。

奖励的设计可以比较灵活，线上需求的指标直接对应进来即可，此外还可以加约束项。比如想要时长增加，但不希望点赞数减少，可以这样设计奖励：若点赞数不减少，则奖励只考虑时长部分；否则，按照点赞数减少的幅度加一个负奖励。

从整体上看 CEM 算法，它是否接受反馈？是的，它根据线上的表现来调整下一次生成的参数。但是，**它既不是以梯度的形式反馈的，也不是以样本级的形式反馈的，这就是非梯度场景的一种解决方案**。虽然线上和线下的鸿沟有复杂的对应关系，弄清楚其中的联系非常难，但我们可以把 CEM 当作一个黑盒子，按照不停地试+调整的路线从大体上去掌控。

还有很多经典的场景都属于非梯度场景，如出价策略。设想我们开发的一款 App 要去做推广，这时就要有一套策略，但是反馈一定是积累了足够长时间才能拿到的，这就已经脱离了样本级的优化。类似地，像冷启动广告的定价应该如何制订策略，在自然结果中插入广告的频率如何调整等问题都属于非梯度场景。

9.2 弱个性化 CEM，强个性化强化学习

> ↳ 统计学习描述分布，强化学习和因果推断描述分布改变所带来的影响，也就是指导决策。

再次回到多任务调参的问题上，重新审视 CEM 及之前的做法会发现，无论使用上述哪种方法，最终得到的结果（参数）只有一套，所有用户的展示结果都被这套权重决定。那也就意味着，最终展示的决策在用户层面上是非个性化的。如果想提高个性化的程度，每个年龄段应该如何分配不同的权重呢？再激进一点，如何让每个用户都有一套自己的权重呢？

使用 CEM，“每个年龄段分配一组权重”这个问题不是不可以解的——分组后隔离。我们把每个年龄段视为一组，每一组在探测和统计表现的时候与其他组隔离，对应参数只在本组生效，迭代时也只统计本组的结果。这样的做法与 CEM 没有区别，只是得到每一组权重所用的流量是原来大盘的局部而已。像上节所举的例子，一个点在大盘中分 2%的流量，年龄段如果分为 4 组，现在的每个点就只能分到 0.5%的流量。那再往上，想按照城市做个性化该怎么办？随着区分越来越细，流量越来越少，CEM 这种尝试+调整的路线就行不通了。

行不通的核心原因是什么？其一，CEM 自身没有学习环节来记忆探测后的表现，

也不能从中获取规律；其二，CEM 探测用的点之间互相没有联系，**也没有什么规律能够共享**。如果有一个能做高度个性化的方法，它需要满足哪些条件？①和 CEM 一样，要能够接受非样本级的反馈；②要输出一个决策，改变当前的参数；③存在一个学习环节，学习到不同参数和对应奖励中间存在的规律。到这里可能有的读者就看出来了，满足这几点的其实就是强化学习。

强个性化的建模基本离不开强化学习，在这里我们先简要地介绍什么是强化学习及其大致发展，重点介绍为什么需要强化学习这一类算法，以及建模时要注意的问题有哪些，具体的强化学习的算法则不是本书的重点。

强化学习是一种学习决策的算法。在前面的模型训练中，大多数都是统计学习，它们学习的目标是概率或分布，但强化学习的目标是决策（还有一类领域也是研究决策的，叫作因果推断，在难点篇会讲解）。图 9-2 所示为强化学习的各个环节。

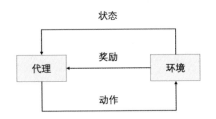

图 9-2　强化学习的各个环节

首先有一个核心环节，叫作代理。代理接受环境的影响，同时也影响环境（环境也可以看作状态）。代理的输出称为动作，可以直接改变环境。一段时间后能观测到某个关心的指标的表现，称为奖励，它是环境被影响的反馈。当前的状态和上一步动作的奖励结合起来指导代理如何调整，以便输出更好的动作，而这里的动作就是决策。强化学习的目的是得到一个很好的代理，它能够根据当前状态来决定最佳的决策是什么。

上面的概念我们以一个早期强化学习领域都会提到的雅达利（Atari）游戏"打砖块"来举例，如图 9-3 所示。

在这里，代理就是玩家本身，我们通过图像信息（状态）判断下一步的决策，用手柄控制滑板来弹回小球（动作），它只有向左和向右两个动作，如果弹回后小球碰到并击碎砖块会拿到分数（奖励）。

把上面的过程照搬到机器上，其他都不变。代理变成了一个模型，它接受的状态可以用图像来表示，因为当前的情况在图像里都有[1]，因此建模就是一个接受连续的

---

① 单帧图像不能体现小球是向上还是向下的，所以用连续的两帧图像作为输入。

两帧图像的 CNN，输出是向左或向右的二分类①。下图虽然看起来大，但实际上雅达利游戏的有效像素很少，对应 CNN 的参数就少，学习上是比较容易的，这也是为什么早期的强化学习一直使用雅达利游戏来做的原因。如果每个砖块都带各种纹理，那么 CNN 还需要先识别出很多像素都只是砖块的纹理，进而意识到纹理并不对决策产生影响，负担较大。

图 9-3 雅达利游戏"打砖块"

讲完了基本建模，下面要介绍如何求解。在近几年的强化学习中，深度 Q 网络（Deep Q-Network，DQN）是一类代表。可以先假设动作空间是离散的，就像上面的

---

① 二分类只有向左或向右，这样滑板可能会不停地抖，也有方法会加上静止的动作形成三个类别。

"打砖块"那样，只有向左和向右两种。**每一种动作与当前状态结合起来会得到一个奖励**，如当前状态是小球快落下来了，离左边边缘很近，而动作是滑板向左移动，如果小球成功反弹，那么奖励就可以是小球反弹之后打中的某一砖块的分数（这个反馈不是即时的，要延迟一会儿）；如果小球没有成功反弹，奖励就是负的，那么会输掉游戏。想象中有一张表来详细地记录每一个状态和动作组合对应的奖励是什么。这中间的关系可以称之为 Q 函数，而 DQN 的主旨就是用 DNN 来拟合这个函数。

DQN 及后续的相关工作是 DeepMind 来主导的，还有一派是以 OpenAI 主导的策略梯度（Policy Gradient）法。策略梯度法更容易理解一些：生成策略的代理就是一个神经网络，而我们要给它"造"梯度来让它优化。把代理表示为 $\pi(a|s)$，它通过当前的状态（s）输出一个动作（a），再把奖励表示为状态和动作共同作用下的函数 $R(s,a)$，我们要优化的目标就是

$$-\sum_i R(s_i, a_i) \log \pi(a_i|s_i)$$

理解一下这个目标，π 输出的是一个概率分布，所有的动作综合起来是归一化的。当前状态下产出某个动作的概率升高必然意味着产出其他动作的概率降低。为了让损失函数的值降低，必须是在奖励大的地方动作概率升高，奖励小的地方动作概率降低。渐渐地，代理就能输出更好的决策让我们获取更大的奖励，这样就训练出较好的代理。要注意一点，策略梯度法**输出的动作可以是连续值**。

在理解了强化学习的基本思想后，我们来看看它和 CEM 的比较。CEM 能够完成从弱点向强点的调整，强化学习也可以通过最大化奖励调整代理输出做到。强化学习虽然可以按照单样本来调整，但是实际中极少有人这么做，大多数还是积累置信的奖励后再一起训练。虽然强化学习的策略梯度法中有"梯度"字眼，但梯度是我们造出来的，因此强化学习也用来处理非梯度场景。不同点是，CEM 没有学习的单元或记忆的环节，而强化学习中的代理是一个神经网络，它要学习所有的知识。**这一点是我们说强化学习能做高度个性化决策的核心支撑**。

运用上面的强化学习知识来思考怎么解决前面的问题：想要对每个用户都输出一组权重，应该如何建模？根据策略梯度法，应该用用户的 ID 嵌入结合他之前使用 App 的一些统计量作为状态，用某种神经网络作为代理，输出一个向量，即每个任务的权重。奖励设计为用户日均使用 App 的时长。这里相当于把每个用户应该如何个性化地调整，相似的用户之间如何迁移知识等任务都交给具体的网络来完成。当然这只是理论建模，在实践中还要处理非常多的问题，如单个用户的使用时长抖动是很大的，而强化学习本身就不容易收敛。此外，**CEM 和强化学习都是必须线上开实验才能做的**[①]，

---

① 这一点和精排、粗排模型不同，要注意区分。

流量不一定充足①。最后，强化学习的收敛性、快慢与动作空间十分相关。上面假设的多任务的权重全部是连续值，一次性在整个空间搜索太难了，即使是 CEM 也可能遇到不收敛的问题。在实践中一般使用次优的方法，固定一部分参数，搜索一部分参数，然后再反过来重复执行直到达到一个较好的结果。

上面说的场景比较极端，已经达到每个人一组权重的最高程度的个性化了，也可以先做简单的，例如：有产品是由多个国家运营的，那么可以先到国家个性化的层面上，再分城市，或者年龄、性别。当在某个层面上算法已经比较稳定时，再往下一个层面前进。

在实践中，强化学习的收敛性、稳定性属于比较靠后考虑的问题，比较靠前考虑的问题是一些工程开发问题。像上面说的，强化学习没有线下训练的意义，一开始就要线上交互，那么产生自哪个分组的决策要进行标记，这一组决策产生的结果如何回收等都要处理。涉及数据流重开发和 A/B 平台交互等大量问题，实际做的时候大多数精力都在工程层面上。

前面强调了强化学习是一种学习决策的算法，在推荐系统中出现的需要决策的地方都可以考虑强化学习。有一个例子是多样性中的行列式点过程（Determinantal Point Process，DPP）[62]算法，这个算法里面有一个用来调节相关性和多样性的超参数，但是显而易见每个用户对多样性的需求是不一样的，这时就可以用强化学习来进行建模。因为就一个超参数，也可以做一点离散化处理，如在 0～1 划分 5 个桶，最后用每个用户的参数量化一下就可以。强化学习在推荐系统中还有很多具体的应用，我们在后面会讲到。

9.3　探微参数与性能的关系，把点连成面

> ♣ CEM、遗传算法、粒子群算法都属于点方法，贝叶斯优化属于面方法。
>
> ♣ 看到"贝叶斯"这几个字可以自动替换成"先验""后验"两个词，在贝叶斯优化中，每一步都可区分反馈前的先验分布和反馈后的后验分布。
>
> ♣ 贝叶斯优化的核心：设定一个先验分布，选择点进行探索，根据观察的结果调整后验分布，再从校正的分布里面选择下一个点。

除 CEM 和强化学习外，参数搜索上还有很多技术点，这些算法描述的都是孤立的点，称为点方法；还有一种方法可以建模参数与性能的关系，把整个空间的关系描

---

① 不过强化学习不需要像 CEM 那样把流量分得很细，有点时间换空间的感觉。

述出来,这就是贝叶斯优化,我们可以类比,称之为面方法。

在详细介绍面方法之前,我们先把点方法做一个收尾。点方法中有一套参数搜索算法是遗传算法,遗传算法的核心思想是**模拟基因重组、变异过程+环境淘汰**。假设把每一组参数都表示成一个 0/1 的字符串,那么遗传算法的操作过程如下。

(1)生存模拟,得到当前所有点的奖励,按照某个比例淘汰最差的那一部分。

(2)基因重组,选择一些"父母",用 0/1 字符串表示它们,并从某个地方分开,两边互换,生成新的个体,把新的个体加入族群。比如父母分别是 010000 和 100010,从中间位置分开,产出的个体就是 010010 和 100000。

(3)基因变异,以某个概率在字符串中将 0/1 互换。

(4)重复上面的(1)~(3)直到生成的后代与父代相比不再有显著差异,遗传算法视为收敛。

其实第一步操作和 CEM 很像,区别在于生成新点的方式是基因重组+变异,还是拟合高斯分布再采样。不过在多任务融合权重上目前还没有看到遗传算法应用的例子,原因有两点:其一是其淘汰得太慢了,调参时每一个参数要占据一组流量,很多在尝试的流量桶都不是高性能的点,这些点要承受损失。好的点不尽快出现是很致命的,这也是 CEM 比遗传算法有的很大优势,出现了好的点,下一次迭代所有的点都会向它靠近;其二是常见的遗传算法需要把参数编码到二进制字符串上,但是在多任务融合这里都是浮点数,还需要设计转换算法。

点方法中还有粒子群算法,这种算法参考了鸟类的行为。每只鸟在自己找食物的过程中会不停地观测其他鸟的表现,如果看到其他鸟找到大量食物就赶紧靠过去。把鸟抽象成一个个粒子,把它们当前的策略分成两部分:一部分是自己的搜索,称之为自身认知项;另一部分是观测其他粒子得到的参考,称之为群体认知项。此外,还有自己之前经验的记忆项。设想每个粒子在移动时都有速度,它可以表示为

$$v_i = wv_i + c_1 \text{rand}(\ )(\text{pbest}_i - x_i) + c_2 \text{rand}(\ )(\text{gbest}_i - x_i)$$

式中,v 是速度;w 是惯性;x 是当前位置;pbest 是自己历史发现的最好位置;gbest 是在所有粒子中发现的最好位置;c_1、c_2 是两个系数。公式中的 3 个部分分别对应记忆项、自身认知项和群体认知项。粒子群算法的操作流程如下。

(1)从当前粒子中淘汰差的一批。

(2)按照当前表现,更新每个粒子的 pbest 和所有粒子的 gbest。

(3)按照上面的公式更新粒子的速度。

(4)重复(1)~(3)直至收敛。

相比遗传算法,粒子群算法具有所有点及早向最优值靠近的性质,它是可以用在多任务参数融合场景下的。

区分搜索参数的过程。把所有参数空间均匀分,打成网格是一种搜索参数的方法;先随机选点,再调整也是一种方法(CEM 及上面介绍的其他方法)。上面的算法都是基于点的,根据某几个点的性能决定如何迁移到下一个点上去。这样的认知不够全面,有没有方法把参数和性能直接挂钩建模成一个函数关系,从而知道整个面上的性能表现呢? 在点方法中每个点是一个随机变量,而在面方法中需要建模一个随机函数,也就是随机过程。

我们来介绍一个高斯过程+贝叶斯优化搜索参数的方法。看到"贝叶斯"这几个字,就知道和先验、后验概率脱不了关系。一句话概括就是设定一个先验分布,选择点进行探索,根据观察的结果调整后验分布,再从校正的分布里面选择下一个点。在每一步执行之前我们对函数的认知都是先验分布的,然后在这个分布上找出收益最好的点进行探测,得到新的奖励。结果反过来帮助我们修正分布,也就是后验分布。什么时候是先验、后验也不重要,只要明确我们总是不停地在修正认知就好。

在上述过程中需要 3 个工具:①被拟合的对象的基本假设和模型,称为替代模型;②根据新的采样点修正函数形式的手段;③根据当前结果选择下一轮要搜索的点方法,设计一个采集函数,函数最大值对应的位置是下一个要采集的点。高斯过程和贝叶斯优化总是成对出现的,前者是随机函数的选型,后者是矫正随机函数形式的手段。采集函数会在下面介绍。

为帮助理解,用一维随机函数做例子的示意图来可视化贝叶斯优化的执行过程,贝叶斯优化过程的第一次迭代如图 9-4 所示。

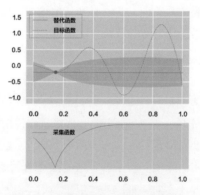

图 9-4　贝叶斯优化过程的第一次迭代

图 9-4 所示为第一次迭代。红色虚线是真正的函数形式,蓝色部分是我们目前预估的结果,其中实线是均值,背后的阴影是每个点可能的浮动范围,即方差。因为某种准则[①],选择了 0.2 附近的红点作为第一个探测点。拿这个点去探测,得到它的奖

———————————
① 第一步可以先忽略,下面会讲。

励/指标是-0.2 左右。由于此点的性能已经确定，因此方差会在这里缩小到 0（即图上蓝色背影缩小到这一个点上）。由于目前对其他点没有任何知识，预估的函数仍然是一条直线。图 9-4 中的下图是采集函数，由于 0.2 附近的点已经探测过，所以没有采集的价值了，在这里函数值降低。从采集函数上判断，下一个采集点应取在 1.0 附近[①]。贝叶斯优化过程的第二次迭代如图 9-5 所示。

接下来是第二次迭代，按照采集函数的指示，探索了 1.0 附近的点，得到它的性能是-0.6，据此更新预估函数形式和采集函数形式。注意现在已经有两个点的方差缩小到一个点上了，蓝色阴影变成了纺锤形。继续在采集函数中选择最大值，在 0.4 附近。贝叶斯优化过程的第三次迭代如图 9-6 所示。

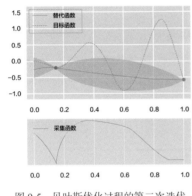
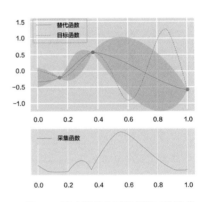

图 9-5　贝叶斯优化过程的第二次迭代　　　　图 9-6　贝叶斯优化过程的第三次迭代

随着迭代的进行，函数形式会越来越接近真实结果，最终到达全局中性能比较好的位置。

至此我们就明白贝叶斯优化在做什么了，接下来思考具体的替代模型和采集函数怎么设计。这里的替代模型不再是一个普通函数，而是具有随机性的。之前的 CEM，每套参数是一个点，它的性能是一个随机变量，但现在我们要建模参数和性能之间的函数映射，这是一个**随机函数**，也就是**随机过程**。最典型也最好用的随机过程是高斯过程，它假设任意一个点处的随机变量符合高斯分布，变量之间的联合分布也符合高斯分布。协方差矩阵可以写为

$$\left[k\left(\boldsymbol{x}_i, \boldsymbol{x}_j \right) \right]_{ij}$$

式中，k 是核函数，一般来说是个距离的度量，$\boldsymbol{x}$ 越接近，核函数的值越大。这其实隐含了一个假设：距离接近的两个参数在性能上也是接近的。只要函数的形状不要长得太别扭，这个假设就可以接受。但要注意区分，高斯过程没有假设函数的形式，不要

[①] 也先忽略采集函数如何得到的，下面会讲。

误解为函数的形式是高斯的。高斯过程最大的优点是它的先验、后验分布都是高斯的，并且能较为简便地推导出来。关于高斯过程的推导过程非常长且复杂，读者可以参考网络、博客，重点是结论，使用高斯过程的步骤如下。

（1）之前探测过的点记为 x_i ，$i=1,2,\cdots,K$ 。新的要探测的点是 x' ，根据 x' 和之前点的距离关系计算出协方差矩阵新加的行、列。

（2）套用公式，计算出对于新的点的均值、方差的预估。

到这里把高斯过程、贝叶斯优化等名词都抛掉再看，这个算法很符合直觉：**在已有点的基础上，新的点是与已有点距离有关的性能的插值**。虽然算法有概率上的各种考虑，但本质上还是这样的。

那么采集函数，也就是选择点的时候以什么准则呢？一个常用的准则是期望提升函数 $E\left\{\max\left[f(x)-f(x^*)\right],0\right\}$ ，其中 x^* 表示之前性能最好的点，也就是哪个点比上一次有最大的性能提升就选择的那个点。以第三次迭代的结果为例，当前最优的点是下图中的红点，在贝叶斯优化搜索参数中期望提升函数的选取过程如图 9-7 所示。

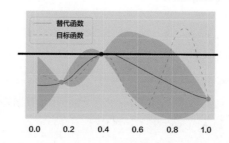

图 9-7　在贝叶斯优化搜索参数中期望提升函数的选取过程

选取下一个点时就是把红点所在的直线（图 9-7 中的黑线）上面的部分取出来积分，看谁最大。除了期望提升函数，还可以有更简单的做法，如按照均值+一倍方差的最大值来选，那么采集函数就等于图中的阴影上边界。

第 10 章
探索与利用

无论是 CEM、强化学习，还是贝叶斯优化，都由两个过程组成：先拿出一些资源来探测，再根据探测结果调整。第一个过程可以归纳为探索，第二个过程可以归纳为利用。实际上，这是推荐不同于其他领域的一大特点，从模型预估到决策设定都离不开这两个过程。为什么推荐系统必须区分，必须经过这两个过程？如何平衡它们之间的关系？又有哪些好的方法可以借鉴呢？

10.1　为什么要探索与利用

> ⬇ 相比于其他机器学习的问题，在推荐中需要探索是因为我们的信息太少了，必须尝试才知道真值是什么。
>
> ⬇ 探索必须永远存在，因此探索与利用的问题将会永存。

在 9.2 节中介绍了 CEM 和强化学习，CEM 会探测很多点，但并没有按照当前拟合的分布直接找最大值；强化学习输出的动作中有一部分是我们当前已知的最佳选择，但还有一些动作是新的且反馈未知的。为什么没有完全按照当前已知的最佳选择来执行呢？这其实就是在平衡探索与利用问题（一般也叫 EE 问题）。首先介绍概念，**探索就是拿一个性能不确定的对象放到真实环境下去测试，得到反馈，而利用指的是在已经大致确定性能的对象中选择最好的来满足我们的利益**。比如我们搬家到一个陌生的环境后，周边的餐厅都没去过。每一家没去过的都去尝尝就是探索，一段时间后总结了几家自己喜欢的，以后经常去就是利用。

由于投放的机会是有限的，选择了探索，短期内就不能满足利益，选择了利用则舍弃了未来的可能。因此探索与利用问题的核心是如何平衡二者的关系，让综合收益**最大化**。本章将探讨这类问题的一些解决方案，我们还是像在多任务学习那里一样，先把来龙去脉搞清楚，再介绍具体的技术。

大家可能会注意到，在 CV、NLP、语音识别等领域好像从来没有探索与利用这个概念。为什么在推荐、广告中就需要了呢？原因在于**是否可以直接获取真值**。常见的 CV 任务是分类一个物体是什么，例如，识别一幅猫的图像，真值就是猫，人可以直接说出这些任务的真值。但是在推荐中是不行的，就算针对是你朋友的用户推荐一系列视频，你也无法确切地说他就会点击哪些。所以，无法直接得到结果，就只能通过**探索来收集真值**，这也是为什么在强化学习中总是提到探索与利用问题的原因。代理和环境的交互是复杂且未知的，有时动作的空间很大，如果不探索，我们就无法获取当前动作对环境的影响是什么，更不用说输出改进的决策了。这就是为什么**在推荐中而不是在 CV 领域中会存在探索与利用的问题**。

但另一方面，整体的机会是有限的，如在广告场景里面，考虑到用户体验、总体曝光（也可以看作展示）的机会有限[①]，越多展示性能不确定的广告，平台的营收就越没保证。迫于收入压力，非常多的展示机会就要使用已知效果最好的广告。这里的"挣钱"就是"利用"的一种。**当我知道所有物料里面哪个最好时，我就更多地"利用"它来满足我对业务指标的需求。**

探索与利用既对立又不可或缺，可以想象实践中的方案一定是二者共存的。不过为了便于理解，这里我们可以提出一个很简单的方案：如果把探索与利用这两步彻底分开，先花一段时间完全探索，后面再选出表现最好的素材完全利用，行不行呢？

"先完全探索，再完全利用"的方案在算法层面是存在的，也是一个最基本的"贪心"算法。它的优点是在探索阶段对所有的对象是公平的，得到的结果较为置信，这样后面在利用阶段的效率可以非常高。在闭集场景下这个做法可行，不过效率不高。因为有的素材质量较差，它的探索完全可以提前结束。像上面选择餐厅的例子就是这样，当你发现有一家的菜和服务质量都很差之后，其实也没必要再去了。

但推荐是个开集场景，新的物料永远在源源不断地出现，并且新物料往往需要耗费大量的探索资源，探索一旦停止，新物料的性能就无法得到。后续新物料不能得到机会，客户或作者就走光了，平台也就没有存在的意义了。另外，完全探索也没有必要。比如花一个礼拜拿到了当前在投的广告很置信的数据，但是下个礼拜在投的广告全都会换一批，那前面得到的规律对后面有多大启发呢？

因此，探索必须永远存在，又因为利用涉及平台的核心利益，所以探索与利用会一起永存。除非有别的方法获取真值，否则它们引起的问题就不会消失。需要指出的是，探索并不等于"牺牲"，在探索过程中发现的优质物料在未来还会给我们带来收益，即前面强调的长期收益。只有让平台充满活力，平衡好二者的关系才能做到这一点。

---

① 一般来说，每隔几次请求或每隔几个自然内容才会出现广告。

实践中，探索与利用问题都有哪些方面的难点呢？本书大致总结如下。

（1）利用占主导，但探索必须执行的情形。比如新物料和老物料，新物料即使再差也必须曝光，平台必须让作者和商家进来，继续创作或付费。但是排序模型的特点是利用为主（想一想精排模型的特点，一个没有过往正样本的新物料在排序中是否能高于过往正样本很多的老物料呢？），相比于老物料，新物料一定吃亏。这时需要有策略或其他手段强行保住新物料的量，那么长期来看利用亏多少给探索就是个问题。实际中我们可以观察物料的新、老程度来判断探索与利用二者的比重。

（2）如何平衡长期和短期收益？这里的典型例子是用户兴趣的探索，用户的兴趣是未知的，当前系统已经知道他对游戏感兴趣，那么对其他兴趣，如直播这种强相关的是否感兴趣呢？做饭、农业等是否感兴趣呢？给当前用户推荐这些内容，有可能给他打开新世界的大门，让他的体验变得更好，但在短期内也可能会造成用户反感，要如何平衡一个不确定的长期收益和短期收益的关系，又如何估计长期收益呢？

（3）目前拿到性能的点有多置信？比如前面在多任务上的权重，CEM "投针" 的过程就是探索，可每个点占据的流量并不多，出于迭代考虑，每个点收集数据的时间也不长，那么得到的数据就有噪声的影响。如果观测到的这一轮最好的点比上一轮最好的点没提升多少，那有没有可能上一个点是一个被流量埋没的好点呢？此时应该怎么办？是否要，或者以什么形式把它再拿回来尝试呢？

在技术层面，探索与利用问题往往被建模成一个多臂老虎机的问题，每一个臂的性能都不确定。在每一步玩家都需要确定是推荐之前表现最好的那个，还是推荐一个没尝试过的。这种建模比实际系统要简单，大致可以猜到，前期应该多做探索（因为样本少，当前表现最好这件事情的置信度低），随着时间的推移后期的置信度越来越高，基本纯利用就好了。但在实际系统中还需要考虑臂一直在消失和新增的问题。

排序模型和策略综合起来其实就组成了一套极其复杂的探索与利用问题的解决方案。排序模型（召回、粗排、精排）比较偏利用，正样本在模型训练中会迅速建立优势。在如何利用好当前信息上，可能什么策略都没有这几个模型专业，但放任所有结果都由模型决定会掩盖探索的部分，因此要加入人为干预。正如本书在总览篇的现代推荐链路中说过的，实际系统中有很多策略控制环节，它们保证了新视频一定会被推出，保证了推出的物料有丰富的多样性，以及相似的物料不相邻（正好是第 11 章的主题）。这些策略其实保护了探索，它和模型共同组成了现有的探索与利用的解决方案。

10.2 探索的本质是巧妙"贪心"

> ↓ 探索的方法研究如何尽快缩小需要探索的范围，或研究如何尽快把"明日之星"定下来，本质十分"贪心"。
>
> ↓ 探索与利用的算法要求：①随着尝试次数增多，方差应逐渐减小；②当前未被选中的对象在未来还有机会。

接下来思考探索与利用的问题如何建模，以及在业界的应用是怎样的。建模上往往用多臂老虎机来描述，假如我们面前有若干个多臂老虎机，每一个多臂老虎机吐钱的概率不一样，并且事先不知道。只有有限次机会拉动操作杆，如何让自己的收益最大化？下面设想探索的算法，从最简单的往复杂的推导。

上面的问题等价于有 N 次探索机会，合理地分配到 K 个对象上。最简单的方式是把机会均匀地分配给这 K 个对象，可以称为纯粹探索。这样有什么优缺点呢？优点就是每个对象都获得了尽可能多的探索机会，这种做法探索得最彻底，因此对它们的预估会最准。缺点是其实有很多对象的表现已经很差，后面就没必要再把机会分配给它们。比如有一个对象的收益是 0.1，别的都是 10 以上，那得有多大方差它才可能是更好的呢？

一个直接改善的方法叫作 ϵ-greedy 算法，含义是，每次以 ϵ 的概率在所有臂中等概率地随机选一个，以 $1-\epsilon$ 的概率直接选择过往经验中表现最好的一个。相比于纯粹探索，它把利用的机会打开了。

可能到这里读者已经有一些模糊的想法，我们知道单臂的表现有方差，但是随着尝试次数增多，方差应该要缩小。将上面所谓的"有的臂表现很差，不必给它们太多机会"转化到数学上，其评判标准其实就是：**A 与 B 的性能在两个区间之内波动，当其中一个的下界已经大于另一个的上界时，就可以舍弃后者。**

置信区间的大小与探测次数的关系是

$$\sqrt{\frac{2\ln t}{T_{i,t}}}$$

式中，t 表示当前实验的次数；$T_{i,t}$ 表示第 i 个对象已经被尝试的次数。一个对象尝试得越多，置信区间就收得越窄，这也符合我们的认知。因此某个臂的性能（上下界）可以表示为

$$\overline{x_i}(t) \pm \sqrt{\frac{2\ln t}{T_{i,t}}}$$

式中，前者表示性能从开始到当前次数的平均值。那么选择哪一个呢？可以借助上置

信界（Upper Confidence Bound，UCB）算法，它的原则是**选择最乐观的**，也就是上界最大的，同时监督候选对象，观察是否存在某个臂的上界比别的臂的下界还低？如果答案是肯定的就抛弃它，缩小候选。**在探索与利用的算法里还要保证现在没被选中的对象在未来还有机会被选中**，UCB 算法是否符合要求？当前被选中的臂，它的 T 会增大，导致下次被选中的概率降低；当前没被选中的臂，上界会随着 $\ln t$ 增大，最终可能超越其他对象被选中，因此 UCB 算法符合探索与利用算法的条件。

重新审视 UCB 算法，虽然它的建模很有道理，但它对臂的描述还是太粗略了。无论对象有什么性质，我们只用了一个臂来概括它的所有属性。拆解一下，从一个多臂老虎机的使用年限、出产厂家等信息，能不能在一定程度上推出它吐钱的概率呢？把这些性质表示为一个向量 $\boldsymbol{a}$，可以假设多臂老虎机的性能和这些性质之间存在一个函数映射关系，这就是上下文老虎机。这里的"上下文"指的是上面的那些性质，UCB 算法没有考虑这些，它属于上下文无关的算法。

在上下文老虎机方法中，比较著名的工作是 LinUCB[63]，它用线性模型来刻画性质和表现的关系，即 $x = \boldsymbol{\theta}^{\mathrm{T}}\boldsymbol{a}$。如果原始参数符合高斯分布，用每一步的观测样本拟合参数 $\boldsymbol{\theta}$（比较标准的最小二乘）乘以 $\boldsymbol{a}$ 后的结果也符合高斯分布，那么 UCB 算法中估算上界的方法可以直接用高斯分布算出来，记 x 服从的高斯分布为 $N(\mu,\sigma^2)$；可以把上界表示为 $\mu + \alpha\sigma$，这里的 α 是一个用来调节的超参数。LinUCB 改变了上界的计算方式，它的操作流程和 UCB 算法是一样的。另外的一种算法是汤普森采样（Thompson Sampling），其核心是假设对象服从一种分布。例如，把正反馈与否建模成一个 Beta 分布：

$$f(x,a,b) = \frac{1}{B(a,b)} x^{a-1} (1-x)^{b-1}$$

对每个对象的每次采样都根据当前的 a、b 得到结果。在选择时，哪一个从分布中采样出的数字最大就选哪一个。更新的规则也很简单，有正反馈则 a 加 1，反之 b 加 1。如何说明汤普森采样符合解决探索与利用问题的原则呢？根据 Beta 分布的均值 $\frac{a}{a+b}$ 和方差 $\frac{ab}{(a+b)^2(a+b+1)}$ 来分析：若一个对象被探索了很多次，$a+b$ 会比较大，此时方差减小，分布缩紧，如果其中的 a 或 b 很大（即性能很好或很差，表现比较明显），那么它的表现就快速收敛；反之，如果一个对象被探索的次数不多，$a+b$ 并不大，方差相对大，那就有可能采样出一个最高的点。

了解了基本的探索与利用算法后，举例说明哪些场景可以用到。第一个场景是对于新用户，尝试为他们快速寻找兴趣标签。此时，推荐可能更有目的性：先试探出用户喜欢什么，然后再从该品类里面大量推出，抓住用户的兴趣（当然此时会准备一个精品池，无论哪个品类都是挑选精品内容来展示）。穷尽平台上所有的类别，每一个类别当作一个臂，就可以使用上面的探索与利用算法了。一开始美妆、篮球、游戏、旅游不做区分全都有概率被推出，随着用户的后验表现积累，逐渐收敛到其中某几个类别上。要注意的一个点是在这个阶段排序模型往往是不太准的，所以我们一般不会完全信。到后期，当每个类别行为都很丰富时，排序模型才能最大程度地发挥它们的优势。

爆款的提前挖掘也是个例子。比如平台想推出某项活动，就叫"回忆童年"吧，激励生产者创作相关文章。新物料上来以后，从运营视角很希望尽快知道哪篇文章未来会成为爆款，这样就可以给它开绿色通道让它的曝光及早提高。这时就是一个探索与利用问题了，每一篇文章都是一个臂。随着探索越收越窄，提前下场选出几个最好的出来内部给它们买量。

在近几年的工业界中，YaHoo! 的推荐算法工程师们在搜索广告冷启动的问题上提出了新的探索形式："A Practical Exploration System for Search Advertising"[64]。其操作方式是控制每次能参与竞价的是那部分新广告，而不是所有广告一起竞价，同时给新广告以补贴，其算法如下。

首先是一个 ϵ-greedy 操作，这个操作是查询词层面的，如选出 5% 的查询词来做探索。接下来判断合法性，既然是探索，该广告已有的 CTR p_i 和历史曝光次数 n_i 都不应该太大。超过阈值的，以及在黑名单的都过滤掉。接下来，比较有意思的是，按照出价比例采样，这是在广告中的独特设计。由于广告的展示机会十分有限，这种设计能够尽早排除掉一批候选，但是在广告中存在的现象是出价不稳定[①]，按照出价比例采样会使新广告的分布往那些出价稳定、预算充足（就是一直能参与竞价）的广告偏。提权只对新广告生效，随着曝光数的增加，力度越来越低。

要注意推荐场景和广告场景在臂上的不同，在推荐场景中，选择一个臂意味着把某个物料直接推出去，但这个工作在广告场景中由于竞价机制的存在，选择一个臂仅仅意味着施加一次提权。

从这个例子中也可以看出 ϵ-greedy、UCB、汤普森采样等算法不是孤立存在的，更不是互斥的。在上述例子中在选择是否推荐新广告上使用了 ϵ-greedy 算法，其中提权环节的系数借鉴了 UCB 算法的思想。

---

① 预算有限，广告主的预算往往是按天定的，今天的预算花完了就只能等明天再说。

第 11 章
后精排环节

虽然我们把推荐链路的主体定义为"召回—粗排—精排",但精排并不是整个流程的结束,还要做一些收尾工作。首先,推出的结果不能太同质化,应该是不同的主题、有差异的内容,这也要求精排的结果足够多、足够丰富。其次,最终物料展现的顺序对用户体验也是有影响的,把类似内容的物料放在一起和加入一些间隔相比,是完全不同的感受。最后,每一个用户的设备都可以提供计算资源,我们也能把一些个性化的调整从云端迁移到移动端。

11.1 定义多样性问题,简单的形式与复杂的标准

> ⬇ 现阶段的多样性可以等价于相似关系,但相似关系并不简单,那么应该如何定义相似呢?观察多大范围内的相似呢?
>
> ⬇ 次模就是,虽然最终解法还是"贪心"的,但是能保证"贪"得非常到位。

在模型篇我们讲了精排、粗排、召回等环节。简单起见,当时假定精排后的输出就是展现结果。但如果是一次请求输出多个结果的 Top-N 场景,那么需要考虑这些物料之间的关系,如它们不能都是类似内容。为了保证这一点,精排后就不能直接输出结果,而是进一步缩小候选,它的后面还会有几个模块:多样性(也叫打散)和重排。精排后的环节如图 11-1 所示。

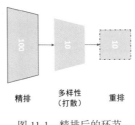

图 11-1　精排后的环节

多样性在 Top-N 推荐中非常重要，重复度太高对用户体验是毁灭性的打击，因此需要多样性来把控，输出丰富多彩的内容。注意在图 11-1 中，多样性在重排前面，因此多样性的候选要多一些，否则不足以支撑多样性输出。多样性选择后剩下的候选会缩到 10 左右的量级，然后进入重排。重排阶段没有漏斗，只把内容出现的顺序重组一遍。在多样性这步并不是绝对不能有相似内容，只要重排这里把顺序隔开也是可以的，如多样性留下的两个物料是关于同一新闻的，重排把它们分别放在第一个和最后一个展现对用户体验也不会有负面影响。图 11-1 中有边框的是模型，无边框的多样性以策略或求解优化问题为主，而虚线边框则表示此环节可以是策略，也可以是模型。

增强系统的多样性至少有三点重要的原因：其一，太单一的内容会引起用户反感；其二，我们总是需要广泛地探索用户的兴趣，用户喜欢什么不会自己主动说出来，填问卷也是成本较高的方式，更好的做法是从隐式反馈（如阅读时长）中推断；其三，作者有"破圈"的需求，领域圈子很小的作者希望自己的内容能被更多人看到。

衡量多样性的指标在很多地方都会探讨，但它只是个参考。**多样性是我们最重要的目标和不可或缺的条件，但不是我们的目的**。增加一些多样性是否好，要看具体业务的需求。它的作用在短期内体现不出来，所以这个问题在线下的评估意义有限，可以尽快上线看。

在模型上可以为增强多样性做些辅助工作，多准备一些召回。在模型篇中讲过，召回的模型都简单，它们的能力也有限，单独一路不能兼顾所有方面。如果多准备一些且每一路都有自己的重点，就能共同组成多样的候选集合。

策略上，较简单的思路很容易想到。我们可以要求推荐的候选集合中同一类别的内容不超过多少，在某段时间窗口内某物料出现的次数不超过多少，或者同类别的内容至少中间间隔多少别的物料。

定义多样性，当然不能漏了相关性，即输出结果的候选集合首先是用户感兴趣的，其次，**还要减少输出候选集合物料之间的相似度**。一个比较经典的目标就是最大边界相关（Maximal Marginal Relevance，MMR）算法，它把多样性建模成一个优化问题：

$$\text{argmax}_{D_i \in R/S} \left[\lambda \text{sim1}(D_i, Q) - (1-\lambda) \max_{D_j \in S} \text{sim2}(D_i, D_j) \right]$$

式中，R 是当前要打散的候选集合（可以视为所有精排的输出）；D_i 是在某一步选中的结果，已选中的结果都在 S 中。sim1 的要求是相关，选中的物料和查询词 Q 之间是相关的（在推荐场景下把查询词替换成用户兴趣来理解）。sim2 描述的是新选进来的内容和已选中的内容的相似度。结合这两个要求，MMR 算法表达的是当每一次选择时，新物料与用户兴趣越相关越好，同时与已选中的结果越不相似越好，这两个要求通过 λ 分配权重。实现 MMR 算法时，可以事先计算物料间的相似度矩阵来加速优化过程。

MMR 算法求解多样性问题的本质是个"贪心"的过程：选择第 1 个候选（初始

物料）时不考虑 sim2，直接选出相关性最高的结果，选择第 2 个候选时按照上面的式子一个一个试出来，后面以此类推。

GenDeR[65]算法的作者设计了一个更完整的形式来描述：

$$\text{argmax}_{|S|=k} f(S) = w\sum_{i \in S} q_i r_i - \sum_{i,j \in S} r_i \text{sim}(i,j) r_j$$

式中，我们用下标 i、j 简单地表示物料的序号；此处的 r 是指所有候选物料与用户兴趣的相关性。$q_i = \sum_j \text{sim}(i,j) r_j$ 可以看作物料的权重，也就是说，如果某个物料和很多物料都相似，那么我们应该更多地考虑它；反过来如果没有其他的物料和它相似，那么它可能只是一个孤岛，把它选进来容易犯错。和 MMR 算法类似，GenDeR 算法的目标也是优化相关性和降低相似度。

但是上述任务本身是 NP 难的，也就是说想要拿到最优解就得把所有组合都试一遍，所以 GenDeR 全文最重要的就是证明上面的优化目标是次模的，而且在 $w \geq 2$ 的时候是单调的。这里要补充一个次模的概念，简单来说，如果一个函数是次模函数，并且它满足单调性（在当前候选集合的基础上再加一个元素进去，总目标结果不会下降），那么它与一个一个试出来的最优结果足够接近。所以即使最终做出来的解法是个"贪心"算法，需要一个一个地挑选，我们也能保证结果足够优。

上面的两种算法有一个特点是，它们的考量比较"局部"，相似关系都是以两两结对的形式体现的，而且多样性是通过相似度间接实现的，并不完全合理。直觉上，一个可以直接和多样性挂钩的标准其实就是类别，在 "Coverage, Redundancy and Size-Awareness in Genre Diversity for Recommender Systems" 文章[66]中称为体裁，如可以把电影分为动作片、戏剧、悲剧等。简单处理，如果在一次性推出的 N 个结果里，每种类型各占一个，那么多样性就有保证了。上述文章用如下两个原则来指导优化的过程。

（1）覆盖度，一个好的推荐结果里应该包含尽可能广的体裁，也就是覆盖度要尽可能全面。

（2）重叠度，属于同体裁的物料不应过多。

有的文献中可能会说体裁指导方法的成本比较高，因为要建立一套完整体系。但实际上，现代公司中都会有现成的标签系统。在这套系统下，想要对推荐候选列表实现基于标签的多样性是很容易的，这时也可以自行定义多样性的标准，比如有的物料在一级类目下错开就行，有的可能要在三四级类目错开①。不过依赖标签的方案边界太明确，想象中的多样性其实是一个模糊的概念，有的物料可能属于多个类目，也可能边界不清晰。

---

① 原因是标签系统一般不会太平衡，服装和游戏类目可以分得很细，如游戏是否可以联机，属于策略游戏还是动作游戏等，但装修类目很难分得这么细。

11.2 DPP 算法与多样性

> ⬇ 将矩阵中的每一列看作向量，行列式的物理意义是所有向量张成高维多面体的体积。因此扩大行列式就是增大夹角，就可以转化到多样性上。

在求解多样性问题上，有一个很优美的全局解法，叫作 DPP 算法，也就是说该方法的核心在于行列式。为什么行列式和多样性有关系呢？在一个矩阵中，**把每一列看作向量，行列式的物理意义就是这些向量张成的高维多面体的体积**。如果列向量的幅值没有太大尺度变化或者经过了归一化处理，那么决定多面体体积的关键因素就是向量之间的夹角。两个向量不相似的程度越高，夹角就越大。两个定长向量张成多面体的体积取决于互相的夹角，如图 11-2 所示。

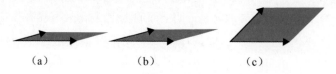

（a）　　　　　（b）　　　　　（c）

图 11-2　两个定长向量张成多面体的体积取决于互相的夹角

在二维情况下，增大向量的模长或夹角都可以增加多面体的体积，所以这里的"不相似"就是核心。于是通过**最大化矩阵的行列式**来让里面的向量不相似，在这里，**矩阵行列式并不单独考虑某两列向量之间的关系，而是处理全局**。

DPP 算法借助矩阵行列式来控制多样性，它需要一个前置理论：给定一个集合 $Z = \{1, 2, \cdots, M\}$，当空集合的概率已经定了时，存在一个半正定矩阵 L 使得子集 Y 的概率与 L 中对应位置的子矩阵的行列式成正比。从这个理论对应到具体操作上，就是在多样性（打散）阶段从 n 个候选中挑出 m 个结果，应该寻找子行列式最大的那种组合。

但是，寻找最大子行列式的过程本身是 NP 难的，因此大多数相关的工作都选择使用"贪心"算法，把问题转化到每一步的优化上：先寻找第一项，再决定增加哪一项使得当前的综合结果最优。

将求解 DPP 算法的优化问题先放下，我们来看如何把 DPP 算法应用到推荐系统中。在推荐场景中，物料的属性可以由输出嵌入来体现。因此，上面的半正定矩阵 L 需要和这个嵌入有关。构建一个矩阵 B，其每一列都由一个物料嵌入 f_i 乘以该物料在排序过程中的得分（如 CTR）r_i 生成，那么半正定矩阵 L 刚好可以由 $B^{\mathrm{T}}B$ 生成。L 中的元素就由两部分组成：

$$L_{ij} = \langle B_i, B_j \rangle = \langle r_i f_i, r_j f_j \rangle = r_i r_j \langle f_i, f_j \rangle$$

其中物料嵌入是归一化的。由此看出，我们对 L 求最大行列式，它既包含了每一个物料的排序分（与用户需求的相关性），使其尽量大，又包含了物料互相之间的相似度（不是指单物料之间互相比，而是指 $\langle f_1, f_2 \rangle$ 和 $\langle f_2, f_3 \rangle$ 之间的相似度）。相似度最小才能使夹角最大，也才能使行列式增大。相似度越低，多样性大体上会增强，这样设计同时满足了相关性需求和多样性需求。

如果把相关性记成一个新的矩阵 $S_{ij} = \langle f_i, f_j \rangle$，并且让所有的 r 组成一个对角阵（即每一个对角元素放置一个 r_i），那么就有

$$L = \mathrm{Diag}(r) \cdot S \cdot \mathrm{Diag}(r)$$

因此，

$$\mathrm{Det} \log(L) = \sum_i \log(r_i^2) + \log \mathrm{Det}(S)$$

到了这个式子，优化目标就可以拆解成两个独立的部分。在这里加入一个权衡因子 θ 来平衡相关性和多样性的权重：

$$\mathrm{Det} \log(L) = \theta \sum_i \log(r_i^2) + (1-\theta) \log \mathrm{Det}(S)$$

设定好一个权重即可开始优化。

在 DPP 算法优化多样性的方法中，如何优化也是比较重点的问题，但本书不做进一步讨论。下面要介绍的两个方法会处理两个细节，其一是原 DPP 算法中对于多样性和相关性的权衡系数 θ 是全局一致的。这样的假设可能略显粗糙，因为不同的用户可能有不同的多样性需求。

2020 年，华为诺亚方舟实验室提出了一个方法来为 θ 赋予个性化[67]：

$$\theta = f_u \times \theta_0$$

式中，θ_0 是一个基准的分配权重，每一个用户分配个性化的 f_u 来影响最终权重 θ。一个用户对**多样性**有多看重是体现在他的**历史行为**上的。如果在他最近的若干个行为中类别分布非常分散，就认为他对多样性的要求很高；反之，则说明他喜欢固定的内容。把历史行为按照类别建立分布，可以使用交叉熵来衡量分散程度：

$$H(u) = -\sum_c p(c|u) \log\big[p(c|u) \big]$$

式中，u、c 分别代表用户与类别；$p(c|u)$ 代表该用户在这个类别的物料上发生正向行为的概率。举几个简单的例子来理解这个数值，如果总共有 10 个类别，当分布特别均匀时，每一个类别的概率都是 0.1，那么 $H(u) = -10 \times 0.1 \log(0.1) = \log(10)$；如果分布特别集中，只有一个类别是 1，其他都是 0，那么上式的计算结果是 0。因此，交叉熵越大，说明类别分布越分散，也说明该用户对多样性的需求越大。

有了 $H(u)$ 熵之后，再进行归一化处理即可。

$$f_u = \frac{H(u) - H_{\min} + l}{H_{\max} - H_{\min} + l}$$

式中，$H_{\max}$ 和 $H_{\min}$ 代表所有用户中的极值。

DPP 算法的另一个细节是组成 V 矩阵的嵌入选择。这是比较灵活的，可以从前面的排序模型直接取，也可以单独训练一套。在 SIGIR 2020 上的 "Enhancing Recommendation Diversity Using Determinantal Point Processes on Knowledge Graphs" 文章[68]中使用知识图谱来构造嵌入。

还有一个有意思的工作是把注意力机制放在了 DPP 算法的求解过程上[68]。我们是否可以训练一个神经网络，让它来拟合 **DPP** 算法的输出呢？如果要做这样一件事，输入应该是所有物料之间的相似关系及现在还剩下的那些候选，输出是一个独热码的嵌入，表示在这一步应该选哪个。这样形成图 11-3 所示使用神经网络来拟合 DPP 算法的输出过程。

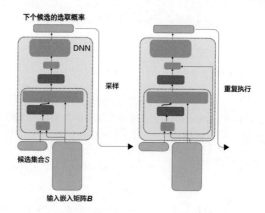

图 11-3　使用神经网络来拟合 DPP 算法的输出过程

左下角的 S 就是当前物料的选择情况，在每一步都把当前的选择情况标示出来，然后加上相似信息，输出网络选择剩下物料的概率，更新状态，再执行下一步，反复直到结束。同时，用原始的 DPP 算法生成选择结果，在每一步都用训练把两边对齐，把 DPP 算法的输出做成独热码，和上图中的输出概率进行 L1 损失函数优化即可。

11.3　考虑上下文的重排序

> 🔸 在重排序阶段上下文能做两件事：①改善当前的预估结果；②调整为更好的发送顺序。

正如在多样性问题中提到的，目前的推荐场景往往是 Top-N 的，并不是一次请求计算一个结果，用户往下滑再计算一次；而是一次请求后会准备好若干个结果，当这些都要或快要被"消费"完时再做下一次请求。这样做可以节省计算，但在用户看这 N 个结果的中途，推荐系统不能调整结果。因此一起被推荐的物料之间存在相互影响：如果用户先看了一个游戏视频，没有刷新几次又看到一个，那么用户不想再看同一个游戏的视频，就直接滑过去了；但如果没有前一个视频直接推荐第二个，用户的行为可能不一样。因此本节要介绍的是如何根据同时被推荐的其他物料信息来改善当前物料的预估结果。

在现有召回—粗排—精排的架构下，很难引入一起被推荐的其他物料的信息，因为同步要考虑的候选太多了。常见的精排输入长度有几百，如果每一个候选都考虑其他候选对它的影响，计算负担是不可承受的，而且也没有必要，其中大部分候选都不会展示，又何必考虑它们对本候选的影响呢？而在精排结束，具体来说是多样性（打散）之后则是一个很好的时机。比如，在电商平台上一个屏幕放得下 10 个结果，它们是同一次请求输出的，这时就可以考虑它们之间的影响了：用户可能会同时或按顺序看见这 10 个结果，用户在决定点击与否时是受所有物料影响的。因此有必要建模物料之间的相互作用，具体来说就是根据当前推荐的少量结果间的联系，再次调整推荐顺序。

阿里巴巴的个性化重排序模型（Personalized Re-ranking Model，PRM）就是一个很简洁的实现[70]，其结构示意图如图 11-4 所示。

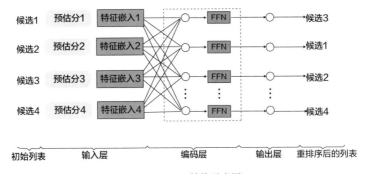

图 11-4 PRM 结构示意图

重排序阶段首先拿到的是精排的输出列表，在这里称为"初始列表"，它是按照精排对单个物料的预测给出的，还未引入交互信息。编码层是 Transformer 的结构，对所有输入进行注意力机制建模就能引入上下文的互相影响。输出仍然是单点的，表示考虑其他物料信息之后该物料的预测分数。预测分数的输出和监督信号直接用损失函数拟合即可。

谷歌在 2018—2019 年间也有一篇文章是关于重排序阶段引入上下文信息的：Seq2Slate[71]。不过这篇文章的重点是把原始序列作为输入序列，从而得到一个新的序列作为改善后的结果。Seq2Slate 算法示意图如图 11-5 所示。

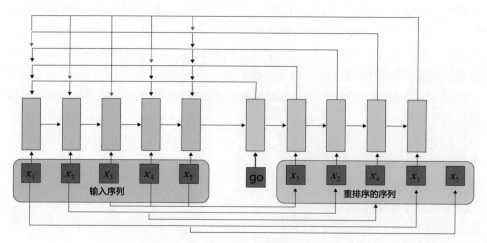

图 11-5　Seq2Slate 算法示意图

　　蓝色部分是编码器，黄色部分是解码器，都是用 LSTM 实现的。先把精排输出的序列 x（可以是原始特征，也可以是可学习的嵌入）挨个输进去，每一步得到一个输出嵌入 e。然后解码的过程不仅考虑当前的隐状态，还要考虑之前已经排布好的物料，在每一次选择时，对还没有放好的物料的得分都用 Softmax 归一化处理，然后挑出最大的物料放置。第一次没有已选择的物料作为输入，所以用一个 go 的嵌入代替。

第 12 章
推荐中的偏差与消除

想象中，推荐模型的学习作为机器学习中的一种，只要根据用户的反馈专注于算法设计就好。然而事实上，有非常多的因素影响用户的兴趣表达，导致用户的表现失准，从而给学习带来噪声。在本章中我们讲解常见偏差的来源，包括因为推荐系统的设计引起的流行度偏差，因为展示逻辑引起的位置偏差，以及受到他人影响的社会认同偏差等。并且对于选择性偏差和位置偏差，介绍其常见解法。

12.1　各种各样的偏差

➥ 任何影响我们得到真值的因素都可视为偏差。

➥ 考虑一个方案时，除了考虑其能否带来指标上的提升，还应注意其是否会引入新的偏差。

探索与利用的整个章节都在强调一件事——在推荐里获取真值很难，因此，我们就更希望真值没有错误，希望它是在公平公正的情况下得到的。但在很多情况下，系统不经意地就会引入偏差，从而导致用户反馈，即学习目标失准。最典型的例子就是搜索界面里的位置偏差，当返回的结果较多时一页放不下，因此自然会区分哪些放在第 1 页，哪些放在第 2 页（展示逻辑的现状）。但如果第 1 页中有需要的结果，很少有用户会翻到第 2 页慢慢找，这样造成的结果是与第 1 页内容的质量没太大差距的物料由于被放在第 2 页，CTR 等指标就会与第 1 页的天差地别，把这样的结果返回给模型训练，则进一步造成马太效应：一开始占据优势的物料会越来越强，长此以往，模型可能在错误的道路上越走越远。

可以说，各种各样影响我们得到真值的因素都可以视为偏差。第 11 章关于自然内容和广告排序为什么不共用一个模型的问题也可以从偏差的角度来理解：把自然内容和广告放到一起，等于人为添加了一个偏差因素。模型的目标如果设定为观看时长，那么广告可能永远排在后面。从偏差的角度出发，这么做是不可行的，也是不必要的。

本章我们就来梳理各种常见的偏差，以及介绍常见的消除偏差（以下简称消偏）的方法。目前，偏差主要分为以下几种。

选择性偏差：只有当非常喜欢或非常不喜欢时，用户才会打分。此时大多数人没有给出评价，有大量的物料无法获得反馈。不同用户相比，打分的积极性不同，打分时整体的倾向也不同。

流行度偏差：热门的物料曝光度很高，不管是正反馈还是负反馈都很充足。但是冷门的物料缺乏打分，而预估概率是曝光得越多，才越接近真值的，因此冷门的物料其性能表现就不太可信了。"Improving Ad Click Prediction by Considering Non-displayed Events" 文章[72]中说，展示后的物料分布和全局物料分布的相同条件是每一个物料展示与否的概率是均匀分布的。显而易见这是不满足的，在常见的推荐系统里都是热门的占据主导（毕竟也要"利用"），要注意问题确实存在，但是这并不意味着为了修正这种错误就要打压当前的热门，甚至把展示的挑选过程做成完全公平的。

社会认同偏差：如果用户看过其他人的打分，就会影响他的评价，如有的电影体验很一般，但是大家都很喜欢，这时候只有自己打一个低分就显得很突兀，为了不让自己显得那么不合群，用户可能只好打一个不错的分数。

位置偏差：这是最常见的一类，几乎没有推荐系统能躲得过它。正如开头所讲的，无论是搜索、电商，还是短视频场景，用户的观看习惯都是从上到下的。只要前面的结果能满足需求，后面的就不用看了。实际上后面的内容质量和前面的可能是接近的，甚至比前面的更好，但放在前面的结果得到越来越多的正反馈，推荐系统可能在错误的道路上越走越远。

12.2　流行度偏差的消除

> ↳ 想要强化正例，趋势应该是令同样的输出经过 Softmax 算出的分数变得更小，增加其优化动力。
>
> ↳ 将别人的样本看作自己的负例，其本质是猜，但很大程度上猜的是对的。

在这一节，首先介绍一些流行度偏差的相关工作。"Sampling-Bias-Corrected Neural Modeling for Large Corpus Item Recommendations" [73]这篇文章认为，流行度偏差的产生与训练样本出现的频率有关系，热门的物料的曝光次数很多，在训练样本里出现的次数也很多，而冷门的物料就很少出现，因此造成了偏差。在 YouTube 的召回中，每一条样本都是正样本，即由发生了正行为的用户-物料组成，而原本并不配对的用户-物料会被构造出来且被视为负样本。因此让用户在物料上做一个分类，分类的真值是原本与之配对的物料，这个分类是借助 Softmax 来实现的。如果一批训练样本内部有很

多都是同一个样本（高热物料就会如此），就会大大降低 Softmax 的效率。若把 Softmax 的计算过程表示成

$$s = \frac{e^{u_i^{\mathrm{T}} v_i}}{\sum_{j \in \text{batch}} e^{u_i^{\mathrm{T}} v_j}}$$

式中，u、v 分别是用户和物料的表示嵌入；i 是当前这对样本；而 j 是批处理内其他样本的索引。那么，这篇文章的操作就是对每一个样本的打分减去该样本出现频率的对数：

$$u_i^{\mathrm{T}} v_j - \log(p_j)$$

把上面校正的形式代入 Softmax 之后，分母是归一化的（但不等于原来的分母），分子经过 e 指数后会除以一个 p_j，这会对出现频率较多的物料（高热物料）进行一定的保护。

从分界面的角度，我们来理解一下上述改动是如何缓解对高热物料的打压的。假设物料只有两个，对于同一个用户嵌入 u，分界面是

$$u_i^{\mathrm{T}} v_i = u_i^{\mathrm{T}} v_j$$

上式可以变形写成 $u_i^{\mathrm{T}}(v_i - v_j) = 0$，图 12-1 所示为分界面与热度打压的关系，其中红色线表示 $(v_i - v_j)$，分界面就是中间竖直的这条线。当加入热度项 $\log(p_j)$ 之后，分界面是

$$u_i^{\mathrm{T}}(v_i - v_j) = \frac{\log(p_i)}{\log(p_j)}$$

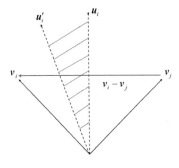

图 12-1　分界面与热度打压的关系

假设 i 是一个高热物料，那么上式右边就会大于 0，此时分界面不应该再和 $(v_i - v_j)$ 垂直，而是应该有较小的夹角，也就是图 12-1 中的 u_i' 这条线。阴影中这部分本来属于高热物料，现在纠偏后属于低热物料，即高热物料的"地盘"在缩小，而低热物料的"地盘"在扩大。高热物料处在阴影的那部分本来已经达到要求了，但在当

前情况下还不算正确，要继续优化，因此高热物料会被促进一些。可能有读者感到疑惑，为了解决流行度偏差的问题不是应该打压高热物料吗，怎么这里又变成促进高热物料了？这是因为把一批数据中别人的样本当作自己的负样本后，高热物料很容易成为负样本，被抑制得太过头了，所以这里才要适当促进一下。如果想进一步打压高热物料，只要将 $\log(p_j)$ 的正负号反转即可。

上面的工作思路针对的是拟合过程，而有分辨性域适应方法（ESAM[74]）的思路则注重嵌入生成的过程。在一个双塔的上下文中，考虑用户侧和物料侧各自的最终表示嵌入 $\boldsymbol{h}_u$、$\boldsymbol{h}_v$。我们把物料分成已展示的物料（来源域）和未展示的物料（目标域）两部分。这两部分的分布可能会有差别，已展示的物料（蓝色点）和未展示的物料（红色点）的分布有很大不同，如图 12-2 所示。

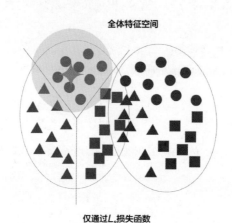

图 12-2 已展示的物料（蓝色点）和未展示的物料（红色点）的分布有很大不同

在图 12-2 中，L_s 表示在没有额外操作下原本的损失函数，蓝色点表示已展示的物料，红色点表示未展示的物料。星星图案是查询词（在我们的语境下就是用户的嵌入），用查询词选中的是黄色圈内的物料。在上面的例子中，由于未展示的物料和已展示的物料之间存在较大偏差，查询词是不能选中未展示物料的。

有分辨性域适应方法从 3 个方面缓解流行度偏差的问题，第 1 个方面是最重要的，作者认为，在已展示和未展示的两种物料之间，特征之间的相关程度应该是一致的，依据这个要求，可以添加额外的损失函数约束：

$$L_{\mathrm{DA}} = \frac{1}{L^2} \sum_{j,k} \left[\left(\boldsymbol{h}_j^s \right)^{\mathrm{T}} \boldsymbol{h}_k^s - \left(\boldsymbol{h}_j^t \right)^{\mathrm{T}} \boldsymbol{h}_k^t \right]^2$$

式中，$\boldsymbol{h}$ 表示嵌入，该式子让某两个特征 j、k 在来源域（上标 s）里是多高的相关度在目标域（上标 t）里就是多高的相关度。经过损失函数的约束作用，通过特征关联将已展示与未展示的物料分布拉到一起，如图 12-3 所示。

全体特征空间

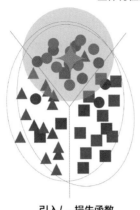

引入 L_{DA} 损失函数

图 12-3 通过特征关联将已展示与未展示的物料分布拉到一起

第 2 个方面是让物料聚集得更紧，这点比较好理解，这里就不展开了。第 3 个方面和前面召回里面讲的负采样有点关系，之前我们说从一批训练样本内部随便拿一个出来就可以做负样本，在 ESAM 中则是判定后再使用的，即先把未展示的样本拿出来过一遍模型，当模型置信度很高①时把模型的输出作为这个样本的标注（但这个标注本身是假的），让模型训练。

12.3 位置偏差的消除

> ⬇ 最符合用户习惯的假设是，用户都是严格按照从上到下的顺序进行探索的，当且仅当满足需求后不再继续向下探索。
>
> ⬇ 最容易实践的假设是乘性假设：用户看见的物料只与物料的位置有关，当用户看见物料之后，是否点击就与物料的位置无关。
>
> ⬇ 有了"黑盒化"的深度学习工具之后，可以不细究位置和输出的关系，直接把位置作为特征来预估。
>
> ⬇ 有两个网络分别输出"从位置到看见"和"从看见到点击"的概率，根据乘性假设，将结果乘起来即可。

在各种偏差中，位置偏差是最常见的，也是最好理解的一类。无论是在推荐中还是在搜索中，先出现的东西总是先被看见的，当一眼看过去结果的差别不是很大时，

---

① 打分很高或很低，此时展示出去符合模型预估的概率比较大。

人们会很自然地倾向于先点击第一个。如果点击后人们觉得已经找到想要的东西，就不会再点击后面的。这有点类似前面说过的主场优势，A、B 两个物料若按照先 A 后 B 排列，在客观情况下 B 的结果可能比 A 更好，只是推荐系统由于某种偏差把 A 排在了前面，接着 A 又因为占了位置的优势，A 的点击数变得越来越多，模型也会被灌输"A 比 B 好"的知识，这就可能会出现越来越偏离真实的情况。这里使得数据无法反映客观规律的因素就是位置偏差。

从用户的角度出发可以说明位置偏差是存在且合理的，但位置偏差的细节和具体发生的过程还不清晰，位置偏差究竟是怎么影响用户行为的呢？2008 年的 WSDM 上有一篇著名的文章 "An Experimental Comparison of Click Position-Bias Models"[75]对此进行了详细的分析和探究。我们来看看这篇文章是如何拆解这个问题的。

为了探究位置偏差的机理，应当穷尽所有可能的假设，然后再设计实验来一一验证。第一种假设是无假设，也就是基线模型，就当位置偏差不存在。虽然这是不合理的，但可以起到对照作用。第二种假设是，用户分为两个极端：一个极端是完全理性的，他们的点击行为完全和相关度 r_d 有关，这里的 r 表示相关度，d 指的是物料（在搜索场景下是文档）；另一个极端是用户是完全无知的，他们感受不到物料和查询词的相关度，于是他们的决策只与物料所处的位置有关，相关度可以仅用一个偏置项，即 b_i 表示。结合这两类用户，文档 i 的 CTR c_{d_i} 可以写为

$$c_{d_i} = \lambda r_d + (1-\lambda) b_i$$

第三种假设是一个乘性假设，有很多工作都是基于这个假设来推进的。把用户的点击行为分为两步：看见和点击。位置的不同仅仅影响是否看见，而只要看见了，是否发生点击就和位置无关了，即

$$\Pr(\text{click}|\text{position}, \text{item}) = \Pr(\text{click}|\text{item}, \text{seen}) \Pr(\text{seen}|\text{position})$$
$$= \Pr(\text{click}|\text{item}) \Pr(\text{seen}|\text{position})$$

或者也可以表示为

$$c_{d_i} = r_d x_i$$

根据这样的假设推出来的核心就是一个乘性模型：我们观察的数据是最左边的 $\Pr(\text{click}|\text{position}, \text{item})$，而我们希望预估得到的是右边的两项，这样我们就可以在排序时比较细致地试出哪个物料放在哪个位置收益是最大的。

第四种假设是，用户的浏览顺序是严格按照从上到下进行的，如果第一个物料的相关度足够高，那就不会看第二个物料，反之就看第二个物料的相关度是否足够高，以此类推，用公式表示为

$$c_{d_i} = r_d \prod_{j=1}^{i-1} \left(1 - r_{d_j}\right)$$

此式表明前面的物料都不够相关，只有到了 d_i 这里才相关。

在实践中，第四种假设的效果是最好的，但有两点阻碍了它的大规模应用。第一是根据它来实践的话，操作很难执行，所以后续的大多数工作还是保持了乘性假设来推进。最重要的一点是，**它为了得到位置偏差，对数据的组织方式很难复用到其他场合。**可以想见，需要将两个物料先 A 后 B 放置，再先 B 后 A 放置才能对比，这样收集数据的成本是很高的。

而另一方面，乘性假设则是发展最快、实践最方便，也是应用最广泛的假设。随着深度学习的发展，我们的建模被允许更加"黑盒化"。依据乘性假设发展出了两种标准的做法，华为的 PAL[76] 做了一个很好的描述和总结。

第一种做法是让位置成为一个特征，既然说不出位置偏差和网络本身的关系究竟是什么，那就把它放进网络里让它自己学复杂的抽象关系。这个方案在训练中是很合理的，把位置看作输入特征的解法如图 12-4 所示。

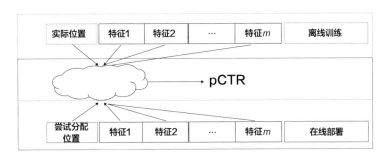

图 12-4　把位置看作输入特征的解法

把样本在实际展示中所处位置的嵌入和其他嵌入拼接，输入给网络，但是问题出现在部署时，按理来说，应该得到每一个物料放在每一个位置下的 CTR，然后综合比较如何安排效果是最佳的。但是，如果物料有 m 个，位置有 n 个，要遍历所有的可能结果需要 $O(mn)$ 次计算。复杂度会平方级地增长，我们承受不了。

所以第一条路是一种简化方法：**在训练时按照原本特征输入，但在部署时用默认的嵌入填充。**之后在排序时只看输出的预估分数。

PAL 的方法，也就是第二种标配解法，是基于乘性假设的。如前面所述，假设用户看到物料只和物料的位置有关系，而看见物料之后，是否点击与物料的位置无关，此时就有

$$p\left(y = 1|x, \text{position}\right) = p\left(y = 1|x, \text{seen}\right) p\left(\text{seen}|\text{position}\right)$$

在这个假设下，我们就可以做两个独立模型，它们的乘积代表最终在样本中看到的结果，基于乘性假设的 PAL 如图 12-5 所示。

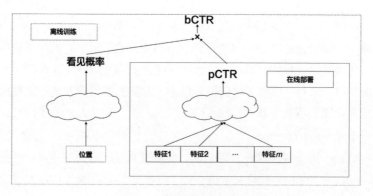

图 12-5　基于乘性假设的 PAL

　　图 12-5 分为两个部分，左边的小网络（具体选择什么是随机的）只接受位置作为输入，得到的结果是 $p(\text{seen}|\text{position})$，而右边的网络用其他特征得到 $p(y=1|x,\text{seen})$。这两个网络乘起来得到的结果才是我们在位置偏差存在条件下看到的结果，即图中的 bCTR；但我们想要的是不受位置偏差影响的"公正的"结果，即 $p(y=1|x,\text{seen})$，图中的 pCTR。所以训练之后，预测时要选择右边网络的输出。

第 13 章
自动机器学习技术

在深度学习进入工业界的早期，卷积核的大小、网络的深度都有很多相关工作可做。一些简单的调整可能给模型的表现带来很大提升，因此当时有很多推荐算法工程师专门研究如何调参（即调节超参数）来取得各种训练目标下的最优性能。然而随着技术发展，手动调整已经不再经济。一方面，手动调整的过程较慢，时至今日，深度学习的核心操作已经稳定下来，基于这些操作的各种模型也拿到了大部分收益；另一方面，继续搜索的代价也在变高，剩下的可能是已有操作的各种复杂组合，这又是个巨大的空间。基于以上两点，手动搜索已经逐渐被自动机器学习技术所替代，简单来说，所谓自动机器学习技术，就是自动去搜索、调节各种超参数。

13.1 网络结构搜索与网络微操的探索

> ⬆ 网络结构搜索方法能按照给定操作集搜索出最佳的组合，但不能新建一种操作。
>
> ⬆ 将不可微的选择可微分化的诀窍就是允许所有操作共存，但分配权重。在训练后期，只保留权重最大的那个。

读者如果在训练网络时尝试过调节网络超参数[1]，那么应该会发现它们对结果还是有显著影响的。在 CNN 中，用多大的卷积核、多大的图像尺寸会明显影响结果，这也是在深度学习早期大家不完整认知中极其重要的一部分：**超参数与性能强相关**。不同的是，早期大家愿意花更多的时间在调参上，而近年来则更多转向优化方式、结构设计等方面。与 CV 中的情况类似，在推荐模型中，某个特征的嵌入大小（维度），两种特征之间采取什么样的交互形式对结果有很大影响。

---

① 注意区别超参数与参数，超参数是在设计时就已经指定的，而我们一般所说的参数指的是卷积核中需要被优化的权重和偏置项等。

由于在深度学习早期各种模型还比较初级，调节超参数有较大空间，因此为了性能考虑，不停地调节超参数，然后尝试。这看起来对得到更好的模型有帮助，也是很多人的工作内容。但这些超参数不能融入优化过程，因此手动来做是相当低效的。**迭代方向不够直观，且手动执行太费时、费力**。假如要对两个特征做交互，第一种方案是分别给 64 维嵌入，然后按元素乘在一起，对应性能记为 A；第二种方案是分别给 64 维和 32 维嵌入，然后拼接，再用全连接层输出，对应性能记为 B。比较 A、B 的优劣之后，下一步应该探索哪种操作呢？以上方案不够直观，即使人为做个插值，很多套参数都试试也是费时、费力的。

基于以上原因，近年来网络结构搜索（Network Architecture Search，NAS）成为研究的潮流，其目的是构建一套自动化的搜索方案代替手动解决上面的两个难题。具体来说，在 NAS 中关注以下几点。

（1）搜索对象，在推荐模型中目前的经典范式是 Embedding+DNN 的组合，这里面有很多是可以搜索的，如某个特征的嵌入维度有多大，DNN 有几层，特征之间的交互方式有几种等。

（2）搜索空间，根据允许的操作能计算出相应的搜索空间有多大。比如一共有 3 个特征（其嵌入用 a、b、c 表示），它们的嵌入表示等长。操作包含按元素乘法和按元素加法这两种操作，那么将这 3 个特征融合成统一表示的方式就有：$a+b+c$，$a \times b \times c$，$(a+b) \times c$，$(a+c) \times b$，$(b+c) \times a$，$(a \times b)+c$，$(a \times c)+b$，$(b \times c)+a$，一共 8 种。

（3）搜索算法，即如何决定下一个搜索方向。搜索算法的优劣直接决定了在搜索过程中消耗的资源大小及最终结果的质量高低。

要注意的是，即使 NAS 的能力很强大，它目前也无法新创造一个操作，收益可能是比较边际的。

虽然在推荐模型中有很多地方都是可以搜索的，但在这一节，我们先介绍 DNN 结构部分的搜索方式。最早期的搜索建模比较复杂，按照强化学习的思路来做，把当前的配置输入到 RNN 中，让 RNN 输出下一步的配置，然后按照输出的配置来训练一个实际的网络，得到其性能作为奖励，再用奖励指导下一步搜索。在 ICLR 2019 上，美国卡耐基梅隆大学和 DeepMind 的研究者提出了经典的 DARTS[77]方法，DARTS 方法的核心目标是，**把离散的训练-尝试的过程建模成连续的**。如何操作呢？用一句话概括就是，先把所有的操作都用"软"分配的方式保留，在训练中对每一种操作分配权重，最终只留下权重最大的那一种操作即可。这个思路比较巧妙，也可以看成把不可微分的目标转化成可微分目标的一种参考手段。DARTS 方法选择操作的过程如图 13-1 所示。

0、1、2、3 都是计算节点，特征的嵌入之间由某种操作关联。比如在图 13-1 中 0

到 1 是一元关系，它可以是经过全连接层的变换，也可以是取激活函数（如 ReLU）这种关系，而 2 和 0、1 之间是二元关系，它就可以是上面按元素乘之类的操作了。DARTS 方法首先允许所有可能的操作存在，如图 13-1（b）所示，用不同的颜色表示出来，即到 2 的红色线表示 0 和 1 的按元素乘法，而蓝色线可以是加法，这些不同的操作之间有权重高、低之分，经过一段时间训练后逐渐收敛，这时对应图 13-1（c），我们可以在其中找到每个节点权重最大的操作是哪个，然后只保留权重最大的操作，这样就得到了我们最终搜索的结果图 13-1（d）。

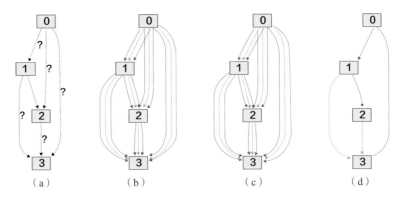

图 13-1　DARTS 方法选择操作的过程

用数学语言描述一下，下层的特征和上层的关系是

$$\boldsymbol{x}_j = \sum_{i<j} o^{i,j} \boldsymbol{x}_i$$

在这里一个节点可以和之前的所有节点都有关系，$o^{i,j}$ 表示的是前面层的特征和这一层的特征之间所有合法[①]的操作。在训练的过程中，这里的 $\boldsymbol{o}$ 是需要经过 Softmax 操作的，这样就可以在各种操作之间区分强、弱，最终收敛之后只留下权重最大的操作。

上述包含所有操作在里面的网络可以称之为超网络，但是有一个明显的问题，超网络相比于最终我们要的网络要大出非常多，因此训练是非常昂贵的。本质原因是在训练端我们允许所有的操作都存在，如果训练时允许的操作加上限定，那么复杂度就可以和最终结果的形式差不多。

基于加速训练的目的就有了 NASP[78]算法，该算法在训练过程中给 $o^{i,j}$ 沿着所有 j 的维度加了稀疏限定，即只允许有一个是非零的。想要做到这一点，有一个很熟悉的操作是，先求出一组 $\boldsymbol{o}$，然后寻找下面问题的一个最优解。

$$\frac{1}{2} \|\boldsymbol{v} - \boldsymbol{o}\|_2^2 + \lambda \|\boldsymbol{v}\|_1$$

---

① 合法主要是指各维度大小能对齐，如果出现无法对齐的情况，一般要补全连接层来对齐。

这个问题的求解和模型篇中 FOBOS 等方法的求解是一致的。

NASP 算法还有一个细节，虽然每一步得到的都是稀疏解，但是这次稀疏解更新的参数并不会返回给自己，而是返回给最初的非稀疏解。也就是说有两套 o，一套作为基底，所有更新结果都返回给它，然后在每一步，由它产出稀疏解，再拿实际的稀疏解去得到网络拟合的性能。这样设计是为了避免一次稀疏太彻底，跳不出局部最优的问题。

在推荐模型中，在 WWW 2020 的 "Efficient Neural Interaction Function Search for Collaborative Filtering" 文章中[79]做了一个定义，从一段特征到生成另一段嵌入的过程是元素级的操作，是微观的；若干个嵌入表示合并的过程则是向量级的操作，是宏观的，如图 13-2 所示。

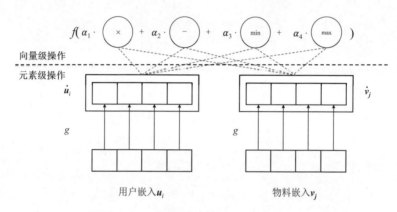

图 13-2　从特征到嵌入的过程是微观的，而嵌入表示合并的过程是宏观的

这里描述的方法是基于协同过滤的，但也可以按照双塔的形式来理解。下面的不带点的 u、v 是原始的表示，而带点的可以看作是双塔的输出。微观、元素级的部分就是通过一个固定形状的 g，即 MLP（因此搜索只涉及其中的权重）映射的；而宏观、向量级的部分都是二元的操作，两个向量按元素乘、加，取最大、最小值，拼接，一共 5 种操作。考虑到拼接之后的形状和其他几个的形状不一致，把 DARTS 方法中的组合表示为

$$x_j = \sum_{i<j} \left(w^{i,j} \right)^{\mathrm{T}} o^{i,j} x_i$$

即用一个权重矩阵进行形状变换。那么从整体来看，在推荐中就是通过搜索微观网络的权重+宏观向量间的操作来优化性能。

13.2　特征的搜索

> ⬥ Embedding+DNN 是一个"头重脚轻"的范式，调整特征对应的嵌入长度
> 　对空间来说更关键。
> ⬥ 不能微分化的结构可以用分治思路来优化：根据结构特点划分子空间并采
> 　样，若某个子空间表现好，就增加此处采样的概率。

13.1 节中主要涉及的是网络结构搜索，即对 DNN 部分的搜索，本节我们介绍在其他环节如何搜索，如特征交互如何选择，每种特征的嵌入长度如何选择，甚至特征中的每一种取值长度如何选择。

不直接搜索特征长度，也可以搜索特征交互。这里的特征交互和 13.1 节中所介绍的文献[79]非常接近，但有两个不同点：第一，前者面对的是协同过滤场景，u、v 已经是高度抽象过的特征，它们的特征交互基本就是输出，而此处介绍的特征交互指的是原始特征交互，这些特征交互之后才由 MLP 输出结论，图 13-3 所示为对特征交互的搜索。我们要搜索的操作出现在红框部分，这里面的每一个结果都是原始嵌入中的两个或更多元素的连乘；第二，搜索算法有所不同，这里要介绍的"AutoFeature: Searching for Feature Interactions and Their Architectures for Click-through Rate Prediction"文章[80]中的搜索是在一个树结构下完成的。

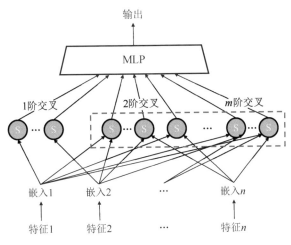

图 13-3　对特征交互的搜索

首先定义搜索空间，在 AutoFeature 中，只有图 13-3 中红框内的操作需要搜索，操作依然是按元素乘和加为主的，加上拼接和空操作，还有一个操作是把很多输入按元素乘组合后，再经过全连接层变换的，总共有 5 种操作。但要注意 AutoFeature 完全没有阶的限定，即只要还有没操作的特征存在，就可以一直进行，这就比只约束两

两作用的搜索空间大得多。假设用 DARTS 方法，如果处理的是一个以指数级增长的搜索空间，就会非常棘手。

因为搜索空间实在太大，这里用一种分治的思路来解决：**一边尝试一边按照表现划分子空间，若某子空间的表现好，这里采样的概率就高，反之降低概率**。一开始随机生成几个结构，把它们看成搜索空间中的点。按照这些结构去训练并得到对应表现（准确率或 AUC 等），然后分割一下空间，将表现排前 10% 的作为一类，剩下的作为另一类。分割的过程就是按照二分类拟合一个树模型，把表现好的那一类都放在左子树模型上，而把另一类都放在右子树模型上，从树模型的视角划分搜索空间如图 13-4 所示。

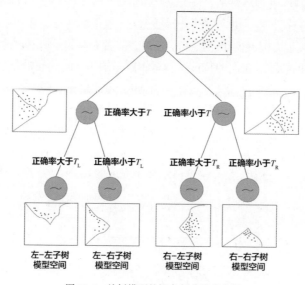

图 13-4　从树模型的视角划分搜索空间

接下来从空间中采样，在左子树模型空间中的采样概率更高，但注意并不是说表现不够好的子空间就完全抛弃了。采样的简单做法是随机生成一个配置，然后判断这个配置下的性能表现是否在当前的子空间内，但这样做的复杂度有点高。文章中选取的算法和遗传算法有点类似，选择想要采样的子空间中当前性能最高的两个点，两个点各保留一半配置，并组合完整生成新的点，再检查新生成的点是不是在要求的子空间内。如果是的话，就继续；反之，重新执行。在这个过程中两个点保留配置的比例可以不同，也可以按照性能排序寻找别的点进行组合。

相比于 DARTS 系的算法，AutoFeature 对于运行中的内存要求不高，不过相应地，也不能一遍就得到搜索结果。它对于整个空间的搜索更加自由，也更少受到之前搜索结果的影响。

我们之前提过一个观点，推荐的模型是"头重脚轻"的，即嵌入查表是主要的存储消耗，DNN 部分倒没有那么关键。那么提及 NAS，一个很直观的想法就是，根据**特征的重要性不同，给它们的嵌入长度可以是不一样的**。一个特征给多长的嵌入长度和它的取值范围能发挥的功能应该联系起来。比如性别这种特征，它只有 3 个取值，在实际中又不能发挥太大作用[①]，完全不需要给很长。

在模型中，给更重要的特征以更大的嵌入是很合理的。按照我们的"复读机"理论，嵌入大小决定了记忆能力的强弱，嵌入越大，记忆越好，越有可能取得效果上的提升。但是记忆能力也有上限，超过一定程度再强化意义就不大了，这时是否能换种思路？从模型压缩（见 13.3 节）的角度讲，把不重要特征的维度降低能节省大量的空间，这也是有意义的改进。

13.3　模型压缩

- 虽然保持当前效果，但是一年节省上百台机器对公司来说也是很好的收益。
- 门函数方法的核心是接近 0、1 取值时导数小，非 0、1 取值时向着 0、1 方向优化。

前面介绍的 NAS 搜索出模型的最佳超参数，有个隐含的前提是模型的复杂度无大幅变化，或者可以说 NAS 问题是给定复杂度，搜索出最佳性能，前者是约束，后者是目标。如果把这两者交换一下，可以定义一个新问题，如何保证性能在尽可能不降的前提下降低模型的复杂度呢？这就是模型压缩要研究的方向了。

在推荐场景中，模型压缩是一个非常重要，但又容易被忽视的问题。大公司的精排模型可能占用多达几 TB 甚至几十 TB 的容量，一次上线得挪出大几十，甚至上百台机器。一个精排的组假如要保证 10 个人同时训练线下模型（这还是个很低的要求），前面的机器数就要乘以 10，光电费就要花掉不少。推荐算法工程师之间流传着一个段子"一年的产出还不够交电费"说的就是这个问题。顾名思义，模型压缩就是用来减少资源消耗的技术。假如模型压缩技术能降低 10%的复杂度，保证预测性能不掉，一年就能给公司节省上百台机器，这也是很不错的贡献了。

模型压缩有一些简单的办法，如将出现频率、覆盖度不高的某类特征直接舍弃；或者在训练的过程中观测梯度，梯度幅值太小的，可以认为对模型影响不大，也可以舍弃。从神经网络模型的角度看压缩，就是要减少神经元和神经的连接。比如原本 3

[①] 虽然直观上都会觉得性别很有用，但是实际上并不是，原因有二：其一是性别只能提供基本的个性化，诸如用户行为等信息比它强太多了；其二是性别在很多场合下都是模型估计出来的，准确率也不是很高。

层 MLP 特征图的维度是 256-128-64，如果减到 256-64-32，那么减少的计算量是（256 × 128+128 × 64）-（256 × 64+64 × 32），大约有 55%。原则是删除那些不怎么影响效果的神经元，但是如果每次手动尝试删除某个再看性能就太费时、费力了。想要"优雅"地寻找删的神经元，需要把离散的挑选以连续的方式放到训练过程中，也就是要把它变成可微分的，正如之前讲过的一些例子。做连续化最典型的办法就是门网络法，即使用一个门网络来标识每个神经元的重要性。在训练时，每个神经元与对应的门控元相乘再输出结果，收敛后查看门控元的值即权重，若权重大说明值得保留，若权重小则可以认为删除对网络整体的影响不大。

举个例子，对一个单层的全连接层进行压缩，其原本的形式是

$$y = Wx$$

现在手动给 x 的每一个元素分配门控元，此时相当于一个等大小的遮罩和输入进行按元素乘，即

$$y = W(g \odot x)$$

式中，g 就是上面说的门控元；而 $\odot$ 表示按元素乘。出于压缩的目的，应该让门控结果尽可能地两极分化，不是 0 就是 1，那接下来是 1 的保留，是 0 的删掉。但一般门控的输出不会这么极端，所以可能需要一些技巧，如前面提过的 Gumbel-Softmax 及 L1 范数最小化。在 "GDP: Stabilized Neural Network Pruning via Gates with Differentiable Polarization" 文章[81]中，作者选择 Smooth-L0 函数作为每个元素的门控：

$$g'(x) = \frac{x^2}{x^2 + \epsilon}$$

式中，ϵ 是一个很小的数。此函数的特点是当 $x = 0$ 时函数值严格等于 0，当 $x \neq 0$ 时函数值约等于 1。Smooth-L0 的函数与导数图像如图 13-5 所示。

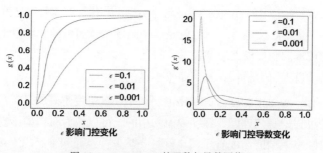

图 13-5 Smooth-L0 的函数与导数图像

选用这个函数有两个好处：①从导数图像上看，只有在 $x = 0$，$x = 1$ 这两个点导数才等于 0（稳定下来），也就是说只要处于其他位置，训练就会不停地让 x 靠近这两个点；②函数能真正抵达 0 点，这是很多连续化方法不具备的优点。在训练中一开始

ϵ 可以比较大，之后随着训练收敛慢慢减小即可。

现在我们清楚 DNN 这部分如何压缩了，但推荐模型的主要消耗还是在嵌入查表上，这部分怎么处理呢？在 "UMEC: UNIFIED MODEL AND EMBEDDING COMPRESSION FOR EFFICIENT RECOMMENDATION SYSTEMS" 文章[82]中介绍了把压缩具体应用到推荐模型里的算法。

对推荐模型来说，压缩分为两个部分：一部分是特征压缩（也就是嵌入），另一部分是 DNN 压缩。如果把嵌入查表看成独热码输入乘以权重矩阵 W 得到的，这二者就统一起来了。但对于特征嵌入，想要舍弃它使得输出的嵌入全置为 0，那就意味着 W 对应位置的列全都是 0（我们把这些位置合起来称为一个"块"）。合并所有的条件，优化目标可以写为

$$\min L(\boldsymbol{w}) + \lambda_1 \sum_i \left\| \boldsymbol{W}_{:,g_i}^1 \right\|_{2,1} + \sum_{l=2}^{L} \lambda_l \sum_i \left\| \boldsymbol{W}_{:,i}^l \right\|_1$$

式中，$L(\boldsymbol{w})$ 是原始任务的优化目标；$\boldsymbol{W}^l$ 是第 l 层的参数矩阵；g_i 是一些索引的集合。那么从独热码到嵌入的变换可以视为第一层，DNN 就对应第二层到最后一层。这里之所以分开写成两部分是因为如上所述嵌入这里有组内约束，即矩阵中对应同一个特征的所有位置要同时等于 0 或同时非 0。下标 "2,1" 表示每个 g_i 的整组内部先按照 L2 最小化，然后 g_i 之间再按照 L1 稀疏化。上面把优化目标罗列清楚了，但是还存在问题，不同层的超参数 λ 是手动制订的，一个一个固定再优化又退回离散尝试的路子了，所以 UMEC 把计算量也作为约束条件建模到优化过程中。对于一个单层的全连接层，把它的输入、输出维度分别表示为 d_{in} 和 d_{out}，那么 L 层 MLP 的计算量（FLOPs）一共为

$$R_{\text{flops}} = \sum_{l}^{L} 2d_{\text{in}}^l d_{\text{out}}^l + d_{\text{out}}^l$$

这里的系数 2 是把乘法和加法分开算了，后面加上了偏置项的复杂度。现在假设在输入上减少的维度是 s^l，在输出上减少的维度是 s^{l+1}，那么剩下的复杂度就是

$$R_{\text{flops}} = \sum_{l}^{L} 2\left(d_{\text{in}}^l - s^l\right)\left(d_{\text{out}}^l - s^{l+1}\right) + \left(d_{\text{out}}^l - s^{l+1}\right)$$

优化目标可以写为

$$\min L(\boldsymbol{w})$$

$$s.t. R_{\text{flops}} \leqslant R_{\text{budget}}$$

$$\sum_i I\left(\left\| \boldsymbol{W}_{:,i}^l \right\|_2^2 = 0\right) \geqslant s^l, \ l \geqslant 2$$

$$\sum_i I\left(\left\| \boldsymbol{W}_{:,g_i}^1 \right\|_2^2 = 0\right) \geqslant s^1$$

这里的 I 是指示函数，函数内的条件成立就输出 1，反之输出 0。最后两个约束的含义是，W 中按照列或按照"块"消掉的参数量满足这层减少数目的要求，那么在这个问题中要优化的对象就是 s。其实下面的问题并不严格等价于上面的优化目标，但经过合理近似，更有利于求解。

在求解时，可以通过排列 W 中的列让接近 0 的都排在下面，那么与上面指示函数相关的约束就变成了 W 中最后 s 行的子矩阵按照 L2 最小化：

$$\left\| W_{:,-1-s:} \right\|_2^2 = 0$$

用这个技巧替换指示函数的约束，然后再合并其他条件就可以按照对偶方法来求解了。求解还有一些细节，在本书中省略了，感兴趣的读者可以参考原论文。

上面讲解的都是训练时的压缩，训练时选好结构，部署时也是同一个模型。还有一种在训练时不压缩只在部署时压缩的方法是量化，如直接把 float 32 变成 uint 8。这类方法在 CV/NLP 领域用得更多，像人脸识别，本身的性能足够，压缩时可以牺牲性能来降低复杂度；但推荐模型的性能还不够好，因此对有可能降低性能的操作更敏感，即使有直接量化，也做得比较小心。

第 14 章
图计算

过往遇到的大多数问题，特征之间都是简单并列的，每种特征仅作为输入的一部分。然而在有的场景下，特征之间不但有关系，其关系还很复杂，也值得作为新的特征输入，这时细致地描述输入间的关系对预测至关重要，而描述关系或受关系影响后的输入方法就是图计算。

14.1 数据结构的终极

- 图是当前数据结构发展的终极，最复杂的结构都以图来建模。
- 图计算的发展分为两个阶段：图嵌入阶段和图神经网络阶段，前者注重节点之间的关系，后者则注重特征的抽象。

回顾我们之前讲过的模型，绝大部分是**无联系的多输入决定输出**这种模板的。比如精排模型，用户画像有多种特征，物料有多种特征，但是这些特征之间没有太强的联系。在大多数情况下，我们要的都是类似 CTR 预估的决策模型，如排序和后面要讲的属性预测等。但如果输入之间有较强的联系，情况还一样吗？最典型的例子是社交网络：用户有自身的属性，用户与物料有交互，用户与用户之间的关系更关键，A 和 B、C 分别是朋友，此时 B、C 之间大概率就有联系了。还可以更复杂一点，用户具有不同身份，互相之间的关系也有多种。在网课平台上，有的是老师，有的是学生，有的是官方，这里学生和学生之间的很多互动都不会出现在学生和老师之间。CTR 类模型试图解决这类问题的方法是引入交叉特征，类似用户在某类物料上的动作数，但这么做在交互很频繁时较为低效。

当这些本来同地位的输入之间存在复杂关系时，就需要用到图的结构。把每一个个体看作顶点，将它们之间的关系建模为边，根据关系的种类和强弱可以调整边的数量和权重。从数据结构的角度理解，图也是目前最灵活的表达方式，链表可以看作有向无环图，树模型就更不用说了。也就是说，**在当前的数据结构中，最复杂的关系需**

要图来建模。这就解答了为什么现在有越来越多的与图计算技术相关的文章，因为推荐的主要模型经过一轮又一轮迭代，深度学习已经完成了在固定建模下优化效果的任务，接下来涌现的是更多定义复杂、建模不确定性强的新任务，**这些任务需要图计算技术来解决**。

说得这么有前途，下面就要具体介绍其技术了。图计算相关的方法可以分成两个方向，或者说两个阶段：①以构图方式为主，选取哪些邻居的策略。这一段时期的工作类似在 NLP 中把句子转换成嵌入，典型代表有 DeepWalk[83]和 node2vec[84]，我们称之为**图嵌入阶段**；②以图中表示的抽象为主，类似设计或借鉴 BERT[85]、Transformer 这样的网络结构，典型代表有 GCN、图注意力网络等，我们称之为**图神经网络**（Graph Neural Network，GNN）阶段。本节主要涉及图嵌入阶段。

得到图中一个节点的嵌入过程和在一句话中得到一个词的嵌入过程非常相似，可以先来看看 Word2vec[86]是怎么做的。

（1）对所有词建立全局词表，每个词有对应的独热码。

（2）每一个独热码通过网络得到表示嵌入。

（3）对表示嵌入施加两种优化目标，分别是用一个词周围的词来预测当前词（按照分类任务建模），以及用当前词来预测周围的词（同前）。

这一系列操作最终得到的效果用一句话就可以概括：**让经常共现的词之间拥有相近的嵌入**。乍一看有点奇怪，只做了两个分类任务，为什么能让词之间靠近呢？可以想象把词变成嵌入的过程是有压缩的，即大量词要放在 16 维或 32 维的空间里。此时**让相近的词的嵌入距离接近是最简单的满足训练目标的方法**。比如"今天天气预报说要＿＿＿＿"，做分类任务时，"今天""天气预报"等词的嵌入综合起来（如求和操作）如果和"下雨"的嵌入相近，模型就能很容易地预测这里的词填什么。输出决策的分类层往往是纯线性变换的，也没有能力让相近的词距离太远。举一个更极端的例子，这里既可以填"下雨"，也可以填"刮风"，两个词都可以是正样本，这就说明"刮风"和"下雨"这两个语义相近的词在表示嵌入上一定是接近的。

在图结构中，得到节点嵌入的原则也是类似的：**关系紧密的节点，表示嵌入应该相近**。所以 DeepWalk 的主要思想和 Word2vec 是一样的，当节点和周围邻居都准备好之后，互相预测即可。但图结构和句子不一样，句子是一维的，一个词的邻居就是左右两边，表示嵌入越近的关系越强，越远的关系越弱，但图是一个复杂结构，一个节点可能连出数条边，选取的原则是什么呢？原则是，**从原点出发，随机采样一个邻居加入队列，再以新的点作为起点，以此类推，当队列长度满足要求时停止即可**。也就是说，**选择太多就随机**，这也是随机游走（Random Walk）的思想。因此，同一个节点作为起点可能要被反复采样多次。在这里，采样的概率与关系的强弱有关，关系越强的节点，被采样到的概率越大。在图中采样的例子如图 14-1 所示。

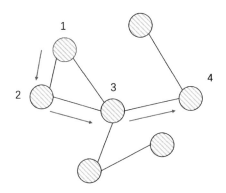

图 14-1 在图中采样的例子

图 14-1 所示为一个例子，在这里要采样 4 个节点，红圈标识的节点 1 是起点，箭头表示采样的顺序。在第一次选择时随机选择了靠左的节点 2，然后从这里出发再随机选择了节点 3，最后采样到队列长度上限后退出。

DeepWalk 算是一个开创性的工作，有了它的思想，图计算就可以实践了。得到节点的表示嵌入后可以做很多事情，它可以作为搜索的入口，查找相似的物料（正如我们在召回部分讲过的 i2i 召回），也可以放到某个模型中仅仅当作特征使用。但是在 DeepWalk 中，邻居节点的采样偏向深度优先搜索。出于业务需求，有时可能需要调节深度优先遍历和广度优先遍历之间的轻重关系，这就是 node2vec 要做的事情。node2vec 采样的示意图如图 14-2 所示。

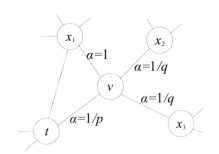

图 14-2 node2vec 采样的示意图

在图 14-2 中，刚刚从 t 走到 v，然后接下来怎么选下一个采样的点 x 呢？图中 α 是在原来的转移概率上乘的系数，根据 x 和 t 的关系，系数会有如下改变。

（1）如果 x 就是 t，也就是又走回去了，那么系数是 $1/p$，p 越大，走回头路的概率越小。

（2）如果 x 和 t 之间是一跳关系（指的是 t 经过一条边就能抵达 x），那么系数为 1。

（3）如果 x 和 t 之间是二跳关系（指的是 t 需要经过两条边才能抵达 x），系数是 $1/q$。q 越小，新的点就更容易离开 t，更倾向于深度优先遍历；反之 q 越大，更多的

概率就放在和 t 直接相连的节点上甚至走回头路，表现出广度优先遍历的倾向。

图计算技术在大多数情况下得到的都是另一种新的嵌入表示，这种嵌入表示如何用在推荐系统中呢？正如我们在召回中提到的，图计算得到的嵌入可以作为 u2i 或 i2i 的依据。同时，这些嵌入也可以为模型提供特征。不过图计算嵌入的更新频率较低，而精排等模型的更新频率较高，可能有匹配问题需要处理。

图嵌入类方法的优点是简单快捷，特别适合某个场景一开始需要快速迭代拿到结果的时候。但反过来，简单快捷几乎意味着效果不会大幅提升。回过头再看，图嵌入类方法在邻居采样等方面的探索令人满意，但表示能力还停留在一个简单的层次上。可以想象，想要提升图嵌入类方法的表示能力，必然要对表示嵌入反复抽象、改善，那么具体如何做呢？

14.2 GNN 的极简发展史

> ✦ 局部性是连接理论和操作的重要桥梁，DNN 与 CNN 间是如此，GCN 和 GraphSAGE 间也是如此。

前面我们介绍了图计算的基本方法图嵌入。图嵌入简单好用，可以在问题前景不确定时当探路先锋，但该系列方法中每一个节点的表示太简单，表达能力有限。在本节，我们介绍专注于抽象表示的 GNN 的非常精简的发展历史。首先了解 GNN 的概念，它属于 NN（神经网络）就意味着它会**使用层层非线性的堆叠**。但这类方法是专门为图结构设计的，虽然有很多工作按照节点的类型预测或是否有边的关系预测来建模，但我们还是认为只要得到节点的高质量表示就大功告成了。

如何让节点的表示更加抽象？回忆一下深度学习是怎么做的：通过不停地做变换让表示抽象。在图计算里，可以仿照这类操作：

$$h^{l+1} = f\left(h^l\right)$$

式中，h^l 表示特征图，f 表示抽象变换。一开始的输入可以是邻接矩阵 A。为了强化邻居关系，得到高度抽象的表示，在每一层都把邻接矩阵 A 放进输入：

$$h^{l+1} = f\left(h^l, A\right)$$

每一层都考虑邻居关系，随着网络层变深逐渐有全局感知。我们从这里开始介绍 GNN 中的第一类方法 GCN[87]，其映射形式为

$$f\left(h^{l+1}, A\right) = \sigma\left(D^{-1/2} A D^{-1/2} h^l W^l\right)$$

式中，D 是度矩阵。GCN 模型看起来似乎很容易做，$D^{-1/2} A D^{-1/2}$ 这项是固定的，提前算好就行了，看起来要做的只有学习每层的 W，但是 GCN 对 A 没有任何简化，它

就是所有节点组成的邻接矩阵。在学术场景下做还好，放到工业界，物料数量达到几千万，甚至上亿，如此大的矩阵是很难计算的。

GCN 名字里虽然带着卷积（Convolutional）这个词，但并没有像 CNN 一样把局部性思想体现出来，这才导致要计算一个巨大的邻接矩阵及优化相关参数。作为一个具有实践意义的里程碑，GraphSAGE[88]改进了落地难的问题，其核心思想为每个节点的表示由邻居节点的表示聚合而来。GraphSAGE 的流程示意图如图 14-3 所示。

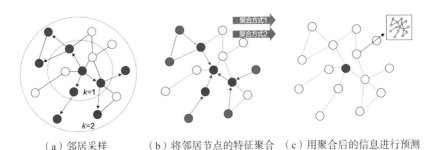

　　（a）邻居采样　　　（b）将邻居节点的特征聚合　（c）用聚合后的信息进行预测

图 14-3　　GraphSAGE 的流程示意图

首先对于某个节点 v，采集它的邻居集合 $N(v)$。在第 k 层，这些邻居的表示被聚合为

$$\boldsymbol{h}^k_{N(v)} = \mathrm{aggregate}\Big[\boldsymbol{h}^{k-1}_u, \forall u \in N(v)\Big]$$

即把邻居节点的 $k-1$ 层表示 $\boldsymbol{h}^{k-1}_u$ 先合并，记为 $\boldsymbol{h}^k_{N(v)}$，然后和 v 的 $k-1$ 层表示 $\boldsymbol{h}^{k-1}_v$ 一起生成本层的表示：

$$\boldsymbol{h}^k_v = \sigma\Big[\boldsymbol{W}^k \mathrm{concat}\Big(\boldsymbol{h}^{k-1}_v, \boldsymbol{h}^k_{N(v)}\Big)\Big]$$

为式中的 aggregate 选择合适的聚合函数即可，但注意图结构中的点不区分次序先后，所以这里的聚合函数也是无序的，如求和、求极大之类的。最后对 $\boldsymbol{h}^k_v$ 手动进行归一化处理即可得到目标节点的表示。

与 GCN 相比，GraphSAGE 更关心局部关系，虽然节点之间的信息传播变慢了，但扔掉全局的邻接矩阵后计算负担大大降低，可以落地实践了。此外，GraphSAGE 在添加节点时的性能也优于 GCN。对于 GCN，每新添加一个点，邻接矩阵 $\boldsymbol{A}$ 就要多一行一列，重新训练很麻烦。而 GraphSAGE 中新的点只要存在邻居，就可以把新的点表示为邻居的聚合。这样做是更合理的初始化，因此 GraphSAGE 对冷启动更友好。

GraphSAGE 之后，原作者们很快又提出了改进版本 PinSage。相比于 GraphSAGE，PinSage 首先在邻居采样的方式上做了改进。前者的邻居采样是纯随机的，而后者考虑了重要性，即在随机游走时，容易访问到（次数多）的邻居的重要性更高。这里计算出的重要性可以在聚合时发挥作用（如重要性高的在求和中占据更大的权重）。其次，PinSage 在训练效率上做了 CPU 和 GPU 的解耦。按理来说卷积操作应该在 GPU 上，但直接做 GPU 卷积必须边做边等 CPU 把需要的邻居信息传过来。PinSage 先把批文件里面所有需要用到的邻居信息都准备好，然后一次性传给 GPU，接下来 GPU 在卷积过程中就不需要再和 CPU 交互了。

从 PinSage 的角度看，GNN 已经具备合理且友好的形式。相信读者都能猜到，一个技术点的发展历史中一定有注意力机制，所以也可以将其加到图计算里，比较经典的论文是 "Graph Attention Networks" [89]。首先，对第 i 个节点计算邻居 j 节点对它的重要性。

$$e_{ij} = f\left(\boldsymbol{Wh}_i, \boldsymbol{Wh}_j\right)$$

实践中，f 的具体操作就是把输入拼接起来，再与参数向量做内积，得到 e_{ij}；$\boldsymbol{W}$ 是全局共享的。接下来遍历 j 得到所有的 e_{ij} 后用 Softmax 得到归一化的注意力系数 α。最后节点的表示就是

$$\boldsymbol{h}_i' = \sigma\left(\sum_j \alpha_{ij} \boldsymbol{Wh}_j\right)$$

GAT 还参考了多头的思想，即有多种 $\boldsymbol{W}$ 对应多头，每个头的结果可以拼接起来。

到此，GNN 的基本结构我们就梳理清楚了。但是还存在一个漏洞：使用图的一大动机是推荐系统中存在多种主体，如作者、用户、物料等，但这一节中所说的方法对这些主体都未做区分。由同一种主体构成的图叫作同构图，如在社交网络中只考虑用户；由不同主体构成的图叫作异构图，如所有用户与物料组成的图（节点间的关系不止有一种也算异构图）。前面的方法不对节点做区分，因此其不能完美应用在异构图中，所以如何做好异构图的表示就成了接下来要解决的问题。

2019 年，异构图神经网络（Heterogeneous Graph Neural Network，HetGNN）[90]被提出来解决异构图的描述问题，其核心思想很直接：**对邻居中的每一类节点，在采样、聚合上都做分离，最后以注意力机制加权的方式聚合得到本节点的表示**。若按照原始的随机游走来采样，邻居节点的类型可能会过于集中。我们可以要求随机游走过程持续到每种类型的邻居都采样了一定数目后再停止，这样有利于获取全局信息。在每一类型内部选取频率较高的前 k 个留在后面环节使用。

接下来对每一种类型的邻居表示分别聚合，HetGNN 使用的是 Bi-LSTM（双向长短期记忆），因为 Bi-LSTM 在实践中表现最好。Bi-LSTM 可以得到每个邻居更进一步的抽象，在下面进行平均池化操作可以得到该类型的最终表示，接着再对每种类型计算注意力分数，把目标节点的表示做成每种类型表示的加权和即可。

到这里已经看到图计算技术的最新进展了，但我们介绍图计算的真正应用场景并不是为了做一个节点分类任务。实际推荐的很多场景下存在多种主体、多种连接的复杂

关系，这时需要借助图计算的框架来建模。在这些场景下，**图计算技术和之前讲的很多技术间不是并列关系——用你也行，用我也行；而是递进关系——不用我就不行了。**

14.3　物料非原子化，建模转向图

> ☛ 考虑图计算的两大原则：①存在多种主体和多种关系；②物料非原子，可以由多个基本单元组合而成。
>
> ☛ 考虑图计算的另一个角度：有时序关系用 RNN 或 LSTM，无时序关系用注意力机制或图计算。

14.1 节中介绍了图嵌入，作为一种轻量级的建模，输出可以按照特征来用。以多加一路 ANN 召回或在精排中加特征的方式来改善推荐；14.2 节中介绍了更复杂的 GCN、GraphSAGE 等方法，这些方法实现起来有点复杂，部署代价高。出于资源需要考虑替换原有的模型，在应用时必须仔细衡量投入。什么时候都可以用图吗？这个问题的答案并不总是肯定的。虽然近几年图是流行趋势，但因此可以在以前的应用场景里把图都尝试一遍吗？答案是否定的，一个场景考虑图计算有它的理由，我们先耐心看几个场景，然后总结它们的规律是什么。

最典型的例子是社交关系的推荐，该任务的定义是给用户推荐一个未来可能成为朋友的人的列表，验证方式是看之后一段时间两个人之间会不会发送好友请求。"Graph Neural Networks for Friend Ranking in Large-scale Social Platforms"文章[91]是近期的一个例子，它利用 GNN 给每个用户产出一个表示嵌入，依据嵌入的相似度判断他们是不是潜在的好友。这篇文章的思路是对用户先划分出多模态的表示，然后再用注意力机制合起来。比较有意思的地方是设计多模态特征，一共有如下 4 种。

（1）用户属性，即年龄、性别、地址、语言等。

（2）喜欢的内容，如点击过的文章的兴趣标签。

（3）社交活跃度，是不是更倾向于加好友、认识陌生人。

（4）产品使用活跃度，有多少观看视频、点赞等行为。

除了社交关系，图相关的方法也可以应用在标签排序的任务上。标签排序的任务如图 14-4 所示。

当用户看到某个视频时，下面会显示相关的标签。比如图 14-4 中的视频是关于纽约最好的米其林餐厅的，标签就有"美食""牛排""纽约""米其林"等，如果用户对某个标签有兴趣并点击就会打开一个专门的频道，如美食频道。在产品上，这种设计有几点优势，其一是在用户离开的边缘拉住他们：本来看完当前视频已经打算离开，

此时忽然发现有感兴趣的标签可以点开，那么可以再看一些。其二是对用户做兴趣扩展，可能用户本身有很宽的"缓冲地带"，他自己不会主动搜索某些标签，但是展示出来他会点开，如这里的"纽约"。现在标签以更方便的形式把可能的兴趣点提供出来，用户就能更方便地探索。微信的 GraphTR[92]的目标就是对标签进行排序，并把用户更感兴趣的排到前面。

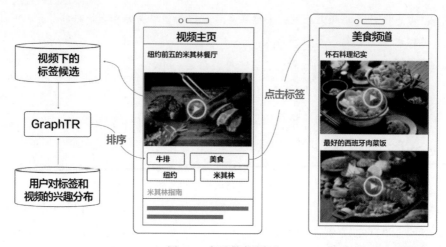

图 14-4　标签排序的任务

在 GraphTR 中，图结构存在 4 种节点：视频、用户、标签和媒体（发布视频的作者）。相应地，需要设计每两个节点之间的边，视频与视频之间的联系被设定为在看过30%视频长度的序列中相邻。同一用户看视频时，停留时长超过视频长度的 30%才算是有效的。把这些有效行为按照时间排成序列，如果两个视频在序列中相邻，它们之间就存在边。视频与用户间、视频与媒体间的边好理解，有从属关系即可。如果两个标签出现在同一个视频中，两个标签之间就有边。在 GraphTR 中并没有对边进行显式建模，边的信息体现在嵌入计算时。哪一个是当前节点的邻居，哪一个就会一起进入MHA/GraphSage。

另一个新场景也是来自微信的，"Package Recommendation with Intra- and Inter-Package Attention Networks"[93]定义了一种组合（包）推荐（Package Recommendation），包推荐的场景示意图如图 14-5 所示。

一个包里可能含有多种主体：文章、推荐的朋友、媒体等。在这个场景的文章中，一些可能感兴趣的用户和作者一起作为包被推送出来。它们组合起来后，CTR 有可能是更高的，但归因的难度变大了，用户可能对其中任何一个因素感兴趣就点击了。为了进行区分，在物料侧使用图结构时做了两步注意力机制：一步是区分包内部的重要性，是媒体重要，还是社交朋友重要；另一步是包间的重要性，将存在共享主体（如同一作者的两篇文章等）的包视为邻居。利用邻居包来改善当前包的嵌入表示，并且共享主体越多的邻居的重要程度越高。这里就相当于有两层图，第一层以主体为节点，第二层以包为节点。

图 14-5　包推荐的场景示意图

从上面的几个工作中可以看出考虑图计算的动机是：**当推荐的内容包含的元素变多时（非原子化）就越来越不像标准的推荐，需要考虑图建模**。像上面的包推荐就是这样的，如果把包按照最细粒度的物料来处理，其中的文章和作者、文章和朋友的关系没有建模，就会损失很多信息；反过来，如果想要把这些基本单元的关系梳理清楚，就会想到图计算方法。

还有一个例子是网课，即大规模开放网络课程（Massive Open Online Courses，MOOCs）[94]。这类业务有两个特点：第一是完成率不高，大概只有 5%；第二是每门课的知识点比较散，互相之间的关联没那么强。学生可能只是对其中一个知识点感兴趣而选择了这门课程，如选择了西方哲学史，他只想听亚里士多德那一部分，对其他的就没兴趣了。我们已经讲了太多这种在多个兴趣点中只对一部分感兴趣的问题，已经成了注意力机制和序列化建模的触发器了。现在讲了图计算之后我们可以完善一下之前的规律：**有时序关系选择 LSTM/RNN**[①]**，无时序关系选择注意力机制/图计算**。课程也要看情况，C 语言或数据结构这类课程的序列性强，得先学了前面的知识才能学后面的；但计算机视觉应用这种课，有了基础知识后学习分类、检测、分割等方向就没有那么强的先后关系。

---

① LTSM/RNN 的计算过程遵循从前往后的规律，因此放在有先后关系的序列中更合理。不过这个规律并不是绝对的，MHA 不建模时序关系，但它用在序列建模中效果非常好。

难点篇

前沿篇里介绍的内容都是当下的热点，也有不少里程碑式的工作，它们可以分为两类：第一类是本身已经存在解法的甚至已经做得很好的，从业人员还在继续探索、精益求精，如多任务学习。第二类是立意更高、面向未来的，如图计算及其应用。

但是还有一些问题，它们缺乏很好的解法，甚至可能以目前的技术手段来看无解。这类问题是推荐系统的难点，也是想改进推荐系统就必须面对的问题。在这一篇——难点篇中我们来探讨经过机器学习、深度学习领域大爆发后，仍然困扰着从业者很久、暂时没有太好的解决方案，但又很紧迫的核心问题。

第一个问题是延迟转化，在广告的链条中，转化的步骤很长、反馈很慢，这对模型的预估性能伤害很大。

第二个问题是物料冷启动，为了保证作者的权益，必须把新物料推荐出去，原则上应该推荐新物料中质量高的，但新物料没怎么探索过，在缺乏信息的情况下如何选择呢？

第三个问题是用户冷启动，个人觉得这个问题可以说是推荐系统王冠上的"珍珠"。每一个 App 所建的平台都需要把辛辛苦苦拉来的新用户留住。产品留存率的高低在短期内可以决定平台是否能获得更多日活跃用户数、被更多人知道，从长期来看，甚至可以决定一家公司的发展。

第四个问题是因果推断，这是完全不同于统计学习的方向。统计学习只能解答分布是什么，但不能解答某个因素改变如何导致分布改变。有了因果推断这个"武器"，才能解释决策带来的后续影响是什么。

最后一个问题是长尾优化，内容平台往往不可避免地被热门内容主导，导致 80% 的内容只能拿到 20% 的展现机会。在这种情况下，我们应该如何提高长尾内容的分发效率呢？又应该如何精准地找到喜欢它们的人群呢？

第 15 章
延迟转化

在线学习的宗旨是让模型在最短的时间内响应样本的变化，提升预估效果，但同时在线学习也希望所有的反馈都能在可接受的时间内收到。相比于自然内容推荐，广告推荐的机制更复杂、链路更长、反馈更慢。由于素材本身的行业因素，转化信号的延迟较大，这就与在线学习的期望不符。如果长时间等待反馈结果，可能造成模型的响应慢；反之，如果太早结束，则会"冤枉"很大比例的正样本，造成低估。这是在广告场景下所遇到的进退两难的延迟转化问题。

15.1 转化与广告机制

> ➡ 一个好的投放策略会把风险分摊在平台和广告主身上。

在广告场景中，通常用 CTR 和 CVR 两个指标来预测广告效果。前者预测用户看到广告后是否点击；后者预测用户点击后看到落地页（Landing Page）是否转化。根据广告类型的不同，转化有不同定义，比如在移动应用广告中，转化是下载；在装修广告中，转化是打咨询电话。由于在转化这步才发生广告主需要的动作，因此转化是广告主的核心利益。也就是说，广告要变现，需要经过两步：点击+转化。

相比于 CTR，CVR 因其预估样本更稀疏而预估更敏感，CVR 的预估十分重要，要理解 CVR 的预估为什么十分重要，必须要理解 eCPM（千次展现收益）算法和 oCPM（优化千次展现出价）机制。最初，广告主在投放广告时按照展现来出价，以一千次曝光的花费（千次展现计价）竞争。曝光并不是广告主的核心利益，平台完全可以多曝光，但广告主不一定能获得转化，从中受益。因此广告主希望在竞价时能考虑转化行为，双方各有让步，最后就定了**按照转化出价**、**按照展现收费**的方式，这就是 oCPM[①]。相

[①] 实际上还有很多竞价机制，仅仅按照展现竞价也是一种方式，多种竞价方式都是可选的，目前 oCPM 的占比相对较高。

应地，广告排序的标准也要考虑转化，$eCPM = pCTR \times pCVR \times bid$。这里的 pCTR 表示模型预估的 CTR，bid 表示出价，是广告主愿意为一次转化所出的价格。

当广告排序的标准定下来之后，广告主只给一个转化的价格，如愿意为一次装修的咨询电话付出 100 元。既然要按照展现收费，就应该按照比例折算到展现的费用上计费。直观上理解，如果平均 100 次展现才能发生一次转化，那么为转化付费 100 元就等价于为展现付费 1 元。这个过程其实就是平台将转化的费用通过预估的 **CTR**、**CVR** 变换到展现的出价上再进行收取。这样一来，预估的责任在平台而不是广告主身上（广告主一般没有能力自己做预估，但这件事情并不绝对，有些规模非常大的广告主可以做一部分这类工作）。如果 CTR、CVR 被高估，平台认为 50 次展现就能发生一次转化，算出来的单次收费上升到 2 元，但是直到 100 次展现才真的转化了，此时已经收费 200 元。收的钱会比广告主实际愿意花的钱多，这就造成超成本，广告主会追责；反之，如果低估，凭条认为 200 次展现才能出现转化，这会导致广告在竞价中吃亏，更不容易投放出去，广告主得不到推广效果。因此，估准这两个指标非常重要。

CTR 和 CVR 在反馈及时性上有差别：从用户看到广告到点击的时间间隔叫作点击延迟，类似地，从用户点击结束到转化的时间间隔叫作转化延迟。不过，点击延迟很短，往往可忽略，转化延迟却很长。点击与否是能很快判定的，也能很快得到反馈；而转化与否是不能很快判定的，更不能在短时间内得到反馈。正如我们在 3.6 节中提到的一样，游戏下载可能受到网速慢的影响，虽然下载指令很早发出，但几个小时才下载完；买东西钱不够，或者支付方式遇到问题，腾挪、借钱或等一段时间后才购买。推荐广告是在线学习的，需要实时训练，具体来说是一个样本拼接的逻辑：设定某个窗口，等待固定时间，判断某次请求是否发生正行为。如果发生，则样本为正样本；反之，则为负样本。从这个逻辑中可以看出，设定的窗口肯定是较短的，不可能无限等待一个请求最后是否转化。很有可能某个样本其实会转化，但因超出了窗口大小的限制而被遗漏，现有的逻辑只好把它当作负样本。这样正样本的数量减少，最终会低估 CVR。在所有最终转化的样本里 CVR 与曝光天数的关系图如图 15-1 所示。

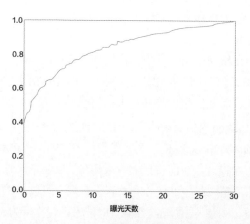

图 15-1　在所有最终转化的样本里 CVR 与
曝光天数的关系图

在现实场景中，发生延迟的比例以及延迟的程度都比想象中要高很多。

图 15-1 所示为 Criteo 公司在业务场景下统计的比例，1 天内就能完成转化的请求只占

40%，足足等待将近 30 天才能 100%完成转化。如果时间窗口设定得太短，可想而知会造成多大的问题。我们把这个问题简称为延迟转化问题。

15.2 转化的分解

➡️ 没有转化的原因分解为：①在可等待的窗口内没出现（观察意义上）；②确实没转化（最终意义上）。如果对转化自然到来的时间进行建模，就能细化行为，得到更准的估计。

在延迟转化问题上，"Modeling Delayed Feedback in Display Advertising"[95]文章算是分水岭，它做了以下两个意义上的细分。

（1）将转化细分为最终意义上的转化和观察意义上的转化。前者不考虑等待窗口的影响，而后者仅考虑在等待窗口里看到的现象。因此，若一个样本在等待窗口外转化了，那么是在最终意义上有转化，而在观察意义上无转化。

（2）将观测意义上无转化的原因细分为在最终意义上不会转化和超出窗口等待限制两个方面。

具体来说，我们把观测结果表示为 Y，若它等于 1，表示在窗口内观测到了转化，反之则是在窗口等待期内没有看到转化。但这只在训练阶段对样本进行区分，在预测阶段想知道的是，在最终意义上会不会转化。如果在最终意义上会转化，那还是会为广告主带来收益的，排序时应该排出。把最终意义上的转化表示为变量 C，从点击到转化之间的时间间隔表示为 D，窗口的等待时间为 E，输入特征为 X，那么以下两点是很好理解的。

（1）若 $Y=0$，则 $Y=0$ 是 $C=0$ 或 $D>E$ 造成的，反之亦然。

（2）若 $Y=1$，则 $C=1$。

我们在训练样本中得到的是 $\Pr(Y|X=\boldsymbol{x}_i,E=e_i)$（小写的都是具体样本，下标是序号），而我们希望得到的是 $\Pr(C|X=\boldsymbol{x}_i)$。把"如果最终会转化，延迟的时间有多长"建模为一个指数分布，那么可以把 $Y=0$ 的两种情况拆开，一种是本质上就没转化，另一种是本质上转化了，但是延迟超过窗口等待时间了，即

$$\Pr(Y=0|X=\boldsymbol{x}_i,E=e_i)=\Pr(Y=0|C=0,X=\boldsymbol{x}_i,E=e_i)\Pr(C=0|X=\boldsymbol{x}_i)+$$
$$\Pr(Y=0|C=1,X=\boldsymbol{x}_i,E=e_i)\Pr(C=1|X=\boldsymbol{x}_i)$$

$\Pr(Y=0|C=0,X=\boldsymbol{x}_i,E=e_i)$ 其实就等于 1，而 $\Pr(Y=0|C=1,X=\boldsymbol{x}_i,E=e_i)$ 这一项就是延迟超过了窗口等待时间的情况，按照指数分布从窗口边界开始积分可以得到，所以一共使用了两个模型：一个用于预估 **CVR**，另一个用于预估转化延迟。

上述方法固然有很漂亮的设计，但"转化延迟为指数分布"仍然是一个假设。非参数延迟反馈（Nonparametric Delayed Feedback，NoDeF）[96]指出这种假设不一定成立，根据实际场景不同，延迟时间会有所变化。NoDeF 借助生存分析来看待延迟时间的问题，最终利用混合高斯分布生成一个没有直观解析式的分布。

此外，转化和延迟时间的模型都是很简单的模型结构，如逻辑回归模型，到了近几年自然可以由更复杂和先进的 DNN 来建模。京东在 2020 年的 IJCAI 上发表了一篇名为 "An Attention-based Model for Conversion Rate Prediction with Delayed Feedback via Post-click Calibration" [97]的文章，用 DNN 建模延迟转化的流程结构如图 15-2 所示。

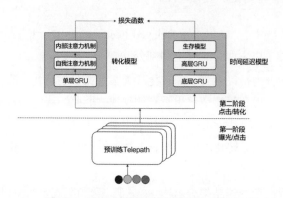

图 15-2　用 DNN 建模延迟转化的流程结构

在图 15-2 中，左边是转化模型，右边是时间延迟模型。两个模型共用了两种输入的拼接，一种是物料的图像嵌入，另一种是对应类别的嵌入（已经从独热码转换好了）。图 15-2 中的蓝色框为用户相关部分，在用户的行为序列中，每一项都是图像和类别嵌入的拼接。用户信息首先经过单层 GRU，接下来的表示是用 MHA 得到的，即得到 Q、K、V 的输入是高层 GRU 的输出。最后的内部注意力机制指的是将物料和用户的最终表示拼接起来，再经过全连接层做变换。

15.3　其他角度

> ⬧ 从样本权重出发的操作类似位置偏差，虽然延迟转化的推导和探究的内在原因很复杂，但最终得到的操作却很简单。

对于延迟转化问题，以上方法不管是假设分布，还是按参数学习分布，都要优化两个模型。这和之前讲位置消偏那里存在类似的问题：即使延迟转化问题是重要的，但多训练一个模型是值得的吗？有没有更简便的方法呢？

答案是有，延迟转化可以看成一个正样本和无标记（Positive sample and Unlabeled，

PU）学习[98]的问题。所有在观测窗口内转化了的样本都是已标记（用 $s=1$ 表示）且为正（$y=1$）的，即正样本，而剩下的所有部分都是无标记样本，由此得到以下两点性质。

（1）我们想得到的结果为 $\Pr(y=1|\boldsymbol{x})$，但我们观测到的结果为 $\Pr(s=1|\boldsymbol{x})$。

（2）显然，$s=1$ 必然意味着 $y=1$。

首先做出一个假设，一个真正能转化的样本被标记的概率是完全随机的，和输入特征 $\boldsymbol{x}$ 无关，即

$$\Pr(s=1|\boldsymbol{x},y=1)=\Pr(s=1|y=1)=c$$

对于 $\Pr(s=1|\boldsymbol{x})$，根据上面的性质有

$$\begin{aligned}\Pr(s=1|\boldsymbol{x})&=\Pr(y=1,s=1|\boldsymbol{x})\\&=\Pr(y=1|\boldsymbol{x})\Pr(s=1|y=1,\boldsymbol{x})\\&=\Pr(y=1|\boldsymbol{x})\Pr(s=1|y=1)\end{aligned}$$

其中第 2 个等号的依据是贝叶斯公式，第 3 个等号利用了上面的假设。这样一来，$\Pr(s=1|\boldsymbol{x})$ 和 $\Pr(y=1|\boldsymbol{x})$ 之间其实就差一个固定的系数 c。基于观测到的数据训练出来的分类器其实拟合的是前者：

$$g(\boldsymbol{x})=\Pr(s=1|\boldsymbol{x})$$

想要得到 CVR 的预估，就需要知道这里的系数 c。

有 3 种做法可以得到关于 c 的估计，本书介绍其中一种。建立一个验证集，并且从其中获取多份正样本的子集 P，在每一个子集中都存在如下关系：

$$\begin{aligned}g(\boldsymbol{x})&=\Pr(s=1|\boldsymbol{x})\\&=\Pr(s=1,y=1|\boldsymbol{x})\Pr(y=1|\boldsymbol{x})+\\&\quad\Pr(s=1,y=0|\boldsymbol{x})\Pr(y=0|\boldsymbol{x})\end{aligned}$$

这是根据全概率展开得到的，这里的 $\boldsymbol{x}\in P$，即全是正样本，所以后面半项都是 0，同理 $\Pr(y=1|\boldsymbol{x})$ 恒为 1，因此就剩下一项 c 了，即在子集 P 内分类器的输出就是 c。实际做的时候，可以多采样几组进行平均，也可以考虑采用先负再正的方式。Twitter 发表在 RecSys 2019 上的 "Addressing Delayed Feedback for Continuous Training with Neural Networks in CTR prediction" 文章中[99]就是这么做的，其整体的核心思路是，先将所有样本都当作负样本训练，等它转化时，再补一个正样本。把观测到的分布记为 b，而真实的分布记为 p。$\boldsymbol{x}$、y 仍然表示样本特征和标签。文章中做了以下两个假设。

（1）$b(\boldsymbol{x}|y=0)=p(\boldsymbol{x})$，即观测到的负样本在特征上无偏，和全局的分布是一样的。

（2）$b(\boldsymbol{x}|y=1)=p(\boldsymbol{x}|y=1)$，即对于特征来说，正样本在采样上是无偏的。

有一个简单的逻辑是 $b(y=0) = \dfrac{1}{1+p(y=1)}$，如何理解呢？注意我们在上面说的后来实际的正样本，一开始先有一个负样本，转化了还有一个正样本。也就是说，**这类样本会出现冗余的一正一负两种样本**。设正样本有 p 个，负样本有 q 个，那么我们一开始总共观测到的负样本就有 $p+q$ 个，即

$$b(y=0) = \frac{p+q}{p+p+q} = \frac{1}{1+\dfrac{p}{p+q}} = \frac{1}{1+p(y=1)}$$

根据贝叶斯公式：

$$b(y=1|\boldsymbol{x}) = \frac{b(y=1)b(\boldsymbol{x}|y=1)}{b(y=1|\boldsymbol{x})b(y=1)+b(y=0|\boldsymbol{x})b(y=0)}$$

把上面的 $b(y=0)$ 代入上式（用 1 来减 $y=1$ 的这部分），化简后得到 $b(y=1|\boldsymbol{x}) = \dfrac{p(y=1|\boldsymbol{x})}{1+p(y=1|\boldsymbol{x})}$，相应地，$b(y=0|\boldsymbol{x}) = 1-b(y=1|\boldsymbol{x}) = \dfrac{1}{1+p(y=1|\boldsymbol{x})}$。那么可以直接得到

$$p(y=1|\boldsymbol{x}) = \frac{b(y=1|\boldsymbol{x})}{1-b(y=1|\boldsymbol{x})}$$

这就是伪负样本的校正方法。

除了样本权重，其实还可以把转化的预测变成一个多任务问题[100]，其核心思想是，**把转化的延迟精细地建模到每一个桶里，如预测它是延迟一天，还是延迟两天，还是永远不会转化等**。那么除了最后一个桶，前面的本质上都是正样本。

如果要做一个能预测延迟时间的模型，要求是比较高的，而且很难避免对分布的强假设①。更容易的做法就是分桶，模型只预测转化是否处在某个时间范围内。在这种做法下，"第 1 天转化""第 2 天转化"都是独立的，最后可以把这些小桶都加起来判断是否转化。降低了对模型的要求，就有理由相信拟合会变得更简单。

但是直接这样做会降低正样本的比例：本来正样本就少，分桶之后，在每一个具体的时间段内转化的数量更少，与此同时，负样本却没有受到影响，导致二者比例悬殊。为了解决这个问题，文献[100]使用了新的方式编码标签，第 1 个桶的含义为在等待时间 M 前会不会转化，第 2 个桶的含义为第 1 天到 M 间会不会转化等。

---

① 比如我们在前面的"Modeling Delayed Feedback in Display Advertising"中看到的指数分布假设。

第 16 章
物料冷启动

在推荐系统快速发展的今天，如果说还有什么问题是很难解决的，那么冷启动一定是最大的那个。新出现的物料/用户没有和其他大量的物料/用户交互过，我们对其的判断很有限，其看起来很"冷"，因此叫冷启动，就好比不认识的人在一起容易冷场一样。面对新对象时，由于不能轻易地得到用户对新对象的真值，所以必须得执行探索过程，同理，必须得经过冷启动过程，而这个时间段预估不准的问题就称为冷启动问题。冷启动可以分为物料冷启动和用户冷启动，它们出现的原因一致：缺乏信息。但它们又有区别，随着深度学习引发了内容理解和工具进步，物料冷启动的发展已经慢慢领先用户冷启动。

16.1 "多模态之石，可以攻玉"

> ↟ 出现物料冷启动的核心原因是前期没有足够信息，无法判断物料的性能与潜力。
>
> ↟ 多模态特征是解决这一问题的重要方案，但是优化细节还需要时间。

在推荐平台上，每天产生无数的新内容。根据我们之前的讨论，在推荐系统中无法避开探索过程得到真值，所以在初始阶段难以判断其性能与潜力。当同一批新物料出现时，高潜力的物料和劣质的物料混杂在一起，需要尽快将高潜力的物料选出，然后择优分发，否则会降低分发效率甚至伤害平台口碑。推荐系统所依赖的 ID 类特征及嵌入需要随着训练的进行不断学习、记忆，直到慢慢收敛。在学习的过程中，模型对新物料的预测能力会弱于已经成熟的物料，导致新物料的分发效率不高。

这就是物料冷启动的问题所在，即一个新物料需要足够多的反馈信息，其性能才能被清晰地辨别出来。如上所述，ID 类特征在前期无法发挥作用，而其他特征如类别、生产方等信息的个性化程度很低，也难以发挥决定性作用。

其实，物料本身的内容，如标题、图像、视频是不变的。**它们能在任何阶段都准确地描述物料的一部分属性**，我们把这类特征统称为多模态特征。比如，对于博客平台，自然语言方面的语义提取能力就非常重要；对于短视频平台，对视频本身的理解则十分关键。直观上很容易想到利用深度学习中提取图像、文本的强大武器——CNN/LSTM 来得到特征表示，然后将其放入推荐模型就可以弥补 ID 类特征的缺陷。例如，阿里巴巴的 "Image Matters: Visually Modeling User Behaviors Using Advanced Model Server"[101]一文对请求所涉及的图像经过 CNN 计算出特征后，和其他特征进行嵌入拼接，一起通过 DNN 输出预测结果，如图 16-1 红框所示的位置。

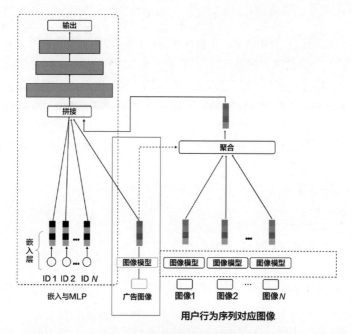

图 16-1　把图像信息用在推荐中

其方法是将图像经过 CNN 提取的特征和其他特征进行嵌入拼接，直接输入 DNN，即多模态特征作为特征的一部分，这是内容信息在广告侧的使用方法。文章对用户行为序列也做了建模，进而将内容信息转移到了用户侧。原本用户行为序列是点击过的物料 ID 列表，现在可以变为点击过的物料的图像嵌入的列表。那么原先用户行为序列的融合方法就可以照搬到现在的图像嵌入上，直接求和或做注意力机制都可以。

结合内容信息理解的算法比较直观，但难在工程上，要说明的是，从短期来看，直接把 CNN 融合到推荐网络里端到端（End-to-End）训练是不可行的（如文章中的 AMS 部分），因为 CNN 的算力消耗比一个简单的 MLP 大太多了。想要 CNN 和推荐网络一起训练，整个模型根本消化不了实时传来的海量数据。为了处理这个问题，有的地方可能会做异步化处理，即允许二者的更新频率不同，如推荐的部分正常迭代，为 CNN 部分加一个队列，来得及更新的就更新，来不及更新的就丢弃。这种做法不影响原先推荐部分的训练与部署，但是二者的速度既然差得这么远，CNN 和静态不训练也没区别了。

比较实际的方法是**事先计算每个物料对应的图像嵌入，存起来，直接用类似 Redis 这样的键-值存储结构去现场查**。那么 CNN 的计算会发生在物料通过审核时，而物料自然消亡时把嵌入从 Redis 里删除即可，在用户行为序列里建模也是类似的。存储的部分是外接的，不接受梯度，纯粹提供信息使用。还有更加简洁的替代方案，就是事先准备一大批图像嵌入做聚类，新的物料创建后，根据图像信息算出对应的聚类中心 ID，把这种 ID 看作普通特征。这个做法的缺点是随着时间的推移，平台整体的风格可能会变化，不更新的聚类中心会慢慢失去作用。

考虑工业实践，外接固化嵌入是性价比最高的，但外接什么样的嵌入是个问题。一方面，现成 CNN 的网络输出一般是如 4096 维和 1024 维的输出特征，其他特征普遍在 64 维及以下，图像信息使用得太大，网络无法负担。另一方面，在 MLP 的输入中，某个特征的嵌入越长，它就越占据主导地位，可是图像信息的个性化程度不是太高，也不应该占据主导地位。综合这两点，实践中提取图像特征的网络一般是重新训练的低维度输出网络。另外，如果拿 ImageNet 预训练的网络来提取特征，提升肯定不会太高。ImageNet 是一个分类目标的数据集，与推荐场景的侧重点并不同。想要让 CNN 感知推荐目标，可以在线下把 CNN 和推荐模型连起来，以端到端的方式训练一段时间。接下来固定 CNN 的参数，只把它当作特征提取器就行。

从原理上来分析，加入了图像信息的精排模型的冷启动性能是否提升了？设想在当前的内容池中有一个关于山水画的介绍，它获得了很多好评，已经成为平台上的热门内容。现在出现一个新物料，也是讲山水画的，其风格和前面那个物料相似，从人的角度大概可以判断它们的表现应该差不多。此时由于它们在图像上相似，CNN 算出的嵌入也会相似，所以推荐系统就可以提前判断后面的内容也会获得不错的反响，前期就可以分发得更多些，快速帮它成为热门，提高效率。这就是所谓的**深度学习特征存在泛化性**。图像嵌入实际上补充了**物料 ID 的作用**，在前期，ID 特征不够可靠，模型依据图像嵌入判断物料大致的性能表现。新物料虽然风格类似，但总会有自己独特的地方，随着训练进行，这些表现都记录在 ID 特征里。到了后期，ID 特征已经成熟，推荐系统再根据它的特征来"利用"就好了。在这个过程中物料借助"前人"的力量快速度过了冷启动时期，只要之前已经探索过的物料足够丰富多样，新物料就总能找到"参考模板"，物料冷启动的问题就可以得到解决。

上面的方法仅使用图像特征，若引入文本、语音，道理也是类似的。当同时引入图像、文本等多种特征时，会有匹配的问题，即两边说的描述不融洽，综合表示没有效果。为了体现这一点，可能要把两边的特征投影到某个公共空间中，如何判断多模态的特征是否匹配呢？ "Multi-modal Dictionary BERT for Cross-modal Video Search in Baidu Advertising"[102]文章中提到的方法是，一个（经过审核或人工判定）合格的视频，其中的标题和图像是融洽的。将不同视频的标题、图像打乱组合，进行训练，驱使打乱前的融洽度好于打乱后的，以度量学习（Metric Learning）的方式训练。通过类似的做法，我们可以得到同一个公共空间下的多种数据源的综合表示。

使用深度学习的特征虽然在事实上提高了模型的泛化性能，但其表现并不完美，主要受到两个因素的制约。

第一个制约因素是，深度网络的特征现在还不是特别成熟，以视频为例，常见的做法是在视频中抽帧，然后合起来送到 3D 网络中。但是细节问题很多，是均匀抽帧还是按照关键帧抽帧？如果均匀抽帧，可能会错过很多信息，如恰好在镜头过渡时采样。如果按照关键帧抽帧，每个视频的信息量不一样大，关键帧个数不一样多，平均起来很容易丢失信息，挑选哪些送进网络也是个问题。总结来说就是**难以完全覆盖视频内容**。

第二个制约因素是，内容空间和推荐空间并不匹配，推荐模型的嵌入分布和 CNN 计算出来的嵌入分布并不一致，需要视情况处理。比如 CNN 最后的特征图大概分布在 0～20 的尺度，然而推荐模型中特征的嵌入可能是一个更小量级的均匀分布。如果分布调整得较为融洽，多模态特征就能提升推荐模型的能力，反之则可能会变成阻碍。

16.2 预排序向左，个性化向右

> ♦ 从召回到精排再到曝光是个性化增强的过程，想要加入一个个性化不强的模型，就应该将其放在前面。
>
> ♦ 比训练好模型更重要的一件事是知道在哪里放一个模型。
>
> ♦ 如果能解决冷启动问题，不管物料多"冷"，一定有一些信息不"冷"，这个信息就是物料本身的内容。

处理物料冷启动问题时，把多模态特征放入推荐模型是一种选择，这种做法可以归纳为修补现有透出漏斗。其实还有一种选择，那就是直接用多模态信息来训练模型，并把它直接当作一个环节放进推荐系统里，即补充一个漏斗。这里介绍"What You Look Matters?: Offline Evaluation of Advertising Creatives for Cold-start Problem"[103]。

通过之前的讲解，我们已经知道物料冷启动很难避免探索的成本。当新的广告出现时，会分配一个新的 ID，那么对排序模型来说，它的表现暂时难以预测，所以会排得比较不准。但是要注意，这里的不准是在强个性化的需求下说的，对于广告素材[1]，有没有弱个性化的标准呢？举个例子，现在同一个广告组中有 10 个素材，无论哪个转化对广告主来说都是一样的。之所以准备了 10 个素材，是因为不确定哪个素材最好。在这 10 个素材中，前 5 个素材之间互相比较是"仁者见仁，智者见智"的，每一个素材都有人觉得是最好的；而后 5 个素材则是公认的差，所有人都同意前 5 个素材的质量要好于后 5 个素材的质量，即前 5 个素材中任何素材的质量都好于后 5 个素材中任何素材的质量。在这个例子中，前 5 个素材间的比较必须在强个性化条件下（具体到某个人）得出，而前 5 个素材与后 5 个素材的比较在弱个性化条件下（所有人一致同意）就可比。我们不要求广告素材中的区分度如此明显，如果大多数人都认为前 5 个素材比后 5 个素材好，我们就没必要曝光后 5 个素材了。如果存在一个模型能够先把前 5 个素材和后 5 个素材区分开，那么是不是就可以降低后面环节强个性化排序的难度呢？

前提必须要确认清楚，从内容层面上说，广告素材是否存在比较清晰的"好"和"不好"的差别？两组创意的比较如图 16-2 所示。

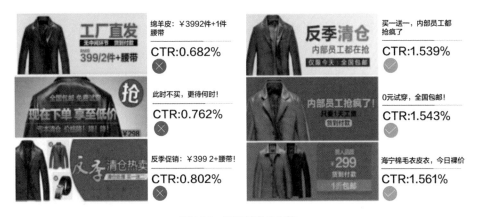

图 16-2　两组创意的比较

这两组创意都是夹克类的，右边商品的 CTR 都高于左边商品的 CTR。左上角第 1 个素材，黄底配蓝字，显得有点扎眼。左边第 3 个的"反季"两个字虽然换了字体，但是完全没起到吸引注意力的作用，这个字体反而容易让人看不见，而右边的创意看起来就舒服很多。这里的 CTR 是累积了很多用户反馈的平均值，从这些观察中我们可以得出结论：**广告素材的质量在非个性化的角度下是可比的，并且可以从内容上反映出来**。这是第 1 个启发。

---

[1] 本书中"素材"等于"创意"，指的是具体广告展现的画面、音效的融合体。同一个广告组可能有多个素材，它们为同一个目标服务，竞价时的出价也相同。

然后重新审视排序中从召回到粗排再到精排的链路，这是个性化逐渐增强的过程。召回模型要处理的候选是最多的，其受到资源的约束，建模必然简单，它想做强个性化很难；而精排模型最复杂，它要预估的候选最少，所以有空间输出高度个性化的决策。对于新广告，想要在个性化非常强的精排附近做事情，必然是困难的。所以反过来想，是不是可以在个性化比较弱的召回附近做事情呢？这是第 2 个启发。

综合两个启发就有了一个想法：在召回之前（启发 2）做一个预排序模块，它会从素材本身内容出发来进行非个性化（启发 1）筛选。

这就是广告创意预评估模型（Pre Evaluation of Ad Creative model，PEAC）的一个动机，如果这个环节排得还算准确，那么后面粗排、精排选择的难度就大大降低，到了在线上展示新广告时，有机会展示出一个很好的广告，增加整个系统的收入。另一个动机是，**目前的广告数量本来就在飞速膨胀**，有一种新的模式叫作程序化创意。以前广告主要把图片+标题+视频完全组合好，这样才算一个素材；而在程序化创意中，广告主只需要单独上传一套图片、一套标题和一套视频，由系统自行组合寻找最优的创意。程序化创意自动组合的机制无疑提供了更高的效果上限：最佳的组合可能是视频 A+标题 a，然而广告主原本只提供了视频 A+标题 b，以及视频 B+标题 a，现在系统帮他进行所有视频+标题组合的探索，就能找出效果最好的组合。然而，程序化创意也带来了素材数量的指数级增长。如果允许如此多的素材都涌入后续的召回等环节，那么会给系统带来极大的负担。大量膨胀的创意也降低了探索的效率，虽然上限是提高了，但没有好的处理手段，完全可能带来反效果。

到这里，要做什么就清晰了：在召回之前新加一个模块，仅依据素材的内容来排序。PEAC 的流程示意图如图 16-3 所示。

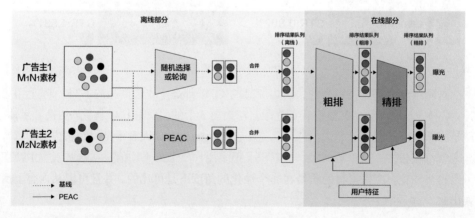

图 16-3　PEAC 的流程示意图

虚线表示基线，多个广告主分别组合完成他们的创意后，通过随机选择或轮询的方式（全部进是不可行的，系统无法承载）选好候选，一起进入后面的召回、粗排、精排等环节。浅黄色表示的是线下非个性化部分，红色表示的是线上个性化部分。而在 PEAC 的流程中，每个广告主的素材候选都会先排好序，每个广告选择前几个素材一起融合进后面的环节。要注意 PEAC 排序的对象是同一个广告组下的不同素材，对广告组或广告主粒度不做选择。举个例子，某款球鞋的广告，我们只区分一个有明星出镜的素材和一个没有明星出镜的素材哪个好，但不区分球鞋广告和夹克衫广告哪个好，原则上保证每个广告主都有机会。

在这个方案中，很重要的问题是广告非个性化层面的优劣怎么定义。既然模型放弃了个性化，那也就不必按照展现样本级来训练了，而是按照聚合的标注来训练。我们的设计是**累计两个创意在排序模块中的胜负关系**，在一次请求中，如果属于同个广告的两个创意 A、B 都出现在精排队列中，就形成一次有效关系。哪个排在前面哪个的得分就加 1，累加很多次请求后的结果就可以得到两个素材的优劣关系，使用按"对"的方式（Pair-wise）训练。但不是所有"对"都会留下来，也要考虑一些筛选条件：①在胜负关系中，两个胜出数的差值差异明显，或者比值差异明显的才会保留；②双方的曝光数都必须足够高，防止有偏的样本混杂其中；③CTR 过高的样本会被移除，这些素材可能是"标题党"或存在作弊行为。

本质上，PEAC 提高了探索效率。它把大概率好的素材排在前面，而把差的素材拦在系统外面（比如排在前 10 的素材才能进入召回）。这样线上有限的展示机会会留给那些好的广告，因此这套方案在线上提升了 CTR 和收入（当然，既看平台的收入，也看广告主的利益）。不过模型预测得再准确，也不能 100% 信任，还需要有素材的退场机制，在线上实时观察素材的性能指标，如果发现某些素材的表现明显低于其他素材的表现，就把它们清除掉，把预估队列中排在后面的下一个放进召回中，如此循环。在个别广告中，我们会发现经过最终验证后效果较好的可能一开始并没有排在前面，由此可见该机制弥补了模型的缺陷。

需要指出的是，PEAC 是一个改善物料冷启动问题的方法。它在建模时输入的都是内容信息，并且学习不同画面的制作、标题对素材质量的影响。当新广告出现时，它就可以参考之前学到的知识进行判定。在 16.1 节和本节，我们一直把多模态特征当作物料冷启动问题的"救星"，因为无论一个物料自身和它的 **ID 特征有多"冷"，它本身的内容描述都不会"冷"**。不管是什么特征，只要它不"冷"，都可以改善物料冷启动问题。

PEAC 还可以在防作弊方面发挥作用。广告主由于技术或预算原因很少优化素材质量，而是寄希望于系统的随机性，相信换一套 ID 可能效果不一样，然后不停地复制创意。PEAC 对这个问题是有改进的：广告主复制了素材之后，即使 ID 变了，内容没变，在 PEAC 看来就是没变。之前效果不好的素材，在 PEAC 这里还是不能过关；之前效果好的，更能一路畅通地到后面环节。这对于系统减除素材冗余（降低负载）、增加收入都有很大的意义。

16.3 流量分配,"普度众生"还是"造神"

> ⬇ 从冷启动阶段到某个固定曝光数之前,物料的正反馈比例对未来的曝光量有决定性作用。
>
> ⬇ "造神"是可选项,普惠是必选项。

16.1 节和 16.2 节主要从模型优化的角度出发来介绍物料冷启动问题的解法,而本节从生产者的角度,以及生产者和平台的关系来讨论。首先要明确一点,虽然模型对冷启动物料采用了多种改进方法,已经在尽量保护它们,但这种程度的保护仍不足以让它们和老物料,尤其是热门物料公平竞争。换句话说,即使把所有改进点都加上,将两种物料放在一起让精排模型排序,精排模型还是大概率会把老物料排在前面。这也是我们之前说过的,排序模型偏利用。为了保证新物料能曝光,需要做一些保护措施让系统延续活力。

典型的方法有两种,第一种是在每个环节都放两个队列,一个队列放老物料,另一个队列放新物料,如图 16-4 的左图所示。上面代表老物料,下面代表新物料。在粗排这一步,使用同个模型在两边分别排序,然后各自分配额度(老物料 3 个,新物料 2 个)进入精排。精排对两边分别排序后,对新物料可以加权,此时再对比两边的结果,取 Top-K 输出。在这种做法下,模型并不会有太大的负担,在靠前的环节,新物料都会受到保护。

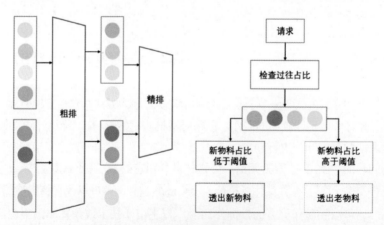

图 16-4 对新物料的两种保量方式

第二种是按照流量划分,如图 16-4 的右图所示。比如我们希望一定要有 10% 的流量给新物料,那么在每个请求到来时都统计之前所透出物料的占比。如果一个窗口内的新物料占比低于阈值,这次就透出新物料,或者增加新物料的排序权重(新物料的权重在成功透出新物料之前都会累积,到一定程度就必然透出新物料),反之就降低。

在实际情景中，上面的两种做法并没有互斥关系。原则上，平台应该给每一个作品都分配至少一定量的曝光机会。但大家也可以理解大平台上的流量总是很紧张的，因而从生产者的角度来说，抓住前期的机会是很关键的。按照我们对精排特点的分析，冷启动阶段出现正信号很关键，如"小编体"，相信近年来读者或多或少都在某些地方见到过类似的句式"××是什么，××是谁？××是什么意思，出自哪里？今天小编就来帮助大家了解一下××到底是什么。××大家都在说，很多人也都在查找××的含义和出处。如果有知道的同学，请在下方留言；不知道的同学，也可以留言询问小编"。这就是一句废话来回说，这种内容几乎每一个点都在往提升流量的方向"作弊"，我们来一一分析这么做能达到哪些目的。

（1）首先，标题"画了个很大的饼"，如尼斯湖水怪、UFO，总之就是各种没有定论，又引人好奇的事情，也就是平时所说的"标题党"，吸引读者点进来看，在这一步保证了 CTR。

（2）其次，废话的篇幅很长，读者一看全是废话就往下滑，以为下面有正常内容，滑着滑着到底了。读者不以为意，然而在系统眼里这就算一次完整阅读，完整阅读/完整播放毫无疑问都算正信号。

（3）最后，"请在下方留言"也是个陷阱。可能有读者看完了一整篇废话特别不开心地在评论区批评，以为系统会整治。然而在系统眼里，评论数加 1，又是一个正信号。

如果系统没有完善的处理制度，积攒了这么多正信号，在冷启动阶段这类物料完全算得上是"明日之星"。虽然这是一个反面教材，但是从中也能看出冷启动阶段的正信号多么宝贵，很多普通用户也会请亲朋好友来转发、点赞、评论，这都是为了在前期获取很好的正信号数据。

系统的这类特性还催生了一门生意，有的平台上会出现"发车群"。进群的人会定期发布他们的作品，然后由群内的人点赞、转发，互相制造正信号。这样的关系不仅对冷启动有干扰，还会对建立社交关系有影响。平台在建立社交关系时，可能会假设互动密集的人为朋友，然而这些人没有社交关系。不过以上两种情况一定会被平台识别并处理，与其费尽心思想左道旁门的手段，不如把更多精力花在提高作品的质量上。

上面介绍的两种方法，本质上都是对新物料进行"保量"，只不过前者在单次请求的粒度上分配额度，后者在多次请求的粒度上分配额度。根据分配出的定额流量不同，平台的特色也不同。如果每个新物料获取的流量高，那么平台更偏向普惠型，也可以说是私域流量。反之，多余的流量并不会被浪费，而是集中在那些热门内容上，这样就更容易"造神"，被称为公域流量。如果平台分配的流量是集中型的，中、尾部生产者就要格外小心，因为流量是很宝贵的，如果你的流量有特异性，就要选择窄一点的消费群体。广告主在投放广告时，一般可以选择人群和时间，最常见的逻辑就是，如果你卖游戏卡带，在定向时就不要选中老年人了，如果你卖的东西转化链条很长，那就应该尽量避开工作时间（防止用户因为烦琐的操作而退出）。如果没有进行很好的定向，就会有很多流量被浪费掉，系统推送一些不合适的用户，它只要完成它的任务就行了。如果在流量额度到了时正信号还很少，那么一个在冷启动阶段不太理想的广告，在后面想要获得大量曝光还是有相当难度的。

虽然我们说平台有"普度众生"和"造神"两种风格，但只有后者是可选项。平台无法绝对得不普惠，否则创作者看不到希望就会大量流失，但是普惠政策会留下一个漏洞：普惠政策无法辨别关联作者。当一个作者已经很红，红到普通用户几次刷新就出现一个他的作品，这时流量肯定是要被限制的，无论从多样性考虑还是从平台利益的角度考虑。但作者对现状仍然不满足，可能会创建很多小号，作品都是经过自己授权的。由于普惠政策，小号还能获得一些流量补贴，如果能争取到更多的用户，自己的个人品牌还能再上一个台阶[1]。之前讲的广告创意复制也是这样的，对于新 ID，总归还是要分配一定流量的，所以在以内容为主的排序模块引入之前会被钻空子。

从这个角度来说，平台和生产者也可能是对手，双方处在一个不停博弈的情境中。这是时代变化下的必然，在早期网络能力不发达时，生产者和消费者都很少，此时的生产者往往是权威。到了移动互联网前期，消费者大量增长，对优质内容的需求日益强烈。现在我们称之为自媒体时代，人人既是消费者，又是生产者。由于各平台也在进行赋能，让更多的人以更简单的方式成为生产者，于是就产生了现在的"挤对"。在短期内的未来，处理生产者和平台的关系会是一个重要且令人头疼的问题，这也可能是未来几年推荐系统主要优化的方向。

---

[1] 即使分配的流量见顶，用户一上来就点关注然后进入作者主页，这种也是没有上限的。更有甚者，在小号作品评论里@大号账号名来引流。

第 17 章
用户冷启动

与物料冷启动相比，用户冷启动更难一些：现在连内容信息都无法借助了，毕竟没有什么好方法来直接描述一个人。因此，在用户冷启动的前期只好转向模型鲁棒性，用元学习来增强模型对未见过样本的预估能力。可是鲁棒性和个性化往往不可兼得，同一个模块能专注的范围是有限的。为了解决这个问题，POSO 从分化的角度提出子模块的简化组合，让一部分模块专注新用户，另一部分模块专注老用户来同时保留鲁棒性和个性化。不过 POSO 针对的也不是新用户安装好 App 的前几次刷新，相反，这段时间内的分发应该由数据找出的精品池来承担。

17.1　元学习，对模型拔高的要求

- 元学习是冷启动中的一大类做法，其核心思想是让网络变得鲁棒，因此在信息很少时也能获得不错的结果。
- 但变得鲁棒并不是没有代价的，鲁棒往往会牺牲个性化。
- 元学习的本质是对模型提出更高一个层次的要求。

既然有物料冷启动，那自然就有它的对偶问题——用户冷启动。接下来，我们要接受用户冷启动的考验。用户冷启动问题堪称推荐系统里的顶级难题，如果这个问题被很好地解决了，整个领域将会发生翻天覆地的改变。我们可以先定义一下什么是用户冷启动：新用户到来时，由于缺乏信息，系统对他们难以做到准确分发从而引起的流失问题。这个问题有多难呢？在 App 遍地都是的当下，想要推出一款新产品必须在各处寻找投放广告的机会，如社交平台、手机应用商店等，这就产生一笔花费。当有用户感兴趣下载后，进入产品内部，一般不会发现该 App 提供的功能有什么革命性的变化（有革命性变化的在历史上并不是没有，但这样的例子太少了），此时往往以现金激励的形式给他好处，让他继续用下去，这就产生另外的花费。可再好的产品也有流失率，如果用户最终依然流失，这些钱就相当于白花了。一般产品在这方面的花费是

一个很大的数字，所以对于推荐系统来说，从功利角度来讲，做好用户冷启动有两方面作用：其一，新用户留存高的产品才有可能成为爆款；其二，留存每提升一些，想要获得一定日活跃用户数的花费就少一些，就能为公司省去相对应的费用（逻辑和在模型压缩那里提过的是一致的）。

相对于物料冷启动，用户侧面临的缺乏描述的问题更加严重，新来的用户是什么样的人？他的爱好有哪些？我们一无所知。多模态特征能缓解物料冷启动，这里却用不了，用户没有多模态特征。从产品层面上缓解这个问题会加入问询，如新浪微博如果很长时间没有登录，它就会建议你重新选一次兴趣点，还会推荐一些用户问你要不要关注。这是个很好的方法，但覆盖率很低，绝大多数用户会选择直接跳过。

在机器学习领域中，一旦出现信息缺失，研究者们下意识的反应就是"防御"，从模型的角度说就是增加鲁棒性。在用户信息充足，系统了解得比较多时预测结果比较好，但同时可能会对某些特征产生"依赖"，过于信赖这些特征（过拟合）。当新用户不能提供这些特征时，甚至可能输出更差的结果，所以防御的方法就是用特殊的方式训练模型，使得它在用户信息缺失的情况下也能做好预测。其中最为典型的方法就是元学习。元学习本身的含义是"学习如何学习"，在其领域内也细分了非常多的子方向。有一个细分方向的目的是训练一个好的初始点，这个初始点具有前瞻性，它知道往哪个方向走是错的。那么这样的一个初始点就很鲁棒，当新任务的样本很少时，更不容易过拟合。用户冷启动自然是一个样本很少的场景，那么动机就和元学习契合上了，**即用户冷启动的第一大类做法就是用元学习训练一个鲁棒的网络，使它在新用户数据很少时不容易过拟合。**

在训练一个鲁棒的网络里，比较经典的文章是 ICML 2017 的 "Model-Agnostic Meta-Learning for Fast Adaptation of Deep Networks"，简称 MAML[104]。这篇文章虽然写了一些公式，但是并不适合从数学的角度理解，从拟人的角度理解更加合适。它的做法很简单，但理解上要费点劲。

MAML 的方法用一句话说就是**在激进的地方计算损失函数和梯度，但把梯度更新在一开始的参数上**。MAML 的出发点是在多个任务之间找到好的初始点，但每一个任务的训练样本都很少，如果直接训练，很可能会出现模型过于自信而陷入过拟合的局部最优情况。一开始模型的参数是 θ，我们把每个任务的训练分成两部分：一部分叫作支撑集（Support Set），另一部分叫作查询集（Query Set）。首先，选取一个任务，挑出一个样本或多个样本迭代 θ[①]，这一步叫作局部更新（Local Update），这样得到的结果记为 θ'；然后切换到查询集做训练集，一次性在 θ' 的基础上计算梯度，**但把计算后的结果更新在 θ 上**，这一步叫作全局更新（Global Update）；最后再更换一个任务，

---

① 如果这里有多个样本，注意是递进的，就是第二个在第一个更新了梯度的基础上继续。

反复执行直到收敛。

上面的操作一开始看是很奇怪的，计算梯度和更新的位置不一样，想要理解也很抽象。我们这里还是按照全书的拟人化原则来理解：模型是很"耿直"的，它无法预知样本上的后续变化。在任务样本比较少的情况下，它把这几个样本拟合好了就会觉得"嗨，轻轻松松就拟合了"，这时一次性抛出一堆查询集样本，它瞬间就"傻眼"了，原来自己做得还不够好。如果我们在 θ' 上更新参数，就是直接"惩罚"它，但它可能不听话，或者反复犯同样的错误。

所以我们还要再上一个层次：**损失函数变大了，再更新其实是来不及的。能不能拔高一下要求，做到在出现"惩罚"之前尽量避免呢**？这样模型的心态就变了，回到一开始的那个点，它再也不敢自信地跑到过拟合的地方去。随着训练的进行，它也慢慢变得"未卜先知"，大概能够判断哪个方向容易走到过拟合的区域去，然后主动地避免之前的错误。

理解了拟人的过程，就理解了 MAML 的执行过程[①]，MAML 算法的执行过程如图 17-1 所示。

算法：模型无关的元学习算法

1. 随机初始化模型参数
2. 直到收敛前持续进行：
　　3. 从任务中采样一批数据
　　4. 开始for循环，对每个任务执行：
　　　　5. 挑选 K 个样本，计算梯度
　　　　6. 使用上述梯度更新原模型参数的副本，步步递进
　　7. 结束for循环
　　8. 用查询集在副本上计算梯度，并更新在原始参数上
9. 结束

图 17-1　MAML 算法的执行过程

读者可以再对照一下，核心就是上面那一句话的描述。在图片识别上举一个例子，在小样本学习中，我们要对若干个类别的图片进行分类，如有 200 种鸟，由于它们互相长得很像，模型很容易在这里过拟合。有些类别的鸟很难找到，导致训练集的图片很少，就 40～501 张，使用普通的方法训练很容易过拟合。使用 MAML 时，把训练集平均分成支撑集和查询集，每一个任务是一个 K 路的分类，即每次从 200 个总类别里面随机采样 K 个类别，定义为一次任务[②]。在这个任务中，一张图片作为局部更新的一步，然后往前迭代一步，一直走 n 步。到了 θ' 后，用查询集一起算一个梯度，更

---

① 当然，理解可以是比较多元的，这里只是笔者个人的理解。
② 所以总的任务数不是 200 个，而是从 200 个中取出 K 个的组合数。

新在原来的参数上。

在推荐算法领域，将 MAML 思想借鉴过来的文章是 "MeLU: Meta-Learned User Preference Estimator for Cold-Start Recommendation" [105]。MeLU 的算法流程如图 17-2 所示。

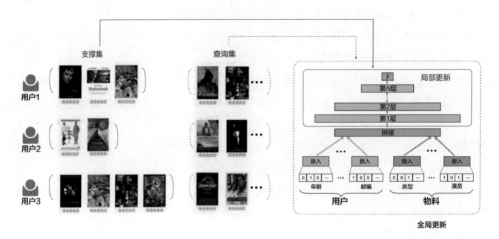

图 17-2　MeLU 的算法流程

图 17-2 所示为 MeLU 的主体架构，它的网络结构很简单，就是用户侧和物料侧的特征转换成嵌入之后拼接起来输入 MLP。值得注意的一个点是，在支撑集这里，只更新了 DNN 部分，而在查询集这里则都更新了。原文的说法是假设用户和物料都没有变，变的是用户的兴趣。如果读者自行操作实现一下 MAML，就会很容易发现另一个原因：局部更新时需要把参数复制一遍，但我们的推荐模型是"头重脚轻"的，嵌入查表要复制一遍代价极大，所以在没有任何假设下实现出来的就是图 17-2 中这样的。

MeLU 算是 MAML 在推荐算法领域比较直观的应用方式了，但是如果我们看得再仔细一点，会发现元学习相关的方法在真正工业的用户冷启动问题上输出有很多阻碍。

（1）图 17-2 中的用户侧特征全都是可以穷举的分类型特征，如 ID 特征。如果全都是年龄、性别这样的特征，问题就和 CV 里面的分类问题非常像，即存在泛化性。我们也相信在这种场景下能够给元学习的算法带来提升。但是用户冷启动的核心问题是，出现了一个新的用户 ID，这时问题就从类似 CV 里的解方程组问题变成了推荐里的"复读机"问题。系统此时的表现会是怎样的？元学习能否处理这些情况？

（2）MAML 把训练分成了两个阶段，这和推荐中在线学习一次性训练到底的期望是矛盾的，而且会把训练中的一次迭代变成多次，预期中的提升值得我们付出这么大的代价吗？

（3）精神内核也有需要处理的地方，元学习是一种偏向"防守"的做法，按照上面的方式训练，网络会变得"缩手缩脚"。但是推荐的主体还是服务于老用户的，保守确实能防住在新用户上的"崩盘"，可是是否会降低老用户的体验呢[①]？

　　MAML 及相关方法对框架也有要求。上面说的方法需要保存两套参数，读者如果有兴趣去参考 MAML 的代码就会发现其写得比较复杂，要手动复制一份，手动求梯度。这样一个看起来很简单的操作框架不一定支持，毕竟工业级的框架首先考虑的是数百台机器的同步问题，在数百台机器间复制参数带来的消耗是极大的。虽然元学习的动机很合理，也很容易接受，但目前的算法还有很多问题，与推荐系统中的模型契合得也不是很好。期待未来有更好的算法来解决这些问题。

17.2　初始化的基底分解与生成

　　✦ 生成类方法的核心是根据已知（用户画像）生成未知（ID 嵌入）。
　　✦ 低个性化的用户画像直接生成高个性化的 ID 嵌入很难，但得到 ID 嵌入的初始点可以很简单。

　　元学习是从优化角度来解决用户冷启动问题的。从特征上重新梳理用户冷启动，也可以找到新的出发点：特征有 ID 类型的、画像类型的、行为类型的。一个用户虽然新，但他的画像特征有途径获取，而且也不"冷"，如根据 IP 地址解析出的省份、城市、GPS 获取定位等。用户 ID 是较大的难点，对于新用户，系统只能分配一个全新的 ID，其嵌入是随机初始化的，必须通过探索样本一步一步迭代才能得到收敛形式，那么在这个过程中预估就会失准。行为序列在这里就更是难点了，因为它是最重要的特征。

　　行为缺失基本是无解的，但在 ID 嵌入上可以做些事情。本节的核心是已知生成未知，即通过已有信息对缺失信息先得到一个估计，再把双方合起来一起预测。一个**典型方法是基底分解**，即认为用户的种类有有限个，对于新用户，全部分解到某个典型的用户种类中，这样就能找到一个好的初始表示。比如在对一个用户一无所知时，ID 是一个随机初始化的结果。如果能将用户的嵌入分解到某几种组合上，如他是 0.5 的二次元用户+0.5 的游戏用户，那么就可以平均这两个人群的中心嵌入来初始化 ID 嵌入。一方面，前期这样的嵌入可能要比随机初始化的嵌入有用，另一方面，有理由相信这样的嵌入经过更少的行为数据能收敛到一个比较好的位置。这里的"已知"指的是用户画像，如地理位置、手机型号等。未知指的是 ID 嵌入，根据用户画像生成

---

① 需要模型激进记住时它不激进了，对老用户的兴趣把握是否会有影响呢？

对应的 ID 嵌入（**初始值**①）就是根据已知寻找未知。也可以绕过基底这一步，直接建立网络从画像生成 ID。

基底分解的典型例子是"MAMO: Memory-Augmented Meta-Optimization for Cold-start Recommendation"[106]，而直接从画像得到嵌入的表示的例子是 SIGIR 2019 的"Warm Up Cold-start Advertisements: Improving CTR Predictions via Learning to Learn ID Embeddings"[107]，其核心是训练一个生成器，输入画像特征，输出 **ID** 的嵌入初始点。从用户画像直接生成 ID 嵌入的初始点如图 17-3 所示。

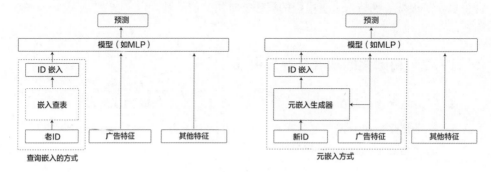

图 17-3　从用户画像直接生成 ID 嵌入的初始点

有一个有趣的工作更加细致地回答了新 **ID** 的嵌入与老 **ID** 的嵌入到底在哪些方面有区别："Learning to Warm Up Cold Item Embeddings for Cold-start Recommendation with Meta Scaling and Shifting Networks"（MWUF）[108]。它的看法是，**有尺度和平移两重区别**。一个新 ID 的嵌入，顺序经过尺度调整和平移调整后，就会和老 ID 的嵌入具有类似分布，MWUF 的结构示意图如图 17-4 所示。

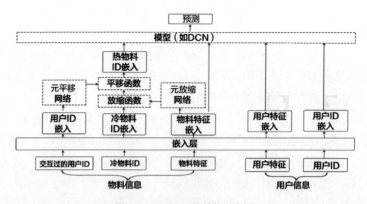

图 17-4　MWUF 的结构示意图

---

① 为什么要限定在"初始值"上，后面会分析。

首先从物料的其他特征上（MWUF 本身是关于物料冷启动的，但我们可以转换到用户上）输出一个尺度矫正向量，将这个向量按元素乘在 ID 嵌入上。接下来，MWUF 进一步借鉴了一个观点：如果把一个物料的 ID 嵌入表示为与它交互过的用户嵌入的平均，可以达到滤除离群点的效果。根据这一点可以用交互过的用户嵌入输出偏移量，使物料嵌入更稳定。

上面遗留了一个问题，为什么所有方法都是从用户画像生成 ID 嵌入的初始点，而不是直接生成嵌入？原因是我们**无法用一个低个性化的输入得到高个性化的输出**。用户画像中的大部分都可以穷举，如城市，全国的城市全部枚举也不过在百的量级，年龄、性别的个性化程度更低；而 ID 是直接具体到某个人的，特征空间的设计完全撑得起十亿以上的用户，如果前者能预测后者预测得很好，岂不是凭空多出了一些信息，不合情理。不过，初始化可以低个性化，毕竟还可以靠训练使嵌入慢慢收敛。也就是说，生成个性化的方式其实是变相加速了 ID 嵌入收敛的过程。

17.3　POSO，首个从结构角度改善用户冷启动的模型

> ↳ 用户刚开始会有一些行为，在开始到用户决定是否留存之间其实还有很长的时间。这个阶段的主要矛盾并不是信息缺失，而是模型会顾此失彼，不能同时兼顾新老用户。
>
> ↳ 新老用户的表现也不是对立的，通过合理分化，完全可以一起提升。

前面总是说，用户冷启动问题是因 ID 嵌入的质量不够高，或者行为数据少做不好预估而造成的。这句话当然没错，可是**把注意力全放在这里能做的很有限**，就好比图片中的物体识别，图片中的物体一旦被遮挡住，能做的无非是怎么更好地利用以前的经验来猜而已。同理，对用户冷启动问题也可以更合理地猜，但"天花板"很低。另外，**在新用户刚刚登录的阶段，模型对结果的影响也被控制得较小**。在实际业务中，并不是新用户一上来就把推送的权限完全交给模型，一般也会维护类似精品池和新闻池来推出结果。这个好理解，新用户刚来时，为了吸引他，就是要把平台里有的最好的东西拿出来，让他一看觉得我们很有品位才行。

因此，可以把新用户再细分为两个阶段：在第一个阶段，新用户几乎没有行为记录，但此时精品池和新品池（主要是新闻等，见下节）对用户的影响很大；在第二个阶段，新用户的行为数据就不是那么缺乏了，此时模型的作用渐渐占据主导。这里要分情况讨论，如果是商业化场景，点击购买的绝对值是很低的，在 1%～2% 量级很常见；而在内容平台上完整播放的绝对值较高，甚至能到 40% 以上。如果是前者，新用

户的行为还不够填充正向行为序列[①]，但在内容平台消费曝光几十个内容后就可以填满了。在这种场景下模型唯一的弱点只有物料 ID 嵌入。如此说来，冷启动问题是否就不大了？我们这里要说的是，其实目前排序模型的建模在第二个阶段还存在一个难点：**新用户和老用户的行为分布存在巨大差异**。新老用户的分布差异如图 17-5 所示。

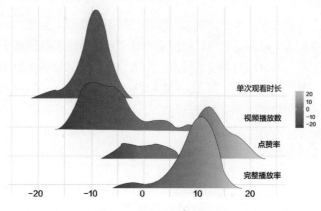

图 17-5 新老用户的分布差异

图 17-5 可视化了新老用户的分布差异：把老用户的所有行为平均起来作为零点，然后以此为基准绘制新用户的分布。可以看出，新用户的观看时长短，播放数少，他们还没有形成黏性，大多数人就是上来随便逛逛。新用户的点赞率会偏高，因为很多物料他们第一次见，新鲜感还在，而老用户已经见过很多相似的东西，点赞率就降下去了。另外，新用户的完整播放率会偏高，这也是我们在机制上做的处理，给他们推荐了更多短视频（这涉及一个产品问题，为了让用户更快地积累完成感）。

想象中，一个模型想要同时掌握两种不一样的分布，至少得有一个特征，如用指示物（是否为新用户特征，区分是否为新用户）来进行区分。模型响应这个特征，输出不同决策。要验证模型是否响应此类特征，可查看深层特征图是否因输入的不同取值而有所变化。但在实际情况下，我们会发现并非如此。掩盖某特征后对深层特征图造成的差异如图 17-6 所示。

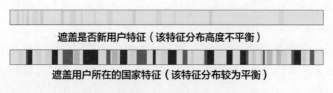

图 17-6 掩盖某特征后对深层特征图造成的差异

---

① 比如用户过去点击过的广告，在模型里用的话，在几十条这个量级。

图 17-6 中上面的部分是某层特征图的可视化结果，这里分别计算新用户和老用户两种情况后做差（累积多个样本），可以看出差距很小，而下面的部分是将用户所在的国家这个特征改变得到的差别，从中可以明显看出模型在响应用户所在的国家，而几乎忽略了"是否为新用户"特征，那么改变就无法发挥上面我们期望的作用。我们可以说，"是否为新用户"特征被"淹没"了。

那么是什么原因造成特征被"淹没"呢？"是否为新用户"是一个高度不平衡的特征，样本中只有 5% 以下的属于新用户。根据我们网络拟人化的观点，不加特别的约束，网络肯定是很"懒惰"而不愿意去专门优化这部分的。从理论上说，如果网络的能力只能做好一种用户的预估，或者在某些点上两类样本的梯度有冲突，网络一定会偏向样本多的用户。这种现象在机器学习问题中并不少见，无论是分新老用户、分年龄段、分活跃度都有可能发生这样的问题。

那么怎么解决此处的问题呢？**我们把不平衡的特征转换到平衡的组合上去。**假如用模型 A 专门服务新用户，用模型 B 专门服务老用户，那么我们就能解决"淹没"的问题，因为一定有一个模型对新用户负责，**不管它的数据有多稀疏**。当然这样训练的结果一定不会好，因为新老用户是我们按照某种规则排出来的，很"生硬"，而且老用户的数据也能对新用户的数据预估起到帮助。灵活一点的处理方式是假设有一组基底模型，不指定其具体语义，只把新老用户看成这组基底的不同组合，那么相应地，对新老用户的决策是这组模型输出的不同加权和：

$$y = \sum_i w_i f_i(\boldsymbol{x})$$

此处的 w_i 为组合系数，系数可以手动指定，但我们用门网络来决定，它接受"是否为新用户"特征的不同输入，输出具体的组合系数：

$$y = \sum_i g_i(\text{is} - \text{new} - \text{user}) f_i(\boldsymbol{x})$$

到这里已经完成防止"淹没"的目标了。不过仅仅是这样还不够，推荐系统，尤其是精排模型对算力很敏感，上式用了多个模型，复杂度升得太高了。可以柔和一点，把这种加权和从整个模型的输出变成中间模块的输出，就会得到 POSO 的概念形式：

$$\hat{\boldsymbol{x}} = C \sum_i g_i(\boldsymbol{x}^{\text{pc}}) f_i(\boldsymbol{x})$$

式中，$\boldsymbol{x}$ 表示第 l 层的特征图；而 $\hat{\boldsymbol{x}}$ 表示下一层的特征图，$\boldsymbol{x}^{\text{pc}}$ 中 pc 表示个性化编码（Personalization Code），指的是形成个性化的指示特征，目前就是"是否为新用户"。从这里可以看出，POSO 是先分后合的，在某一层设定多个模块，然后把它们的输出合并起来。这样设计的好处是可以灵活处理整个网络，如果觉得有必要，某层可以单独拆开，同时不影响其他层。

本质上，POSO 的原理是，把在多种分布的情况下做好预测这个任务从一个模块转移到多个模块，由它们自己分化决定负责对象。比如有 3 个模块，门网络对新用户的输出是 3、1、0，对老用户的输出是 0、1、2。 我们就可以说，1 号模块主要负责新用户，3 号模块主要负责老用户，而 2 号模块则既服务新用户又服务老用户。注意和 MMoE 等方法不同的地方在于，POSO 对门网络并没有加任何归一化的约定，但为了防止特征图的尺度漂移，前面加了一个校正系数 C。

即使已经把多个模型缩减到多个模块，直接套用上面的形式对复杂度仍然不够友好。从实践角度出发，需要**把精排模型中已有的模块代入 POSO 的基本公式，推导出相应的简化形式再应用**。

目前常见的精排模型中存在 MLP、MHA、MMoE 这三种模块，根据我们在模型篇和前沿篇中的讲解，MHA 用来对序列特征进行抽象，MLP 是从嵌入到预测值的重要抽象环节，而 MMoE 则是多任务学习的重要工具。下面给出这三种关键模块简化后的形式[①]。

POSO（MLP）的最终形式是

$$\widehat{x_p} = Cg_p\left(x^{pc}\right)\sum_q W_{p,q}x_q$$

式中，x_q 是输入的嵌入中第 q 个元素，所以 $W_{p,q}x_q$ 就是原本单层的全连接层，也就是说，这样的操作相当于**生成一个和特征图等大的掩码，按元素乘到特征图上去**。读者可以自行验证，有激活元的情况也是一样的。那么以此类推，POSO 代入 MLP 后的最终形式就是，通过门网络生成多份掩码，分别按元素乘在每一层的特征图上，记为 POSO（MLP），由于掩码仅由"是否为新用户"这一个特征生成，复杂度的增加微乎其微。这里等价的个性化模块，即承担分化作用的对象是激活元，是比较轻量级的个性化。

POSO（MHA）的最终形式为

$$\hat{x} = \text{Softmax}\left\{\frac{Q\left[K \odot G\left(x^{pc}\right)\right]^{\text{T}}}{\sqrt{d}}\right\}\sum_i g_i\left(x^{pc}\right)V_i$$

式中，$\odot$ 表示按元素乘法；这里对 Q 没有做任何个性化处理，因为它往往是所有非序列特征的拼接，本身已经是高度个性化的；对 K 做了轻量级的个性化处理，掩码和上面的 POSO（MLP）一样，是按照按元素乘的方式乘上来的；而对 V 则做了完整的个性化处理，一点简化也没有施加。这也和它的地位有关，因为 V 是直接决定输出的。

POSO（MMoE）的最终形式为

---

① 推导过程已经省略，有兴趣的读者可以直接参阅原论文。

$$\widehat{\boldsymbol{x}^{t}} = \sum_{i} g_{i}^{t}(\boldsymbol{x}) g_{i}(\boldsymbol{x}^{\mathrm{pc}}) f_{i}(\boldsymbol{x})$$

对于专家，先乘以新老用户的门网络，再乘以任务的门。注意公式中两个门网络的输入有所区别。

实践中使用 POSO 就是使用 POSO（MLP）/POSO（MHA）/POSO（MMoE）分别替代 MLP/MHA/MMoE。

至此，整体框架已经得到，但在细节上还有需要重新思考的地方。"是否为新用户"这个特征固然能区分新老用户，但它并不是一个完全合理的标识。在业务中我们往往用多长时间内或多少播放数内来区分新老用户，但是好像存在一条硬线，用户过了就会发生突变，从新用户跳变成老用户。我们可以构造一个更加光滑的特征来处理这种情况，如"用户历史曝光数"（做了有界化处理，不会无限增长），即从用户下载 App 开始，统计系统一共向他曝光了多少物料。曝光量小，更像是新用户，反之则是老用户。使用用户历史曝光数作为个性化编码的好处是，既分辨了新老用户，又能在一定程度上反映非活跃用户。

注意，POSO 虽然是针对用户冷启动问题被提出的，但对于视频冷启动也适用，只需要把门网络的输入从表示用户相关的特征改为视频年龄的特征即可。

17.4 精品池：抓住人性需求

> ⬛ 精品池的本质很贴合平台的本质：抓住用户的人性需求。
>
> ⬛ 逆袭剧因为满足人性需求而火爆，谁没有想象过扫平生活中的一切挫折呢？

在用户冷启动这里，比较难懂的模型部分就过去了。这节我们聊点轻松的话题，即在 17.3 节中提到的所谓新用户刚来时发挥重要作用的精品池是如何构建的。

首先要明确一点，**精品池的核心思路是展现平台上最优质的内容，留下最好的第一印象**。这就决定了这个池子中的内容一定是低个性化的。但这并不等于精品池中的内容很少，精品池本身也可以非常多样化，可以由几个主体部分组成：近期发展势头很好的作者，从运营角度理解圈定的内容、活动等。其中"从运营角度理解圈定的内容"指的是运营人员看到并标记的内容，而活动则有多种分类，常见的有"××挑战""××同拍"这样的标签。设定活动的目的是提高用户参与度，尤其针对新用户，要让他觉得平台有新意，自己能参与其中。

构造精品池时，放置哪些类别的内容很有讲究。与自然内容不同的是，并不是所有类型的内容都有价值进入精品池。精品池中的第一类内容是新闻类内容，新闻类内容都很安全，获取最新消息是互联网的本质。只要新闻类内容没有引人不适的画面，把它们放进精品池基本不会犯错。对于新闻类内容，衡量精品与否的标准是媒体是否权威，消息是否及时。很多产品之间都会互相比，看最新的大新闻最先在哪个平台上推送出来，认为第一个推送的平台分发效率更高，更有使用价值。

精品池中的第二类内容是影视剧讲解，这是近年来发展出的很有特色的一类内容。由于影视剧往往制作精良，画面质量有保证，创作者只需加以剪辑并且配音即可。真正考验创作者的是如何在较短的时间内把影视剧讲清楚。在 17.3 节中我们提到过，对新用户一般不会展示太长的内容，以防劝退他们。影视剧讲解类内容和这个原则是相悖的，因此需要特别注意控制时长。一个有趣的现象是，现在的影视剧讲解都不会只用原本的声音，而是会加上很大甚至有些吵的背景音乐，这也是防止用户在看的过程中感觉太"干"。

精品池中的第三类内容是借助权威的力量，典型例子就是某个明星发布的内容。当用户看到这类内容时，下意识会觉得平台很高级，连明星都在用，那一定很厉害。这是比较浅显易懂的，其原理和电视广告要请明星是一样的。从增加用户量的角度出发，明星内容还可以做得个性化一点，如果平台缺乏歌舞类观众，可以考虑邀请歌舞类明星入驻。

但精品池中所放的内容仍然是平台对用户内心深处、人性需求的认识，还是没有脱离满足人性需求的层面。产品人员会把需求分得很细，如表层需求、深层需求、人性需求等，满足一些甚至用户自己都意识不到的需求。比如上面的新闻内容，表层需求是信息获取，但深层需求其实是人潜意识中害怕自己因为没有了解某些信息而损失或错过什么。用户会去看探店视频，除了好奇店里有什么好吃的，也会根据视频内容衡量这家店值不值得去，减少自己试错的成本。有一个很有意思的例子是逆袭剧，短短几分钟就能讲一个主角受尽冷落，但最后发现是隐藏大人物的故事。这类内容迎合了用户的人性需求：用户在生活中遇到挫折时，希望自己像剧中主角那样突然逆袭，"惩罚"曾经看轻自己的所有人。当有内容能让用户"爽到"时，谁会拒绝呢？

不过精品池的低个性化是相对于分发的其他自然内容来说的，平台还是希望精品池里面的内容能丰富一点。为了保持精品度，可能得去外面买内容。比如有些作者在别的平台很火，可以请他们入驻我们这边；或者最近出现了一些短剧拍得很好的作者，也可以给他们倾斜一些资源。此外，也可以对已经分发过的物料进行衡量，通过规则挖掘出优质视频的候选，如在问答平台上，可以按照如下方式排序所有答案：

$$y = \alpha f(\text{like}) + \beta f(\text{share}) + \gamma f(\text{comment})$$

这里考察点赞、分享和评论 3 个目标。其中 f 表示衡量函数，可以直接写成线性形式 $f(\text{like}) = \text{like rate}$。这个式子对所有物料排序，有很多点赞、分享、评论的自然是优质答案，从前往后取固定长度的候选即可。一个平台上的精品内容是有限的，更新频率也低，相应地，精品池也可以一天更新一次，甚至更慢更新。不过衡量函数其实是有讲究的，有的指标用线性形式不合理。比如，播放时长就会受到视频原本时长的影响，10 秒内的视频，卡 5 秒阈值能播放 60% 的视频，但 100 秒的视频，卡 50 秒阈值可能只能播放 30% 的视频。视频的质量与精品度和时长没有必然联系，但越长的视频越难获得等比例的播放时长，所以应该考虑对数型函数校正长视频的判定标准。

补充一个小点，精品池是从头部往尾部取的，对新用户也要注意分发尾部视频的影响。一般对新用户不推送广告和新视频，在新用户还没有养成使用习惯时，广告会降低用户体验；而新视频有较多不确定性，在新用户人群的分发效率也不高。

不过构建精品池总是带着一个衍生问题：内容年龄老化。在一定时间内创作者做出精品内容的能力是很有限的，想要让精品池建得比较"大"，就很难避免回溯比较久之前发布的内容。这里就需要格外小心：如果只追求内容质量，而忽视新鲜度，放进来的内容就会越来越"老"。用户感觉平台没有那么有活力，可能会流失[①]，所以要把新鲜度考虑进来。另外，自然内容的自然退场也是个令人头疼的问题，内容什么时候应该停止分发呢？如果没有对应机制，积累的候选越来越多，索引会无法负担。如果限定在某一个时间区间的才能留下，用户又会错失很多优质内容（如对古典文学的解读，这类内容其实不受时间约束）。在生产者逐渐挤对的今天，这类问题会逐渐恶化。

---

① 其实从上面的排序公式可以看出，发布时间长的回答，会在点赞、分享等方面领先新回答。

第 18 章
因果推断

当下，机器学习的主流还是统计学习，即基于某种分布的研究。这种方法比较"静止"，难以反映当某种因素改变时分布的变化情况。所谓决策，本质就是知道了分布变化情况后，选取最优路径去执行。想要建立决策相关的知识，有两种方法：一是前面提过的强化学习；二是因果推断。因果推断的两大主题分别是梳理复杂变量间的因果关系及判断某变量改变后其他变量的变化情况。虽然因果推断领域已经被研究了很长时间，但目前来说，大多数决策的来源仍然是基于人的观察和总结的。

18.1 当分布不够用时

- 超出单个分布所能描述的范畴，就是超出统计学习的范畴，需要因果推断。

- 有了因果推断的知识，需要做两件事：①挖掘正确的因果关系，这对决策很重要；②得到干预对结果的正确影响，这是实际任务需要的结果。

- 社交关系对流失的影响很大，如果用户的社交关系全部离开，那么该用户离开的概率显著变大。

- 因果推断之所以难是因为其无法同时获取事实与反事实的结果，但在极端情况下就可以构造出合理的平行世界数据。

在之前讨论的研究方向中，描述的对象都是静态分布的，如点击发生和不发生的概率，这都属于统计学习的范畴。统计学习的研究对象是单个分布，往往可以用一个包含所有变量的联合分布表示，然后求后验或极大似然函数来得到我们想要的知识。但是，单个分布无法体现当某个属性发生变化时，另外的属性怎么变。比如当产品的 UI 变化时，用户对内容的 CTR 要怎么变。**超出单个分布描述范畴的问题就是因果推断要研究的。**

统计学习无法体现因果，这点如何理解？举个例子，互联网人员的流动性大，一个原本高绩效的员工出现显著的涨薪基本伴随着他在下一次得到普通的绩效。我们可以说大幅涨薪和普通绩效之间有相关性，但它们之间有因果性吗？难道只要大幅涨薪就会导致绩效不好？这就是一个荒谬的结论了。从统计学习出发只能得到相关性，但相关性不等于因果性，分析因果是要找出藏在背后的种种因素的。大幅涨薪往往伴随着跳槽产生，跳槽后一切都要重新开始，不太可能在短时间内做出惊人的成绩，绩效就会变得普通。大幅涨薪只是跳槽带来的一个结果，在跳槽之前还有其他原因，我们可以用一个图来表示，与涨薪绩效有关的因果图如图 18-1 所示。

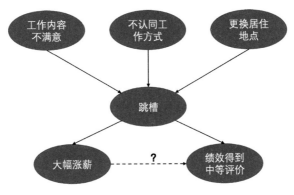

图 18-1　与涨薪绩效有关的因果图

可能因为工作内容、自身因素等原因，该员工决定跳槽。跳槽往往伴随着涨薪，由于换了工作，需要学习新东西，这也需要时间，所以接下来很难维持高绩效了，这才是符合我们认知的解释。因此不是大幅涨薪导致绩效变差，而是这二者都是跳槽带来的结果。找到了背后隐藏的因素，才能得到正确的结论。

因果推断要做的事情就是找到正确的因果关系，上面的分析不能凭借单个概率分布，或者某几个变量的联合分布得出。但这并不代表概率这套东西在因果推断中就完全不需要了，只是会换个形式出现而已。

接下来介绍因果推断最基本的模型，以及我们想要得到的是什么。混淆因子（Z）、环境（X）、结果（Y）、干预（T）之间的关系如图 18-2 所示。

这里，X 表示目前的环境，Y 表示结果，T 表示干预，而 Z 表示混淆因子。原本我们想研究的是在现有环境中加上干预，结果会如何变化，但结果不一定单独由干预导致，也可能受到其他噪声（即混淆因子）的影响。在上面的例子中，跳槽就是混淆因子。最容易理解的基本模型是医药场景，现在我们要研究某种药的效果，X 是当前的病患，T 就是这种药，Y 是干预后的效果，而 Z 是患者本身的家庭情况。如果是富人家庭，本身身体就保养得好，施加干预后恢复得很快。但我们不能因此就说药的效果很好，因为观察到的现象不完全是由药物带来的。

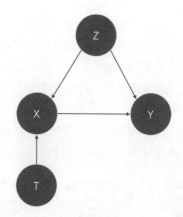

图 18-2　混淆因子（Z）、环境（X）、结果（Y）、干预（T）之间的关系

在因果推断的研究中，我们要做的事有以下两件。

（1）挖掘正确的因果关系。

（2）在排出混淆因子干扰的情况下，得到干预对结果的影响。

本章不会把重点放在介绍因果推断的具体算法上，而是放在具体业务的应用上。互联网公司应用因果推断的最典型的例子就是补贴如何带来用户增长（Uplift[109]，翻译为"提升"更合理一点）。以打车场景来举例，对于人群中的第 i 个人，用 Y 来表示效果。$Y_i(0)$ 表示在我们没有发补贴时用户是否打车，而 $Y_i(1)$ 表示发了补贴之后用户是否打车①。那么对单个用户来说，发了补贴的增益就等于

$$\tau_i = Y_i(1) - Y_i(0)$$

我们研究补贴政策的目的应该是让某个人群有最大化的效果，若给定用户的特征为 $\bm{x}_i$，算法的目标就最大化：

$$E\big[Y_i(1)|\bm{x}_i\big] - E\big[Y_i(0)|\bm{x}_i\big]$$

这个式子被称为条件平均处理效应（Conditional Average Treatment Effect，CATE）。但是很快发现一个问题，单个用户并不会同时观测到 $Y_i(0)$ 和 $Y_i(1)$，我们观测到的数据要么是来自于实验组的，要么是来自于对照组的。用 $W_i \in \{0,1\}$ 表示该用户出自哪个组，那么我们只能观测到

$$Y^{\text{obs}} = W_i Y_i(1) + (1 - W_i) Y_i(0)$$

顺其自然地，在人数够多、够无偏的情况下（其实这也是 A/B 实验的假设），我们就近似预估：

$$E\big(Y^{obs}|\bm{x}_i, W_i = 1\big) - E\big(Y^{obs}|\bm{x}_i, W_i = 0\big)$$

---

① 在细节上，补贴也要分档，简单起见，这里先建模到二值的情况。

这个式子有一个隐含的条件，即补贴的分配方法不受用户特征的影响，这个条件在一开始做随机流量的实验时很容易满足，但是当补贴政策已经在全局发挥影响时就不一定满足了。按照补贴前后的积极性对用户分类如图 18-3 所示。

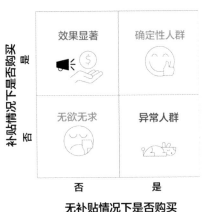

图 18-3 按照补贴前后的积极性对用户分类

如图 18-3 所示，在补贴问题上有一个经典的四象限法，按照本身的积极性和发补贴后的积极性分类。有的人本身打车就频繁，发了补贴打车也频繁（图 18-3 中的确定性人群），有的人本身不怎么打车，发了补贴也不打车（无欲无求）。在这两种用户身上发补贴是不划算的，我们要找的是原来不经常打车，发了补贴后，积极性显著提高的那群人（图 18-3 左上角）。毕竟钱要花在"刀刃"上，这也是在一般算法场景下需要解决的问题。

对于这个问题有 3 种主流的方法，分别是双模型法、类别转换法和直接建模法。这部分方法我们只简单介绍双模型法和相应的单模型法。

双模型法非常简单也非常好理解，就是模型分别训练两次：第一次只用实验组的数据训练，得到 $E\left(Y^{obs}|\boldsymbol{x}_i, W_i=1\right)$；第二次只用对照组的数据训练，得到 $E\left(Y^{obs}|\boldsymbol{x}_i, W_i=0\right)$，然后做差即可。不过由于在训练方式中把两类用户分开了，那些差距比较弱的用户很可能被直接忽略掉。另外，两个随机变量相加减，方差会变大。因此，双模型法相对于其他单模型法或直接建模法，其误差更大，但是由于其实现非常方便，所以往往被用来作为基线模型。

单模型法是双模型法的自然扩展，在双模型法中，模型训练两次，并且不把干预放在模型中。若把干预作为一个 0/1 的特征，也可以只训练一个模型，用实验组和对照组的数据共同训练即可。相比于双模型法，此处的误差不会累积。

有了双模型法及后续一系列方法之后，我们就能完成"挖掘因果关系"的目标。业务中可能有一个北极星指标，所有的一切都要反映在它上面，在推荐中可以是日活跃用户数，在广告中可以是收入。为了推动北极星指标，我们需要找一些能够撬动的小指标来看，分析小指标和北极星指标的关系。

在推荐场景中，最重要的可能是日活跃用户数，但要直接以它为目标优化模型，就有点摸不着头脑。可以往前拆解一步，看留存，即这一天活跃的用户，在次日、3日后、7日后甚至一个月后是否还活跃。假设长期留存为固定的50%，每天引入100万的新用户，那么经过一周就有50万×7=350万的日活跃用户数了。例子只是示例，实际上典型的次日留存、3日留存、7日留存一般符合40%、20%、10%的规模，一个新App能做到这个标准就算合格了。

但是决定留存的是什么呢？例如，在视频平台上是用户看的时间越长越好？还是互动越频繁越好？或者除这些因素外，其他因素有帮助吗？这里的难点在于，**因果推断无法决定因果图长什么样**。我们能做的只有**不停地构思出一个又一个变量，并将其当成干预，用模型去验证它**。具体到留存问题上，因果关系非常复杂，但很多大公司都在深入研究，目前也没有看到特别漂亮的结论。但此处可以举一个例子，把拍摄按钮变成更酷的样子会不会提升用户创作的欲望？此时把"拍摄按钮变色"当成一个干预，把用户随机分成两组，看他们的表现是否有显著的区别，这就是因果推断常做的事情，其实也是产品经理们做的事情（就是A/B实验）。

在留存同一级还有一个因素影响日活跃用户数，只不过是反过来思考的，那就是流失。对流失的建模可视为对留存的间接建模。这里没有直接把留存和流失看成互为补集的关系，原因是我们说留存可能要区分次日留存、3日留存等，而流失这里指的是最终跑路。

什么样的因素影响流失呢？其实也是社交关系。在"Social Effects on Customer Retention"[110]中，人们通过移动公司的数据研究发现，越是关系亲密的朋友"弃坑"，用户跑路的概率就越高。亲密程度上升1%，跑路倾向就上升2%。社交关系的负面影响大于正面影响。因为朋友"入坑"而"入坑"的少，因为朋友"弃坑"而"弃坑"的却很多。这就引发了一些衍生建议，平台可以扶持一批忠实用户，让他们构建更多的社交关系，以此减少流失问题。很多人都感慨过，对于有的游戏，没觉得有什么不好之处，只是朋友越来越少，自己玩也没意思了。

从机器学习的角度出发，也可以对流失进行建模，WSDM 2022的"A Counterfactual Modeling Framework for Churn Prediction"文章[111]的目标是预测当某用户的朋友离开时，他会不会离开。实际应用时如果某个用户在这项指标上的排名靠前，他就是我们要挽回的高危用户。

套入因果推断的方法，干预就是用户有没有朋友离开。但是**因果推断之所以难，是因为我们不能同时拿到事实结果和反事实结果**。朋友流失了，我们就观测不到如果没流失会怎样。这篇文章最大的贡献是提出了反事实数据增强的做法，造出了一份很置信的反事实数据，就好像同时能拿到两种数据一样。当然，拿来当训练数据用的数据一般都伴随着一个很强的假设，上述文章中的假设是，朋友离开了，用户离开的倾向不会减弱。依据此假设有以下两个推论。

（1）如果朋友没离开，用户离开了，那么在平行世界中，即朋友离开了的情况下，用户一定会离开。

（2）如果朋友离开了，用户没离开，那么在平行世界中，即朋友不离开的情况下，用户一定不会离开。

根据这两个假设，我们就可以得到一套平行世界下的数据集。在这部分子集内，就可以同时训练事实情况与反事实情况。这下数据量就可以被扩充，效果也变得更好。可以说，**寻找因果图中的极端情况是构建训练数据十分有效的手段**。

18.2　寻找"工具人"，将因果推断直接应用于推荐

> ⬇ 工具变量法的核心是工具变量 z 与干扰 u 无关，用工具变量 z 来回归 x，它既不会，也不能把 u 的信息带进来，它天然具备过滤能力。
>
> ⬇ 工具变量法的应用简单，但找到工具变量的过程难。

18.1 节中讲解的因果推断更多的是在分析，而本节就要直接将其用来改进推荐系统的结果。用因果推断的思路来看待推荐系统，可以把特征分成两部分：因果的和非因果的。因果的特征对用户反馈确实有影响，如物料具体是什么，用户历史行为中有哪些物料；而非因果的特征是一些干扰因素，如放的位置（如前面讲过的，可能引起位置偏差）。如果能在特征中做出区分，我们就有机会提升推荐的效果。

原则上讲，有因果的特征都应该留下，而非因果的特征应该去掉。所以在推荐中利用因果推断的核心在于如何从所有特征中区分哪些是因果的，哪些是非因果的。我们可以寻找工具变量来达到这个目的。假设推荐的结果是 y，单个样本表示为

$$y = \beta x + u$$

式中，x 是自变量；u 是随机噪声；在推荐里，可以认为 β 是模型的参数。由于一些限制，如变量难以建模这样的原因，x 和 u 之间可能还存在相关性，此时回归的结果就不会那么理想。我们可以构思一个工具变量（也就是"工具人"的意思）z，它和 x 有关，和 u 无关。**如果能找到这样的变量，用 z 来回归 x，这个结果和 u 就是无关的**[①]。从数学上也可以看出来，把上面的线性关系写成多样本的形式：

---

① 因为 z 和 u 无关，z 根本没有能力留下和 u 有关的那部分，这样就有过滤作用。

$$Y = \beta X + U$$

式子左右两边同时乘以矩阵 Z，就有

$$ZY = \beta ZX + ZU$$

由于我们已经知道 z 和 u 是无关的，积累大量样本求和后（在期望意义上）可以认为式子后面这项消掉了，即

$$ZY = \beta ZX$$

$$\beta = (ZX)^{-1} ZY$$

这样就得到了一个更好的估计。回到推荐系统里，"工具人" z 是谁呢？WWW 2022 的 "A Model-Agnostic Causal Learning Framework for Recommendation using Search Data"（IV4Rec）[112] 文章中认为，"工具人"应该是搜索中的查询词，我们在搜索时输入的查询词和之后点击的物料大概率是相关的，而这些词和推荐系统中的各种偏差并不相关。

变量工具法需要事先找好工具变量 z，确保它与 x 有关，与 u 无关，且只通过 x 影响 y。像上面文章中那样，能构思出搜索的查询词在推荐场景中是工具变量固然好，很多时候没有这么直观，该怎么做呢？TKDD 2022 的 "Auto IV: Counterfactual Prediction via Automatic Instrumental Variable Decomposition"[113] 把视角锁定在自动找出工具变量的表示上[①]。搜索工具变量所需的因果图如图 18-4 所示。

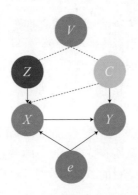

图 18-4　搜索工具变量所需的因果图

在图 18-4 中，V 代表所有变量，X 和 Y 是我们能观测到的变量，X 影响 Y。这个关系和前面的关系基本一致，e 是混淆因子，它同时影响 X 和 Y，属于难以建模的误差。在 V 中，可以把变量分成两种：一种是与 X 有关，只通过 X 影响 Y 的 Z；另一种是同时影响 X 和 Y 的混淆因子 C。也就是说，Z 就是我们要找的工具变量，它可以是单个变量，也可以是多个变量的某种组合。这也是 AutoIV 的含义，不关心 Z 具体是

---

① 并不是自动找出工具变量，语义不需要那么清晰，只要确保表示嵌入有工具变量的性质即可。

什么，只要它能发挥工具变量的性质即可。

既然如此，我们就在学习的过程中施加约束，让 V 中满足与 X 有关，只通过 X 影响 Y 性质的都跑进 Z 里面，剩下的都在 C 里面。在建模上，我们会分别训练两个网络，接受所有变量 V 作为输入，输出能够代表 Z 和 C 的嵌入即可。

第 19 章
长尾优化

推荐平台为了吸引更多用户，要做到的第一件事就是让优质内容快速成为爆款，甚至出圈。但同样出于吸引更多用户的目的，也要做好长尾内容的分发。从内容质量上来说，长尾内容之所以是长尾的，其品质自然是弱于热门内容的。但这里的品质是针对全局、大部分用户而言的，如果找对了小众兴趣点，长尾内容在某类人群上完全可以得到和热门内容相当的分发效果。这里分发长尾内容的核心就是，当长尾内容提供了更多信息时，我们就可以更好地分发。

- ♣ 除质量本身的差距外，长尾问题还存在另一个维度：兴趣种类的大小众之分。
- ♣ 长尾问题其实对推荐能力提出了更高的要求，这类内容的分发必须做得更准才能和热门内容带来的收益相比。
- ♣ 长尾想要做得准，信息要多于其他内容，多的信息是用户自己说出来的。

自然界的很多地方都存在一种现象：物体的分布不是均匀的，有少数的物体常常出现，而大多数物体出现的概率很低。例如，想到动物，我们在日常生活中见到小猫、小狗的概率非常高，同时有很多动物几乎见不到，如大象、狮子、长颈鹿等要专门去动物园才能看到。说起生活用品，我们可能最先想到牙刷、水杯，而如行李箱、螺丝刀、家用梯子等生活用品我们一般想不到。自然界中的长尾现象如图 19-1 所示。

这其实就是长尾现象的一种表现。长尾最初用来描述商品，指的是销量少的商品在数量上却占据大多数，甚至销售额加起来超过主流商品的现象。我们常常说的二八法则也是类似的意思，80%的机会掌握在 20%的人手里，20%的土地上居住着80%的人口，80%的供给来自 20%的厂商等都是这类现象的例子。我们可以这么看待这个问题，长尾本身是一种分布（长尾分布），而且长尾分布是更符合自然规律的形式。

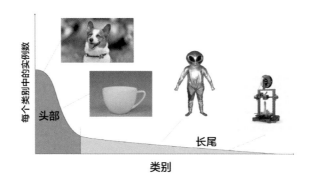

图 19-1 自然界中的长尾现象

在大数据中,长尾现象也存在。在物体识别技术中,有些类别能够收集到的实例太少(如某些濒危动物,想获取多个个体的图片就很难),导致训练后该类别的识别效果欠佳。推荐中也是类似的,本书一开始提出:平台上的内容逐渐会形成长尾分布,少量内容牢牢占据曝光与消费的头部,而绝大多数内容获得的曝光机会是有限的。一个广为人知的原因是,质量不够好的物料无法在分发中获得优势,如随手拍的视频肯定比不过精心制作甚至带有特效的视频。这一点无论是从系统还是人的角度理解都是合理的。但从平台的需求出发,长尾内容是需要保护的,动机与保护新物料的类似,如果这类内容不加以保护,那么平台可能会很快失去活力。因此,长尾现象变成了长尾问题:如何尽可能地保证长尾内容的分发效率呢?

在模型训练时,有一些常规手段缓解长尾问题。第一种手段是采样与过采样,对于头部内容的样本,可以舍弃一些,对于长尾内容的样本,则可以反复训练多次。这样相当于强行改变了自然分布,把模型的重心稍做偏移。能这么做,背后的原理是模型性能在某些类别上是冗余的,把猫、狗和其他类别分开可能本身就很容易,那么模型其实没必要要在这两个类别上继续加大投入。把多余的样本放进来,无非就是把判定为猫、狗的置信度从 90% 提升到 95% 而已;但反过来,如果把精力集中在本来学得不好的类别上,那么在该类别上就可能有很大提升,整体有收益。

第二种手段是增加长尾样本学习中损失函数的权重,这也是让学习中心向长尾样本偏移的方式,其原理与过采样类似。如果把当前模型的参数看作高维空间中的一个点,那么增加损失函数的权重就是一种同步的强化,即强化一次性发生,基于同一个点进行;而过采样则属于异步的强化,即分次进行,并且当点已经移动过后再以此点为基础进行下一次强化。

我们前面介绍过的一些研究课题其实也是在尝试解决长尾问题,比如对位置偏差的消除。因为位置偏差的存在,靠后的物料逐渐变成长尾内容,而位置消偏就是在避免模型太强化靠前的物料。

但长尾问题还存在另外一个维度:内容风格类型。这里的内容风格类型指的是内容本身是关于哪方面的，而与质量无关。对书法、古典音乐这类内容感兴趣的用户是少数群体，这就决定了这类内容不会在平台上占据主导。这类长尾内容的优化有没有意义呢？假如产品的体量很小，这类人群的人数不多，那么可以先把优先级降低。但如果产品已经有上亿的日活跃用户数，哪怕 1%的人群也等于上百万用户，那么优化长尾问题就太重要了。与其说长尾问题是个技术问题，不如说其是个产品问题。市面上有很多产品和平台，在竞争中往往会出现差异化。一款新产品在立项时一般先研究别的产品的核心用户是哪些，还有哪些人群的需求没有被满足，然后以此为切入点开始研发。换句话说，A 产品的核心用户有可能就是 B 产品的长尾人群，从市场份额和流量竞争的角度来说，研究长尾问题是非常重要的。

本章主要讨论内容质量不差，但兴趣点较为小众的长尾问题[①]。长尾问题之所以难，是因为**这类内容要和高热内容的分发效率相当才行**。高热内容要么因为制作精良，要么因为兴趣点很大众，它带来的消费时长、互动次数、留存都较好。但长尾内容适合的人群有限，如果在策略上粗暴地增加长尾内容的分发，那么可能使平台的各种指标下滑，所以必须得找准目标用户才能进行分发。如果我们能把有关书法的内容都精准地分发给喜爱书法的人群，忽略其他人群，那么喜爱书法的人群的活跃度可能上升，整体看下来甚至是有收益的。这样又回到老生常谈的解决方案上来了：增强个性化，能够改善长尾内容的分发。

我们由粗到细来梳理长尾内容的个性化分发。首先，如上所述，全局提权是不行的，长尾之所以叫长尾，就是因为不是大众兴趣点。下一个粒度是人群级别的个性化，从人的先验知识出发是可以制订决策的。比如奢侈品分发给哪类用户的效率高，应该是居住在一、二线城市，有收入（大于 18 岁）、有兴趣（小于 40 岁）的女性，也可以考虑曾定居海外的用户。每次请求时，先借助用户画像识别一下是否为这类用户，然后再对奢侈品候选提权，这是可行的。再比如水彩笔的种草内容，应该分发给学龄前儿童的父母，而不是学生和 30 岁以下的人群。

这种做法是可行的，且可以带来收益，不过想要大规模使用有两个难点：一是分析成本高，某些内容和某些用户之间建立联系需要依靠生活经验的积累和数据分析，需要消耗大量人力；二是对用户画像要求很高，在奢侈品的例子中，圈定性别、年龄、居住地都很简单，但遇到书法、围棋这样的例子就难了。

再往下就要考虑用户级别的个性化，想要给一个用户推送小众内容，一定得非常确认他会喜欢才行。推送高热内容就不会有这种顾虑，对于电影讲解、热舞、小剧场等视频，大多数人都不反感，但推送雕刻内容就要有该用户懂雕刻的预期，对用户的

---

① 兴趣点不小众，但内容不够好所引发的长尾问题的解决思路与冷启动类似，重点是挖掘更多描述+提升预估性能，这里不再重复。

信息量要求远多于高热内容。那么多出的信息从哪来呢？答案是靠用户自己"说"出来。

举个例子，如果用户的昵称叫"雕刻公司×××员工×××"，此时给他推送雕刻类视频是否合理呢？看起来好像没有大问题。如果用户曾经发布过自己雕刻的视频呢？如果用户曾经搜索过"雕刻手法"呢？这几种情况都体现了用户对雕刻这类视频的兴趣，此时进行分发是合理的。如果能找到这样的例子，平台不但满足了长尾内容分发的需求，还把两个可能"知音难觅"的用户联系起来了！他们可以通过推荐认识和交流，这是一件美事。读到这里读者可能意识到了，这件事的本质是一种更细的用户画像，只不过不是传统的年龄、性别，而是关于用户行为中体现出来的小众兴趣点画像。生成这种用户画像时可以参考 TF-IDF 的思路，把行为中体现出来的关键词和实体词[①]放到一起，再从里面挑出该用户专注的几个记录下来。要达成这个目标，对于内容理解的能力有较高要求，需要关键词、实体词的识别能力、语义理解能力等。

具备画像能力之后就可以着手优化了。一类方法是提权，和上面一样，某个请求中识别出该用户具备某小众兴趣点之后，对所有属于该小众兴趣点的候选提权。注意这里同样要求物料是否属于小众兴趣点已经被记录。

不过上面的方法不一定能达到目的，因为候选中可能早已不存在这类内容。所以第二类做法要从根源上改变，加入一路倒排，或者其实就是基于词条的召回。基于词条的召回的执行过程如图 19-2 所示。

我们解析用户过去投稿的视频，得到一个实体词兴趣"酸奶蛋糕"，同时，候选中所有与主题相关的视频都被建立在一个倒排召回中。当该用户的请求到来时，推荐系统发现了这一兴趣点，就额外把"酸奶蛋糕"下的视频召回，增加它们在排序中的占比。若用户能刷到一个和他投稿相关的视频，则其体验可以提升。

这套流程的出发点虽然是为了精准命中用户的小众兴趣点，但也可能存在误差，如实体词识别错误，组成的词意义不明，或者过分注意相关行为而提权了用户不那么感兴趣的点。因此还要设计相应的退场机制，如果发现用户后续的表现不符合预期，要把这类功能下线。

---

① 补充说明一下关键词和实体词的区别：只要体现句子中的关键信息点就可以作为关键词，如在"我想去饭店吃饭"这句话中，"饭店"就是一个关键词；而实体词的指代更加具体，"我想去×××饭店吃饭"这里的"×××饭店"才算实体词。在实际应用时边界不是那么清晰，但原则上我们能挖掘的信息越细越好。

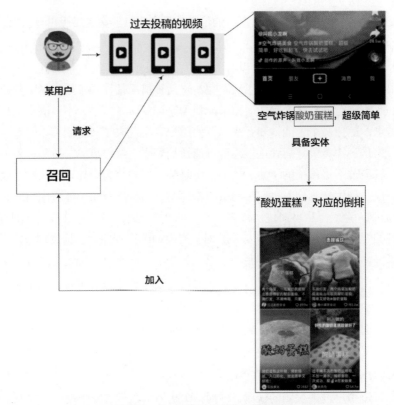

图 19-2　基于词条的召回的执行过程

本章描述了一种非常强的人工干预手段，似乎与当下把一切都交给机器学习的风潮相悖，为什么靠着模型自己学不出来呢？一个好的推荐模型，主要的功能是把物料的嵌入在特征空间中摆放好，使得相似物料的嵌入接近、不相似物料的嵌入疏远。所以训练的过程也是物料嵌入不断调整的过程，在这个过程中，每个物料的嵌入由相同的网络产出，它们之间并不是独立的。高热物料被大量用户消费，产生无数条样本，训练过程一定要优先考虑这些物料的嵌入，长尾内容的嵌入最后什么样不占主导。或者可以说，向量化就是偏高热的，因此我们讲了基于词条的方法来对抗这种趋势。

不过，并不是说，模型对长尾问题就可以不处理了，模型应该做优化来配合。比较典型的做法是，当观察到某个类别下的预估效果很差时，可以增加该类别样本在损失函数中的权重，或者过采样该类样本（即复制几条该类样本）。有时模型有能力同时做好多类内容的预估，就是（因为样本太少）忽视了该类内容，这一问题通过调整权重/过采样可以解决；反之就说明模型能力已经耗尽，要考虑引入新结构或增加复杂度来给模型解压，像 POSO 就是这种情况。

决策篇

这里将开启本书的最后一篇——决策篇。其实本书是严格按照从易到难的顺序写作的:从总览篇的概念到模型篇的已有问题,再到前沿篇的新问题,以及难点篇中还没有很好解决的问题。在难点篇,即使其中的问题困扰着千千万万的从业者,归根结底还是在技术视角下。这一篇将讨论推荐系统中涉及范围最大,也是从全局来看最难的问题,那就是决策。制订一个好的决策,不但要对技术有所了解,也包括对产品形态、服务用户方式的认识。制订决策的过程其实是将用户或物料的属性进行抽象和聚合。本篇的主题包括三个方面:对用户习惯聚合之后的流量研究,对物料或用户所处阶段聚合的分层,对数据聚合的实验决策。

第 20 章
流量

流量，本质是对用户请求的聚合，而根据流量的决策是对用户行为习惯的聚合。在生活中，环境无时无刻不在影响用户习惯，点外卖行为的高峰集中在下午，而社区论坛的高峰则在睡前。对于某个具体的平台，总流量是比较稳定且有限的，因此提高流量的效率就格外重要。当前环境中的用户是否有耐心？获取这类流量的成本高不高？核心流量可以对其他流量带来什么影响？这些都是很重要的问题。

20.1　重新认识流量

- 流量区分快慢，要根据产品流量的特点制订针对性的推荐策略。
- 流量区分成本，所有初创产品都要寻找低成本流量。
- 流量具有盲目性，越大的流量，盲目性越强。

推荐系统的模型永远要以最具个性化的推荐和最细粒度的分发为最高目标，因此，推荐系统的重中之重就是模型改进。在模型改进中，有很多粗粒度的规律作为依据，这些规律在大多数场景下是准确的，根据这类规律可以直接制订策略。换句话说，人能想到、能理解的且适用性广的规律都可以在决策中体现，而不能想到的、适用性窄的规律则交给模型去学习。在本章及第 21 章中我们会详细探讨这类规律，但要强调的是，每一类规律的提炼都离不开对推荐系统和人性的深刻理解。

推荐系统的决策会体现在三个方面：物料、用户和环境。这里先从用户和环境的角度来介绍常见决策及其背后的原理。互联网行业永远离不开"流量"二字，每个人都在关心流量，那么，到底什么是流量呢？流量的原意是指单位时间访问服务器的人数，用来表示人气高低。近年来，这个词的含义有所变化，逐渐用来指代用户的聚合，或某时刻特定人群的访问。我们在本章中所说的对流量的研究其实就是对聚合后的用户行为的研究。推荐系统根据当前流量的特点来改变推送对象的策略就是流量区分。

掌握流量的特点不仅是产品思维的基本要求，更是做好决策的关键，那么针对用户行为制订决策时都有哪些要注意的点呢？

20.1.1　流量区分快慢

流量有大小之分，指的是访问的用户数多不多；也有强弱之分，指的是到来的用户与推荐主体之间的匹配程度。在推荐系统中，流量还以**快慢区分**，指的是用户面对信息的处理速度。对于推荐后的结果，用户是一划而过（快流量），还是思考后的选择（慢流量）？

举个例子，因为新闻平台中一个屏幕能展示的物料很多且用户上下滑的速度很快，所以在新闻平台上的广告是快流量场景。广告主必须在极短时间内抓住用户的注意力，因此选择的多为图文广告，广告语都非常简单，多为关键词的堆叠。在短视频广告中，广告语会长一些，创意也丰富些，因为在这种情况下用户可能需要花好几秒才能反应过来这是个广告。即使被发现，用户也已经接受了前面的信息，此时发生点击、转化就没有那么难。一个典型的慢流量场景是电商平台，用户来这里就是买东西的，要花钱的事情就值得仔细思考。这时用户往往货比三家，多次进入相同界面比较，有足够的耐心去计算活动折扣是否划算等。相比于短视频场景，这里可以使用更多的文字描述来介绍产品的优点，越贵的商品，就越可以放心地假设用户有耐心。相比于图文，短视频也可以算一个慢流量场景，但在这个场景下用户的耐心并不十分充分，用户可能会在某些视频上更有耐心，而有些视频就直接跳过。因此，有的视频作者会把整段视频中最精彩的几秒放到开头，希望更好地留住用户。

在生活中我们也能找到流量快慢的例子：贩卖一些手工艺品是选择地铁站，还是选择购物广场？从流量的大小来说，地铁站不知道是购物广场的多少倍，而且不分工作日还是周末，但他们都是快流量，只是为了上下班或赴约路过，急匆匆就会走掉，没有空闲来仔细查看商品。放到购物广场就不一样，大家可能会把玩一下，觉得喜欢就买了。

当然有时流量的快慢不容易被改变，只能根据当前流量的特点因地制宜。超市传单为什么是大红大绿的？因为这种传单发放的对象都是急匆匆的路人，就得用这种最抓眼球的配色方案。有的 App 在评论区或玩家讨论的中间插广告，因为评论的用户及互相讨论的用户之间是有耐心看完所有内容的，把广告插在这样的慢流量场景中有可能获取不错的收益。

所以，所谓的流量快慢描述的是不容易被平台改变的客观环境因素，由平台长年累月形成的产品风格和调性所决定。流量快慢对消费效率有很大的影响，甚至细到一个屏幕内能放下多少内容都会极大影响后续指标。根据对流量快慢的分析，物料的生产者应该针对实际环境**调整物料信息被接收所需要的时间**。

20.1.2　流量区分成本高低

与产品初期紧密关联的性质是**流量区分成本高低**。一个新产品要从市场上"杀"出来，就要经历流量从无到有的过程，前期就要找低成本的流量。哪些流量成本低？举例来说，顾客已经到店里用餐消费了，在这一行为的前提下要求其关注一个公众号不算负担很大，打开小程序或下载个 App 也没什么。未来店家可以通过公众号推送信息，这样的流量获取就很容易，只是让用户动动手指而已，而且还可以通过公众号投放别家的广告来获取收入。那反过来，某大平台的日活跃用户数很高，曝光效果很好，我们想要在开屏放一个品牌广告，但是竞争激烈，很多大广告主都在抢，要强行买下这里的位置花费巨大，流量就很贵。

获取低成本流量最常见的套路是利用社交关系，通俗点说，当你周围的人都在用时，你就必须得用了，比如某即时通信 App 刚上市就遭遇差评，但自己身边的人都在用，自己也只能跟着用了。当然，一开始用户进来的成本可能比较高，尤其是有一定流量的 VIP 用户，直播带货主播总被各种平台"挖"也是因为平台看中主播入驻之后会把原有流量带过来。整个过程只有前期需要花成本拿到流量，后期流量的获取相对是低成本的。

还有一种常见做法就是用成本已经降低后的流量来转化新产品或新业务的流量。典型例子包括春节活动的导流，如下载某关联 App 就可以获得积分，在某个流量很大的场景中插入其他页面的链接，引导用户进入等。这种做法对主业务的影响往往不会太大，损失可控，相比于从零到一获得用户可节省开销。这里与推荐系统相关的问题就是，如何个性化地插入链接，使得原本业务的损失降到最低，即混排。

20.1.3　流量是盲目的

一旦流量变大，流量就会丧失理性。一个人置身群体中，他的决定都是随大溜的，同时会停止思考。大多数人对一件事情没有明显倾向，处于这样也行、那样也行的中间地带，此时周围人对他的影响就很大。很多网红会控制评论，路人到这里一看都是好评，可能就会买他带的货。这点在电商场景下体现得淋漓尽致，当你看到周围人都在买时（甚至可能是伪造出来的），你也会不由自主地下单。读者可以想象一下，在直播间购物时看到别人都在下单，剩余量一直减少的情况下，和在销售只跟你面对面推销的情况下，你考虑是否购买的因素和时间有没有区别？这是技术人员难以理解的点，但事实如此，群体就是缺乏思考的。像精品池中的内容，从内容角度出发来说当然本身是好的。但当用户看到类似"×××人刚刚赞过""热榜 Top ××"等标签时，潜意识中会增加对这些内容的权威认定，这种先入为主的印象会极大影响用户接下来的行为，而这一切影响甚至早在用户看清楚推送的内容是什么之前就发生了。

20.1.4 流量是有"圈子"的

在很多场景中，流量会显得比较"内敛"，即同类型用户聚集在一起。NGA 上的都是玩家，半夜发朋友圈的大多数是球迷。每一种流量聚到一起都会形成一种圈子，圈子内部的交流热火朝天，但圈子之间的交流可能寥寥无几，人群的属性并不重合。比如，邀请朋友拼单的和玩主机游戏的圈子重合度就不高，看炒股软件的和用学习软件的也不是同一类用户。甚至有时圈子是有排他性的，如有些主机游戏玩家会排斥手机游戏玩家。这就会造成一个问题，如果产品只能满足一种流量的需求，那么其"天花板"是很低的，必要时需要通过一个圈子扩展到其他圈子上，即连接到其他流量上。

有电商背景的读者可能知道，以前线上和线下是两个天然隔断的圈子（《我看电商》中有详细的讨论）：因为线下要租门店，成本高，所以线下的商品定价高；而线上有各种 VR 看商品之类的很便利，下单直接从库房发货，成本很低，因此定价低。这样在无形中把年轻人和中老年人隔离开了，年轻人对各种优惠熟记于心，只要线上可以满足的需求就不去线下。中老年人线上玩不明白，去线下又发现比线上贵，最后导致的结果就是不买了，商家直接损失一大批线下客源。因此后来有的厂商对线下也做了修改，你先来看，觉得满意导购现场帮你操作，然后从库房发货，这样线上、线下的定价就一致了。

另一个例子是所谓的"梦幻联动"，看似两个完全不相关的品牌突然合作起来。有的产品会和故宫联名推出限量版的月饼礼盒，背后的动机是什么呢？把月饼礼盒送亲戚，对象往往是中老年人，他看到礼盒时就会想"×××是什么"，也许就会有兴趣下载试用。这也从侧面说明中老年人可能是这个 App 较少覆盖到的对象。突发奇想一下，如果某 App 的主流用户是中老年人，想要吸引年轻人（如学生）应该如何操作呢？可以是某种联名的手机游戏充值包。

在技术上可以借助知识图谱建立不同圈子之间的联系，从而寻找"破圈"的可能。也许我们会发现喜欢密室逃脱的用户和购买提神饮品的用户有很强的关系，喜欢密室逃脱的多是喜欢尝试新鲜事物的年轻人，这类人群在工作中赶时间，就有可能需要提神饮品。观看长视频软件的用户和购买护颈/护腰产品的用户也可能有大面积的重叠，这时就值得考虑在视频中插播护理产品的广告[1]。

---

[1] 实际操作时需要非常小心，这里举的例子已经跨越了多个平台，涉及用户隐私问题，要严肃对待。

20.2　时间的研究

> ⬇ 工作时间是令人意外的流量又多又扎实的时间段，可以在这段时间分发需要耐心阅读的内容。
>
> ⬇ 在线学习中不适合引入在大量正、负样本中都一样的特征，其无法辅助预测。

认识流量的目的在于指导决策。通过上面的讨论，我们一定希望以低成本获取流量，利用流量的盲目性，也会想办法从一个圈子迁移到另一个。不过还没有确定一点：什么时候采取行动呢？

时间是很多维度的缩影。以广告投放为例，根据所卖的内容，如何选择投放时间使得转化效率最高呢？

稍微概括些，可以把一天的 24 小时划分为几个时间段：工作时间（上午 8 点～12 点，下午 2 点～5 点）、午餐时间（中午 12 点～下午 2 点）、晚餐时间（下午 5 点～晚上 8 点）、睡前时间（晚上 8 点～次日 0 点），以及睡眠时间（0 点~早上 8 点）。读者可以猜猜看，这几个时间段流量大小的排序如何？

其实很容易猜到，睡前时间的流量最大，无论是学生还是上班族，在这段时间内都能有较大段的空闲时间。睡眠时间的流量最低，也在预期内。比较令人意外的是，流量第二高的时间段并不是晚餐时间，而是工作时间！考虑到工作时间的战线拉得很长（7 个小时对比睡前时间的 4 个小时），工作时间的流量可以说是非常可观的。这说明大家在工作间隙放松身心的需求很大。

针对这几个时间段的特点可以做哪些策略调整呢？首先，排除通勤，工作时间是可以投放严肃内容的，如新闻、政策解读等。此时用户既不急着吃饭，也不急着睡觉，更不急着赶路。刚从一大堆密集的工作中挤出时间，可以静下心来休息一下。类似地，这些内容不适合放在睡前时间。在晚上 8 点～次日 0 点这段时间，娱乐是最大的需求。用户潜意识中会避免与工作状态相像的阅读（哪怕不怎么动脑，仅仅是看起来像也不行）。临睡前，坐/躺在床上，精神难以集中，也不太适合推送篇幅太长的内容。上面这些都针对自然内容，但这都是倾向性，没有那么绝对。相较而言，广告投放更敏感。如果是外卖广告，可以避开下午 2 点这种时间（放在睡前时间是可以的，毕竟有很多"夜猫子"）；小说广告放在睡前时间很好，这时用户有大把的闲暇时间；同理，游戏广告应该避免目标用户处在通勤中的时间段，否则，要么是没有环境直接下载，要么是赶路忘掉了，转化效果容易受损。

除了一天内的时间分配，一周内的时间也有讲究。比如本书的内容一开始是放在专栏上的，笔者发现最佳的发布时间是周二、周三的晚上[①]。放在周一，很多人并没有

---

① 放在晚上发布和上面说的一天内的时间周期变化有关，晚上 7 点～8 点正好是很多学生结束一天课程或科研、上网随便看看的时间段。

完全从周末的状态里脱离出来，流量很少；到了周二、周三，人们慢慢进入求知的状态，就会花时间仔细阅读技术类的文章，因此专栏上的文章的后验表现很好；到了周五接近下班的时间，流量会有一波小高峰，人们此时处在放假和工作的边缘状态，直接娱乐还不合适，但是又难以专注在工作上，所以会选择能学到东西，但又不会太耗费精力的技术博客；周末几乎是没有流量的，人们都尽情娱乐去了。这个例子是针对学生和上班族的流量高峰时间段，反过来，游戏行业有个周四更新的规律，即大版本的发布时间一般选在周四。其原理是认为这段时间的学生和上班族的流量小，如果有错误还来得及改，不会引起大面积的事故。

上面的工作时间、睡前时间等主要是针对上班族来算的。现代社会大城市的通勤路途较远，很多公司会灵活调整上班时间，工作时间开始的时间整体后移，且有越来越后的趋势（比如上班从 9 点开始改为 10 点开始甚至有公司从 11 点开始）。然而像务农人员等人群，上班时间就开始得很早，尤其在夏季，为了避开炎热的中午，天不亮就起来干活了。晚上也没有太多时间，因为第二天还要早起，那么这类人群的流量高峰会出现在中午（再加上工作性质的影响，工作时间难以产生流量）。实际操作时，可以根据地区灵活划分时间段，在一、二线城市遵循上面的规律，在农业发达地区可以将工作时间前移。

从决策角度根据时间制订策略较直观，但从模型角度根据时间做个性化的预测却不太容易。读者可能会想，无论是一天内的时间，还是一周内的时间都可以作为特征传给模型。虽然这一点是可以做到的，但在在线学习的框架下会出现一个小时内所有样本的小时特征都一样的情况。既然提供了特征，当然是希望这类特征能辅助对正、负样本的判断，但如果所有正、负样本的某个特征都相等，模型就无法把预测结果和该特征联系起来。最终的结果很可能是模型在预测中对该特征的权重降得很低，等价于不生效，这违背了我们添加特征的本意。

解决很长一段时间内特征不变化问题的一个办法是将时间和其他特征交叉起来做组合特征，如时间和城市。这两个特征组合后，正、负样本中的特征分布会不一致，模型训练时就会参考。在不同时间下，对城市特征的归因不同[①]，就能体现出时间的作用。

"时间的研究"是环境因素研究的一个缩影，除时间外还有别的环境，典型的上下文特征还有用户是否连接 Wi-Fi、用户所用手机品牌等。这些特征没有时间的指向性强，但也可以衍生出一些策略，如当用户未连接 Wi-Fi 时，可以考虑减少视频内容的投放。

---

① 可以考虑时差的影响，在同一时刻，北京和洛杉矶的人群表现会不一样。

第 21 章
分层

根据用户习惯、上下文的影响，物料、用户的表现会有按时间聚合的层次性。物料会有成长期、成熟期、老年期；用户也有活跃期和流失期。对于物料，我们希望延长优质内容的成熟期，减少成长期的开销和老年期的损耗；对于用户，我们希望所有人都能保持在活跃期。除它们之外，平台本身也会分层，有产品初期的"自来水"阶段，有快速打开市场的裂变阶段，也有维系用户的持续成长阶段。

21.1 你必须理解的物料生命周期

- 物料在分发中可以分为四个阶段：婴儿期、少年期、成熟期和老年期。这些阶段的形成既有机制因素的作用，也与自然规律有关。
- 从成熟期转入老年期的重要标志是曝光量的增多开始远多于正反馈的增多。
- 婴儿期的物料较脆弱，成熟期是物料能不能成为热门物料的关键时期，尽量不要在这两个阶段调整。

个性化是推荐系统向前发展的一大动机，完全的个性化意味着"千人千面"，对每个用户或物料都能根据其兴趣或特点进行不同的分发。把粒度放得粗一点，一批用户可能有共同的喜好，一批物料也可能有共同的特点。在条件有限的情况下把类似用户/物料结合起来，一起制订策略就是方便高效的选择。这就是本章的主题：分层。

本章涉及的分层包含三个方面：由于物料自然生命周期而产生的物料分层、由于用户敏感度区别而产生的用户分层，以及由于平台发展阶段不同所产生的策略阶段分层。本章会分别进行讲解。

一个内容分发的平台上每天都在产生新物料，但短期内总的承载量是有限的。这就意味着物料一定存在一个生命周期，新物料出现要伴随着旧物料消亡，这样才能让整体保持平衡，总量才不会无限膨胀。但物料的消亡不是戛然而止的，而是有个过程的，这个过程的形成与系统机制、自然规律都有关系。在本节中我们介绍形成这个过程背后的原因，以及在每个阶段可以做什么来提升分发效率。物料生命周期中的四个阶段如图 21-1 所示。

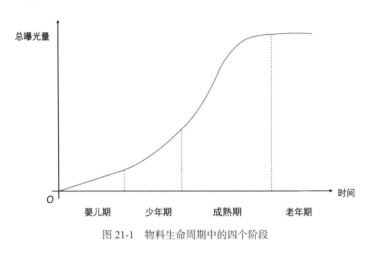

图 21-1　物料生命周期中的四个阶段

图 21-1 是一个 "成功" 的（最后成为热门的）物料的总曝光量随着时间变化的曲线图，一般会形成婴儿期、少年期、成熟期和老年期四个阶段。首先解释一下，为什么会有这四个阶段。

（1）婴儿期：即物料刚出现在平台上的时期，如前面章节所讲，一个新物料和成熟物料相比往往是脆弱的，该阶段的曝光量得来不易，很多是 "保送" 来的。由于还没有成为热门物料，因此曝光量与时间的关系几乎是条直线，系统还没有学会物料适用的人群，也没有正反馈来促使它们抵达下个阶段。

（2）少年期：这是区分成功/失败物料的重要时期。在婴儿期的分发很看运气，成功找到自己的那一批适用人群，就能获得正反馈。这些正反馈信号传回给排序模型，根据我们前面所说的 "复读机" 原理，物料后续的曝光量一定会提升，因此物料在同期 "学员" 的竞争中会胜出。这个阶段的正反馈信号十分宝贵，可以说哪个物料先获得正反馈信号，哪个物料就能在后面的曝光上掌握优势。现在有了正反馈信号的加成，总曝光量-时间曲线的斜率就会提高。但反过来，如果物料在婴儿期的运气太差，那么它在少年期的曲线斜率可能就是一条平的直线，这意味着它没能成功度过冷启动，最终失败了。自然内容的推荐中由于有保量机制存在，竞争显得没那么惨烈。但广告内容和收入强相关，很容易出现 "赢家通吃" 的情况，绝大多数素材会在少年期死掉。我们可以粗略地说冷启动阶段=婴儿期+少年期。可以粗略地认为所有物料的婴儿期差距不太大，而少年期的表现直接决定未来物料的走向。

（3）成熟期：成熟期是最重要的放量期，成功度过冷启动的物料在 CTR 等指标上往往是领先的，曝光量会进一步提高，**此时曝光量的升高往往快于点击数的升高**。先理解一下这句话，如在成熟期之前，某个物料的点击数是 50，曝光量是 500，CTR 是 0.1，接下来它在获得 5 个点击数的同时会获得多少曝光量呢？是比 50 多很多的。原因是多方面的，首先，**成熟期意味着"破圈"**。原先推给自己圈子里的人的效果是很好的，但在这个阶段要推给更多不了解，或者以前没关注过的人看，效率肯定要下降。其次，我们抓到了一个有前途的物料，相信它的能力，或者出于一些目的给它"预支"了很多曝光机会。举个例子：假如运营团队想推广一款视频特效，那么分发下来就会有一些作者自发地去拍。在曝光量增加的过程中运营团队也会介入观察，如果认定某个作者拍出来的效果特别好，就把该视频列为爆款预备队，直接保送并把运营掌握的流量都给它。这样它就拿到了比它自己点击数所匹配得多的曝光机会。从另一个角度来看，有 A、B 两个物料，A 的点击数是 100，B 的点击数是 10。当有 100 个曝光机会时愿意给 A 还是 B 呢（从效果出发）？我可能宁愿把这 100 个曝光机会全给 A，因为它已经证明了自己。在所有的时期中，成熟期对生产者和广告主是最重要的，**能不能达到预期效果基本全看成熟期**。

（4）老年期：物料分发慢慢停止的时期。物料的消亡有三个方面的原因：其一，随着曝光量持续增大，圈外用户的表现差于圈内用户，CTR 指标会下降，对模型来说负样本变多了，预估值就会下降。上面说成熟期的鲜明标志是曝光量的增长快于点击数的增长，这个特点本身就会驱使物料从成熟期向老年期转移；其二，分发的时间长了，无论是圈内、圈外，感兴趣的用户都消耗得差不多了，新鲜感消失，后验表现进一步下降。这两点是主要原因。第三点比较特殊，与额外的退场机制有关。有些新闻类的内容有实时性要求，过去太久的话，无论后验表现多好都应该停止分发，如在 2022 年还能刷出来东京奥运会的内容就不合适了。

了解这些时期背后的机理是很重要的，在探索过程中要适当地调整决策才能拿到最大化的收益。假设有一组广告素材在系统中进行探索（售卖的是同个商品，假设出价在一段时间内不变），但机会有限，要一个一个进入系统。方法是先拿 n 个素材进入系统探索，过段时间观察，当看到有某个效果不好时就把它删掉，再让一个新素材来试。那么，删除操作应该出现在哪些时期呢？

首先在婴儿期应该避免此操作，婴儿期的表现随机性太强，抢先干预并不能得到置信结论。一个物料在婴儿期没拿到效果太正常了，此时不能说它没前途，毕竟删掉再换另一个上来大概率是一样的效果。在少年期可以做吗？是的。在少年期不稳定性大大降低，要说哪个物料的效果最好不一定，哪个物料的效果最差还是很肯定的，这时就可以换新物料上来（当然新物料上来还是处于婴儿期）。成熟期也要谨慎对待，表现最强的那几个肯定不能删掉，毕竟整个计划能不能达到预期目标全靠它们了。到了老年期可以多删除，这时所有的物料都在消亡，如果未探索队列里有好的，"焕发第二春"也不是没有可能的。

运用上面的知识，可以解答一些产品运营人员（主要是广告主方面）日常遇到的问题。

（1）**为什么修改广告计划后，效果变得很差？** 修改计划的操作可能会让系统重新认识你。当系统重新分配新的 ID 时，那一切都得退回到婴儿期重来。当计划已经到成熟期了就要避免随便修改了（成熟期很好辨认，从每日的数据上就能看出来），否则这次的效果没拿到，但用户的兴趣已经消耗了，只能更换素材完全重来一遍。

（2）**为什么广告很快就没有曝光量了？** 首先，只要没在冷启动阶段死亡就算是成功了，广告能曝光多久和广告质量及预算都有关系。笔者见过质量很差的某广告在某App 上反复出现了半年，这只能解释为钱多。但在大多数时候，质量低都只会造成广告在冷启动阶段死亡。如果过了冷启动阶段，在后验表现中比不过别人，那么在成熟期表现也会差，周期也会短，更早进入老年期。

（3）**为什么我觉得我的素材质量很好，却始终得不到曝光呢？** 如果效果、出价都没问题却早早退场，可能的原因是定向时没选好用户，在婴儿期得不到正反馈。即使广告质量好，也得匹配用户兴趣，比如一款手机游戏做得再精美，中老年用户也不会点击。在婴儿期早点得到正反馈对后面的每一个环节都十分重要，这需要广告主对自己广告的目标人群有清晰的认识。在创作素材时容易陷入一种陷阱是觉得自己的产品不区分人群，追求在左右人群上获得好的表现。但非头部的玩家很少能做到这一点，与其把目标定得很高，不如重新想一下预期的效果和匹配的人群，做好定向。现在有一些代理商提供服务，如果自身团队的能力达不到，可以借助他们的能力满足需求。

物料的四个生命周期是综合了机制（模型学习后验数据）和自然规律（用户的兴趣会逐渐消失）形成的，也是合理的，最后从生产者和平台的角度分别总结一下上述四个阶段优化的原则。

从生产者的角度来说有如下两点。

（1）婴儿期：选对人群，尽早拿到正信号。

（2）成熟期：轻易不做修改，如果一定要修改，宁愿重新组织素材重开计划。

从平台的角度来说有如下三点。

（1）婴儿期：尽量做到物料与用户匹配，减少无效曝光。

（2）少年期：提高反馈效率和提前挖掘的精度。

（3）老年期：加快衰退内容的退场速度，同时考虑加大探索力度获取更多数据。

21.2 你必须理解的用户分层

> ⬥ 从生命周期出发的分层主要反映的业务需求是平台活跃程度或日活跃用户数。
>
> ⬥ 从用户价值出发的分层主要反映的需求是变现。
>
> ⬥ 排序模型做的一切事情都可以说是在辨别用户需求。

无论推荐系统做得多复杂,核心还是服务用户,从业者必须对用户有所了解。研究人心的第一课就是要意识到人与人之间存在巨大差异,高活跃度的平台是由形形色色的人群组成的。正如算法上一开始做全局策略,后来到自适应,再到个性化一样,产品运营也是先大局铺开,再精打细算的。我们在因果推断那里提到的打车补贴就是一个例子,一开始为了吸引用户,只要打车就发补贴,到后面预算没那么充足了就得规划,按照激励前的活跃度+激励后的活跃度来区分。对原本不积极、给了激励后活跃的用户用一套策略,对原本不积极、给了激励还不积极的用户用另一种策略。一个好的策略完全可以在总体激励效果差不多的情况下省下大笔支出。

不过研究模型易,研究人心难,用户的分层拆解需要多方面的知识储备和理解。其一,层级之间不是简单的包含或并列关系;其二,每种分层结果应该有不同的运营策略,想要做得细,分的层会越来越多,当然你也要想得出来新加的策略是什么。比如对于 20~25 岁和 25~30 岁的用户,什么样的策略能反映出这么微小的差别呢?"千人千面"的目标是不易达成的。

上面用户分层的动机是精细化补贴,此外,还可以有其他角度,不同的分层视角反映了不同的业务需求。本节就来查看用户分层有哪些角度。

与物料相似,对用户也可以按照生命周期来分,不过不同点在于用户的生命周期演变不会被机制干预,毕竟平台肯定希望所有用户都持续留下来。用户的生命周期示意图如图 21-2 所示。

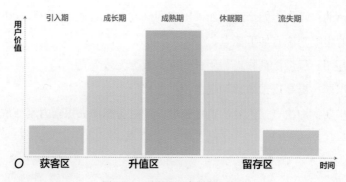

图 21-2　用户的生命周期示意图

图 21-2 所示为用户的生命周期示意图。通过裂变拉新①获得了很多新用户，这个时期叫作引入期。平台在这些用户上的投入非常高，我们相信好的用户在未来有巨大的价值。当用户在探索的过程中发现了更多感兴趣的内容时，用户对平台的价值就会越肯定，此时在成长期的用户会向铁杆粉丝或生产者演变，和平台调性最贴合的用户在成熟期会发挥巨大作用。游戏行业有个段子是策划不知道该做什么了，就找那些骨灰级玩家发的帖子找灵感，这些不领一分钱工资的用户甚至能帮策划达到一个季度的 KPI（关键绩效指标），这就是"自来水"的力量。如果所有用户都能停留在这里是最理想的，但由于平台继续探索的业务形式或广告上得多了，一部分用户会感到不悦，慢慢离开。和物料的生命周期类似，不是所有用户都能走完这些历程的，有不少用户上来看了一些内容就走了，也有部分用户会长期高活跃地陪伴下去。

我们会从两个方面出发提升平台的活力：①让活跃的用户产生的价值尽可能大；②尽量延长用户的生命周期。后一个需要尽量避免用户进入休眠和流失期，也就是要预防用户流失。预防用户流失的方法我们在第 18 章中介绍过，那么有哪些干预手段呢？最常见的干预手段是推送，也就是手机上方弹出的通知和 App 上的红点，经典的文案是"好久不见啦，您关注的×××有更新"。从技术角度可以把所有流失用户的数据拿来做拟合，可以看到什么时候迎来一个拐点，这时就是流失的危险时期，赶紧发推送。对于创作者的方式更加特殊，就是短时间加大分发量，甚至用一些机器人来给他点赞或评论，作者可能本来觉得自己写的东西没人看有点沮丧了，看到这些评论也许能重新挽回他的创作热情。

从生命周期出发的分层主要反映的业务需求是平台活跃程度或日活跃用户数。平台有拉动大量用户的需求，但需求背后潜在的需求包括变现，一般用用户价值来代指。简单地理解就是，用户天天在平台上买东西，就能为平台创造价值（无论是直接购买，还是帮平台挣到了广告收入），用户价值就高。反过来，用户从来不买东西，也不点击广告，其价值就低。从用户价值出发，一般会按照活跃度+消费意愿两个维度来对用户分层。平台想要获利应该优先从活跃度高、消费意愿也高的用户入手（黄金用户）。这在现实中很常见，有的游戏论坛玩家会抱怨策划改动让自己玩得不爽，而充值玩家却觉得更爽了，从这个角度就可以解释，因为策划推出活动必然是优先考虑充值玩家感受的。消费意愿不强、但活跃度高的用户在平台心中排名第二，他们能让平台变得很有人气（白银用户）。对于这部分用户，价值就不体现在消费多少上了（毕竟消费意愿是很难改变的），而是使用时长等。毕竟充值，尤其高充值用户是很少的，如果只有他们，那孤独感太强了，用户很难持续使用下去。有一批很活跃的用户可以互相交流，

---

① 常见的获取新用户机制的大意是，一个用户如果邀请他的好友进来就能获利，这些好友再邀请他们新的好友能进一步获利，这样达到一传十、十传百的效果，详情可见 21.3 节。

打造热烈的氛围是很重要的。

想要促使白银用户变成黄金用户有两个惯用手段。第一个是给极大的首充优惠，给第一次消费打巨大折扣，然后逐渐减小。这种操作让用户以最低的成本跨过付费与否的那道心理门槛，在手机游戏里是最常见的。比如第一次充值就 1～2 元，送一大堆东西，用户就会想"哎，其实'氪金'的回报真的很高"或者"其实付费也没什么"，观念松动之后，就会有第二次、第三次，等等。第二个是给用户一个"面子"，比如我们这里把 VIP 用户分为普通 VIP 用户和超级 VIP 用户，只要稍微充一点钱就能获得大量优惠，从人内心对优越感的需求出发达到自己的目的。游戏公司可能做得更过分，充钱的玩家无法无天，不充钱的玩家处处受欺负，通过打击人的自尊心来诱导消费。

平台的用户可分为普通用户、活跃用户、贡献用户、专业用户、名人。由低到高，他们给平台创造了无形价值。以问答社区为例，来找问题答案的用户属于普通或活跃用户，对某些问题有相关知识的可以提供一些回答，做点贡献。更资深的从业者甚至领域内的专家的回答有很大的参考意义，对社区可以做出突出贡献。有的"名人"更可能帮助 App 完成从小圈子到大圈子的"破圈"，例如，在当前平台发表很专业的解答，其他平台看到后纷纷转载，那原本的 App 就获得了更多曝光，这也能产生很好的价值。

从用户价值出发的分层主要反映的需求是变现。用户到平台上来，他们的需求是不同的。有的人想消磨时间，有的人想买东西，有的人想学习知识。对用户需求的拆解决定了给其分配的策略，这也是与研究推荐系统最相关的分层方式。举个例子，对于新用户我们只会推精品内容，因为我们认为新用户的需求是看新鲜的内容。等他们变成老用户后，需求可能会退化成自己寻找有意思的内容。在论坛上用户分得更明显，有纯玩的用户，有希望获得认同、喜欢输出观点的用户。给纯玩的用户多准备些图、表情包，他们看到以后就会玩得更开心。这其实就是模型在做的事，可以说排序模型做的一切都是为了辨别用户需求。

认清用户需求对于产品初期的定位非常重要。很少有产品一开始就适用于所有用户，新产品要回答"我解决的是用户的哪类需求"，也就是适用于哪个群体。初期只满足目标用户群体的需求，等"盘子"大了再慢慢把其他群体包含进来。二次元网站一开始是爱好者们共同建立的，其中会有特定的文化，但平台不会永远满足于只有二次元用户，慢慢地通过邀请大 V 入驻等方式可以把其他用户拉进来。

用户分层需要借助标签体系来"落地"，可以是客观的，也可以是抽象的。客观的标签就是年龄、性别、地域、是否参与过某活动，要根据人为经验设定策略。抽象的标签是消费能力、消费偏好等，可以直接指定策略。我们在前沿篇讲的用户画像除了放进模型里，更是标签体系的重要组成。无论未来的技术和业务怎么发展变化，更好地认识用户一定是互联网行业永恒的追求。

21.3 三阶段让用户为我"死心塌地"

> ✦ "自来水"阶段的核心是让一部分用户先了解，先了解带动后了解。
>
> ✦ 裂变拉新阶段是对社交关系和社交关系挖掘能力的重大考验。
>
> ✦ 等级体系和成就体系真有说不清的"魔力"，能让用户长长久久地沉浸其中。

21.1 节和 21.2 节中分别讲了物料和用户的生命周期，此外，平台还有一个针对用户的生命周期。根据产品的不同阶段，策略上会有大的调整。一般来说，产品初期需要仔细打磨，这时邀请的用户很少但很优质，听取他们的意见进行改进，即使产品做得不好，也不会在大范围用户内影响口碑，这是频繁调整和大修改的黄金时期，我们称为"自来水"阶段。产品成型后就会大量招揽新用户进场，也是大笔花钱的时候，这个阶段常被称为裂变拉新，它又可以分为两个更细的阶段：粗放推广阶段和精细运营阶段。如果前两个阶段比较理想，就顺利来到第三个阶段：平稳阶段。此时希望用户能长长久久地用下去，于是就有了成长体系。这三个阶段造就了很多大的品牌和平台，接下来，我们讲解这三个阶段是如何让用户"死心塌地"的。

第一个阶段可被称为"自来水"阶段。产品初期，在大规模传播之前，可能会设置一种叫内部码或内测的邀请，其核心是名额有限，需要用户做一些任务才能拿到机会。对于进来的用户，邀请他们试用、收集反馈意见，必要时还可以给予奖励。这种做法有很多好处：其一，来的用户都是通过门槛考验的，**他们会对产品特别热情，也会对反馈更认真。**这批人做了很多任务才拿到内部机会，不多体验提改进建议怎么对得起这个来之不易的机会；其二，这部分用户在无形中被安排了一个"老师"的身份，他们有机会成为未来新用户的领路人，因此可能不遗余力地去宣传；其三，由于规模小、成本容易控制，来的用户又能提供很多实用建议，钱都花在"刀刃"上；其四，如果存在大问题此时修复还来得及，否则在大面积传播时才发现严重漏洞，那么损失就惨重了。

在这个阶段，有的厂商会"玩"得更过分一点，叫"饥饿营销"。现在不光是内测的资格限量了，第一批能买到的产品也限量了。那第一批能买到的，热情高涨的粉丝们会说产品不好吗？不会，因为机会是他们很辛苦才得到的，这就是对人性的把握。

在"自来水"阶段，策略偏向于产品自身，当务之急是解决目前还存在的问题，查缺补漏。

经历过第一个阶段后，产品就初步定型了。作为互联网产品，高增长当然是永远的追求，于是来到第二个阶段，**我们称之为裂变拉新。**裂变拉新顾名思义就是一传十、十传百，其核心做法是邀请好友，**只要邀请好友到产品上来，用户就能获取收益。**购物平台上是折扣，内容平台上是现金。更进一步地，用户邀请的好友越多，折扣或发现金的力度就越大。这种功利型手段的"杀伤力"极强，我们当下耳熟能详的几个大App在早期都是靠裂变拉新扩张的，而且裂变拉新的活动做得很细致，能够涵盖各种用户群体：对消费意愿高的用户，任务是购买东西；对消费意愿低的用户，任务是打卡签到、使用时长等。通过 21.2 节的讲解我们可以理解，这是为了让不同层的用户都发挥他们的价值。

在裂变拉新这里我们还要阐述两个问题：①金钱激励是否能有效地激励用户，能的话是多大程度？②成本如何控制？说得直白点就是，激励我们要花很多钱，需要弄明白我们的钱花得值不值。

首先回答第①个问题，答案是肯定的，而且比想象中要大。在一个平台上用现金激励用户，其效果是一分钱级别的金钱收益就能明显激励到用户，用户对"薅羊毛"的热情非常高涨。第②个问题就是我们前面讲过的补贴策略，给哪些用户多发，哪些少发。所以说，裂变拉新阶段还会分成两个阶段：在第一阶段一视同仁，所有人都发。慢慢就会发现有的用户对补贴不敏感，那么加以学习，在第二阶段把本该给这类用户的补贴发给对补贴敏感的用户，达到效益最大化的目的。

金钱奖励能显著激励用户，这个结论我们已经得到，但还有细节，读者有没有注意到金钱奖励钱的形式并不是你做了件什么事情，我把钱给你，而是你去完成任务，任务做到一定阶段时我再把钱给你。**为什么要设置成任务的形式？** 笔者个人的理解是前者的性价比太容易衡量了，拍一个视频发几角，一瞬间就能算出来，如果觉得不划算就不做了。换成任务以后，做一系列事情好像也不麻烦，还能拿到一定现金，但是隐性的付出很多。平台会把高成本的事情隐藏在一系列低成本的任务中，让用户不太感知得到。比如那种分享给好友做任务的春节活动，在用户看来就是动动手指的事情，但产品要专门去做成本可高多了。这就是第二个阶段，这一阶段的策略集中在活动上，要把产品的名气快速地在用户中传播开来。

无论裂变拉新的势头多猛，钱不会无限投入，一旦停下来，怎么维护用户的稳定呢？这时用**第三个阶段，即平稳阶段的激励，其目的是留住用户**。这个阶段的核心是不能让用户觉得我的事情都做完了，而是我还能成长，我还能变得更强。

平稳阶段的激励主要分为两种：等级体系和成就体系，在一些平台上这两种体系是可以共存的。等级体系最经典的例子是早年间的 QQ 等级，同学之间经常比谁的等级高。就算不找人聊天也会一直挂着，甚至还催生出各种帮忙挂 QQ 的软件（也有一些盗号的行为）。等级激励确实很有"魔力"，小时候玩的网游也是如此，升一级其实能力值不会变很多，但总觉得有某种成就感。这种体系在很多网站都会设置，如知乎，知乎的等级体系如图 21-3 所示。

这里有一个创作等级，想要升级就得多创作，尤其是点赞多的优质内容。升级后能够解锁新的权益，包括在文章里设置打赏通道、开通直播权限等。我们从中能反推出很多用户成长活动的动机，如日常签到就是为了稳住日活跃用户数，激励创作就是为了提升创作者占比。有一个和等级体系比较接近的是积分体系，积分高和等级高一样享有特权；但积分更强调紧迫感，如果太长时间不用可能会作废。

图 21-3 知乎的等级体系

相比于等级体系，成就体系更强调稀缺性。如果想举办一场活动，就推出一个徽章，参与的人可以获得徽章。用户看到眼前的活动就会想：如果现在不参加以后就没机会得到这个徽章了，会是个遗憾。成就系统在现在的单机游戏里非常多，如 Play Station 的白金奖杯、Steam 的完成率等，某个成就如果被 10%以内的玩家达成还会有一道金光闪闪的镶边。还有更夸张的，依靠全成就的挑战激励玩家玩多周，拿到全成就的一般是前百分之一甚至千分之一的玩家，如果拿到了，可不得和朋友分享？

第 22 章
实验现象与回收

无论是模型迭代，还是策略更新，最终的决策使用都要有个标准，这个标准就是我们常说的线上实验。实验作为整个系统的"裁判"，承担着非常重要的任务，如果裁判的判罚有问题，将造成巨大损害。然而由于分组等问题，判决并不是 100%准确的，为了尽可能地减小误差，一般会使用反转、看长期趋势等手段来辅助。当下，各种实验方式仍然存在不足，模型/策略进步的同时，也有很多从业人员在孜孜不倦地改进实验的判决能力。

22.1　决策上线的黄金法则

> ⬇ A/B 实验解决得较好的问题包括如何重复利用流量，如何判定实验现象是否显著。
> ⬇ A/B 实验还没有很好解决的问题是用户进组不均。
> ⬇ 应用 A/B 实验的前提条件是用户对自己所在的组不敏感。

无论我们在模型上提出了什么先进方案，在策略上想出了什么神来之笔，最终都需要一个标准来决定是否上线。标准可以是，改动是否给用户带来了更好的体验，或者是否为平台带来了更多营收等。体现标准的工具则是广为人知的 A/B 实验。

所谓 A/B 实验，指的是从平台的用户里圈出两部分（一般人数大致相等）：一部分用户使用的是没有改动的版本，即对照组；另一部分用户使用的产品被改动了某处（但并不会通知用户），即实验组。经过一段时间观察，判断实验组用户的表现相对于对照组用户的表现是否有差别，以及差别是否显著，据此来体现改动的作用，也帮助我们判断这样的改动是否可以推广到全部用户。

如果没有 A/B 实验，决策需要人工判断。比如一个做过十年产品的人员，根据自己以往的经验提出某个功能，并声称这种改动可以提升用户体验。这样的迭代方式有两个问题：第一个问题是，这种改动所带来的未来预期的收益及风险有多大？没有任何数据可以帮我们去估算，前景很难判断。如果有两个同学都声称他们有很好的主意，该选择谁的？第二个问题是，这个想法是从产品人员自身认识的角度出发的，用户是不是也有一样的想法？也许能找到 100 位用户赞许这项改动，但也可能有 1000 位用户会因为这项改动"弃坑"，怎么决策呢？现在有了 A/B 实验，一切问题都可以让数据说话。实验组和对照组用户的表现一定是倾向于大多数用户的感受的，而改动点带来的收益或损失都可以由设计的指标体现出来。

A/B 实验的出现比起手动指定决策前进了一大步，但还存在需要处理的问题。首先要满足快速迭代的需求。我们把平台上的所有用户看作 100% 的流量，如果开一个 A/B 实验用到 20% 的流量（也就是 10% 对照组与 10% 实验组），那么全体流量只能支撑 9 组实验（即一个 10% 作为对照组，剩下 9 个实验组都和它比）。这是不够的，为了快速迭代我们恨不得同时开成百上千组实验，那么怎么分流量呢？答案是利用互斥层，即按照功能划分，把相互影响的改动放在同一层，把不直接影响的改动放在不同层。互斥层的示意图如图 22-1 所示。

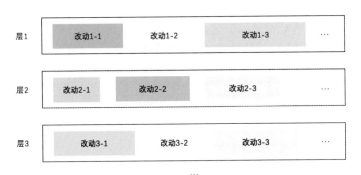

图 22-1　互斥层的示意图

同一个用户可以重复命中不同层，但在同一层中只能命中一个改动组。举例来说，层 1 表示精排模型结构，对照组是逻辑回归模型，实验组有 FM、DNN 等改动。那么同一个用户的推荐结果只能由其中一种产出，这三个改动会相互影响，因此它们是同层互斥的关系。层 2 可以是 App 的开屏样式，对照组是一个大 Logo，实验组有风景画、人物像等选择。同理，用户也只能命中其中一种样式，它们之间也属于互斥关系。但是，可以认为精排模型结构的选型和开屏样式之间没有相关性，用户在上一层受到的影响不会对下一层的表现产生作用。基于这种假设，就可以同时开模型结构和开屏样式的实验了。通过这样的方式，可以开的实验个数就以指数级增长，满足了我们快速迭代的需求。这里精排模型结构的选型和开屏样式之间没有相关性，其实指的就是正交性。我们还需要确保上一层的某组实验进入下一层时，各个分组的概率是相等的，这样才能说两层之间互不影响。

接下来还要处理显著性问题。把某个实验指标看作随机变量，那它自然有波动。所以我们要判断，实验组的数据是否可以由对照组的波动产生，如果是的话，那么改动可能没有什么影响；反之，可以认为改动对指标有明显影响，可以相信其正负向作用。衡量显著性的方法是 Student T 检验，也简称 T 检验。以点击事件为例，只有点击与不点击两种选择，那么可以用二项分布来建模。当样本数足够大时，整体就可以近似看作正态分布了。T 检验用在 A/B 实验的核心原理是：假设实验组的样本是由对照组分布采样得到的，并计算此概率。若概率较低，则拒绝假设（即认为实验是显著的）。这里的样本点一般是指某组用户累积一天的表现，T 检验的计算涉及一些数理统计知识，这里不做赘述。实际在操作时，也可以把 A/B 实验变成 AA/BB 实验，即对照组和实验组都开多份。通过观察多个对照组、多个实验组内部的差异来辅助判断显著性[①]。

上面所述的 A/B 实验涉及的两个问题属于已经被解决得比较好的。但实际上，A/B 实验还存在一些没有很好解决的问题，比较严重的就是用户采样不均匀的问题。

来看一个例子，年轻人和老年人在两种病毒感染后的治愈率如表 22-1 所示，有两种病毒可感染年轻人与中老年人。其中一部分人经过治疗可以痊愈，而有的人则会留下终生的后遗症。

表 22-1　年轻人和老年人在两种病毒感染后的治愈率

	病毒 A				病毒 B				合计			
	不治	治愈	总数	不治比例	不治	治愈	总数	不治比例	不治	治愈	总数	不治比例
年轻人	10	40	50	20%	150	30	180	83%	160	70	230	70%
中老年人	50	100	150	33%	110	20	130	85%	160	120	280	57%
合计	60	140	200	30%	260	50	310	84%	320	190	510	63%

现在来对比一下两种人群的表现：病毒 A 的病例中有 20%的年轻人会留下终生后遗症，情况好于中老年人（33%）；病毒 B 的病例中也有类似现象（83%<85%）。然而奇怪的是，当把两种病例合并之后，年轻人的不治比例竟然高于中老年人（70%>57%），这是为什么呢？

这个现象叫作辛普森悖论（Simpson's Paradox），指的是在几个分组中都观察到一致的趋势，然而合并后趋势消失甚至反转的现象。产生辛普森悖论的原因是分组不均，在上面的例子中，两种病毒导致的不治比例差异巨大（30%与84%），而且对年轻人和老年人的影响也有差异，合并后就出现了这类现象。另外，变量间可能存在某种联系，进而导致偏差。结合推荐系统的例子来说，如果用对照组和实验组验证用户对奢侈品的喜好，但对照组的用户中有明显更高比例的女性时，结论就有问题。我们在设计实

[①] 最简单的例子是，如果某实验中 A、A 之间的差异大于 A、B 之间的差异，那么实验现象就不太可能显著。

验时，希望每个组的用户都是均匀的，没有混入偏差和干扰因素。

采样用户时最简单的方法叫作完全随机分组，即按照某种标准生成随机数来决定用户进入哪个组。不过说是"完全随机"的，很多情况达不到这个目的。例如，按照身份证尾号，奇数都进入对照组，偶数都进入实验组，显然当身份证号与性别间存在映射时，这类情况就会引入极大偏差；也可以对号码进行哈希映射，但哈希映射是伪随机的，如果哈希映射算法与号码规律重合，就会出现问题。

简单直白的算法很难降低分组偏差，再上一个台阶，可以设计动态的算法，即观察已分组用户的分布，再根据当前用户的属性决定将其分配到哪个组之后，组间的差距变小。

检测抽样是否均匀的办法是将 A/A 实验再运行一遍，观察实验指标在两个对照组之间是不是有变化。这也是 AA/BB 实验常用的原因之一。

在本节中，我们一直在讨论 A/B 实验，并且把它看作一个黄金法则，但要注意 A/B 实验的使用有个潜在条件：用户对自己所在的组并不敏感。推荐结果来自哪个模型，其实用户是感知不到的，然而在有的行业这一条就不满足，如大型多人在线游戏的版本更新，总不能有的用户在当前版本，有的用户在下一个版本吧？但是游戏的版本更新是一个重大策略，此时 A/B 实验不适用，还得以严谨的人工测试为主得出结论。同时运营人员还要做很多工作，如通知玩家多久后下线当前版本等。

22.2 "临门一脚"，结果真的置信了吗

> ♣ "月月有推全，年年没提升"是业内广为流传的一则尴尬笑话，如果出现了这样的现象，请记得检查基线模型！
> ♣ 在某些实验指标负向还未收敛时上线等同于"作弊"。
> ♣ 反转实验虽然好，但不适合开太多，毕竟不能让业务指标一直那么负着。

当从 A/B 实验中看到我们关注的核心指标获得提升后，就可以决策上线了。不过在决策之前，还要三思而行，即使大公司往往具备成熟的测试平台，也未必能暴露所有问题。在本节我们梳理一下 A/B 实验中一些不易察觉的误区，避免"误信"数据结果带来负面影响。

第一类问题其实不算问题，而是人人皆知的常识：由于分组的技术在向前发展，人群分流可能存在偏差，所以决策上线的实验应当占据足够大的总流量。刚开始上实验时，不好预估效果，流量开到所有人的 1% VS 1%，观察一段时间没有太大问题就逐渐放量，如 5% VS 5%或 10% VS 10%。但是真正要得到"是否上线"的决策，应该开得更大，如 20% VS 20%，甚至 40% VS 40%才能尽可能地避免分组不均。

第二类问题出在对比的对象上，即基线模型是否存在的问题，有时基线模型会慢慢劣化。比如，由于建模不当，网络中的偏置项越学越占主导，表现为预测结果趋于一致，个性化下降；再比如，由于优化器设置不当，长时间运行的基线模型实际上学习率已经非常低了，此时对在线样本学习不足，个性化也会变差。这时可能只有重新训练一个模型才能取得提升，但实际上，新模型完全可以没有什么本质提升，只是占了训练少、还没劣化的便宜而已。业界流传着一则经典笑话叫作"月月有推全，年年没提升"，就是指这种现象，看起来每个月都有实验取得正向收益，然而一年下来业务还在原地踏步。

为了避免上述问题，可以设计一些中间指标进行观测。比如精排，既然预估的是CTR，那我们就计算预估 CTR 和真实 CTR 之差。按理来说，当基线模型不发生问题时，这个差是相对固定的，如果近期二者之差突然变大，那么有可能是基线模型出现问题。此时应该先修复出现问题的基线模型，再进行对比，得到公平的结论。

第三类问题是忽略了时间因素。如上所说，一个实验刚上线时，不可能占据太大流量。因此用户群体中只有一小部分人能感知到该实验带来的变化。随着时间的推移，某类人群才能慢慢感受到产品变化，才会显现他们的反应。如果实验过早结束，人群趋势还未收敛，就会得到错误的结论。有时我们会遇到一个实验，在刚开始的一周甚至半个月，用户活跃度都不变。但随着时间推移，慢慢出现正向，到一个月左右才表现出来。这种情况可能是因为发生变化的主体是活跃度较低的用户群体。他们本身使用产品的频率不高、时间也不长，实验组针对他们的改动一时半会儿感受不到，就需要更长的时间来验证。假如活跃度高的用户每天都使用产品，并且给出反馈需要一周时间，那么在其他条件都不变的情况下，3 天登录一次的用户就需要 3 周才会给出反馈。

既然有的实验是时间长了才能显现出正向，那就有实验是时间长了才能显现出负向。如果在有些指标负向趋势还未收敛时就上线，可想而知，上线后负向会进一步扩大造成极大损失。在做决策时，应该设置相关规则避免这类问题。

与"时间长了才能看出正向"相反，也有"时间长了正向消失"的情况。出现这种情况可能是所谓的新奇效应造成的：实验组刚发生改变时，用户很快就感知到并且获得了更好的体验，表现为在开始几天指标大幅提升。然而，新鲜劲一过，实验组的改动在他们眼里就可有可无了，这时各种指标都会回落，最终在长时间区间中观测并没有显著收益。这种情况的典型表现是指标的提升幅度按天划分有下降趋势，需要长时间观察得到置信结论。

第四类问题则是忽略了时变因素，"时变"一词的意思是事物随时间变化。举个例子，如果在广告业务中我们提出了某类决策，该决策可能引起平台投放出的广告有类别分布漂移，即原来糕点类在展现中占比 3%，现在占比 10%。恰好做实验的时间接近中秋节，会发生什么呢？由于中秋节大家有吃月饼的习俗，糕点分布占比上升的实验很可能获得更多收入。然而这样的现象在中秋节之后是不太可能持续的，如果实验区间在中秋节前及中秋节内，就会得到错误结论。在这个例子中，用户对商品品类的偏好随着时间，在短期内有很强的偏移，实验也会受到影响。

上面的问题都是从 A/B 指标中看到了置信结论，忽略了隐藏着的各种各样的问题，我们统称为假置信问题。除假置信问题外，有时还会遇到假不置信的情况。比如有两个业务 A 和 B，迭代 A 的时候，可能会挤对 B 的业务空间，从而造成一定的负向影响。当月对 A 有一项改进，从实验指标上看，B 有些负向，但并未负得超出置信区间，大家一起对了一下，看起来没问题，于是上线了。下个月又有一个实验发生类似的现象，也上线了。由于每次上线时，轻微负向后 B 的表现成了它新的基准，标准实际上是逐渐降低的。那么和第一次上线前相比，对 B 伤害很大的迭代在上线后就看不出来了。这就有一个问题，会不会每次上线都看不出问题，然而经过长时间积累在本质上对 B 造成极大伤害呢？这是有可能的，也是非常需要注意的。为了避免这个问题，常见的做法是保留长期对比实验（称为长期反转），除了分别拿次次更新的基线模型和迭代 1、2、3、…去比对，还要拿一个不更新的基线模型和以上迭代全部叠加后的表现去比对。如果里面存在较大问题，就把所有迭代回滚。不过，不同业务对待同个问题可能会采取不同的策略，保留长期实验确实能帮助我们发现问题，但它也是需要流量的。这样的实验多了，大家迭代所能用的流量就少了，而且长期出错毕竟还是小概率事件。有时业务的体量还很小，没什么流量，大家往往就先不管那么多了。

虽然本节看起来都是在讲长期反转实验的必要性，但最后还是要啰唆一句：在大多数情况下，提升还是可信的，那么相关的反转实验就是有损的。虽然开反转实验很严谨，但也不能让业务就那么一直负着，有些不能翻盘的可以关掉。一句话，开反转实验也要节俭。

22.3　不万能的 A/B 实验和难以归因的反转

> ☛ A/B 实验不能解决一切问题，也不能体现一切差异，尤其是在差异需要逐渐扩大的时候。
>
> ☛ 当 A/B 实验不能体现长期影响时，可以"先上后下"，先全量改动，再根据长期反转的表现反过来决定改动是否下线。

让我们回到论述改动对推荐系统能产生后效性的那个例子。假如平台上有很多硬核知识内容用来打造平台的品质感，可是没有那么感兴趣，只是想上网放松一下的用户就不会喜欢，那这部分人群就不会是该产品的目标用户。在前期建设中，注意力都放在目标人群的小圈子里，但随着产品的体量增长，我们对不喜欢硬核内容的那些用户也开始"眼馋"起来。然而经过几年时间，产品在用户心中已经定型了。此时再看产品内部，一没有相关内容，二没有目标用户，该怎么做才能再次获得那些用户的青睐呢？

我们可以首先在平台内加一些轻松娱乐的内容。为了保证这些内容能分发到用户，可以考虑在推荐链路中做保送甚至强插。在理想情况下，当这类内容出现后，不喜欢硬核内容的用户感知到平台的变化且更愿意使用产品，平台也可以获得目标人群的增长，看起来皆大欢喜。

可是问题出现了："平台内增加轻松娱乐的内容分发"本身是个实验，但在 A/B 实验架构下很难得出结论。假如流量开得比较小，5% VS 5%，全平台中只有 5%的用户能看到这些新内容，想要改变平台一直以来在用户心中的刻板印象该有多难啊！而且，在这 5%的用户中，不知道有多少是真的喜欢轻松娱乐内容的。开一个小流量实验，极大可能经过很长时间什么都没发生。实验组的各项指标都在波动，无法给出结论。

有的读者可能会说，那就开大流量实验。大流量实验在理论上确实可以观测到变化，但想要吸引原本属于别的圈子的用户不是一件易事，没有半个月、一个月的时间也做不到。如果长期开着 50% VS 50%的 A/B 实验，其他业务和方向又怎么迭代呢？

实际中解决这个难题的方法是"先上后下"，意思就是先在 A/B 实验中看到一点收益[①]，决策上线，长期观察反转，如果经过很长时间，目标用户留存、活跃度等比上线前都没有显著变化，就说明这项改动是无效的，再下线也不迟。比如我们希望不喜欢硬核内容的用户活跃度增加，在流量有限的 A/B 实验中很可能看不到，那他们的使用时长有没有提升呢？如果其他指标都没什么变化，还可以发送用户问卷，调查是否有口碑上的改变。相关改动上线时，对其他改动的迭代就没什么影响了，等几个月都可以。而且改动影响了绝大部分的用户，也可以加速"破圈"吸引用户。

但长期反转也有它自己的问题，经过几个月的时间有各种改动上线，即使最后看反转有显著差异，能确认这显著的差异是当初哪个改动带来的吗？为了得到相关结论，还要耗费大量人力进行分析拆解。

将上面的情况总结一下：当实验的影响在长期才能看出，并且要随着时间推移变显著时，A/B 实验就不太适用了。在一些特殊情况下，A/B 实验也不适用，或者需要做相应的修改，下面对这类情况进行说明。

一般说的实验分组的对象都是普通用户，运营人员如果想对比两种促进投稿活动的力度的不同对生产者有什么影响时，按照消费者分组就不科学了。本来按照消费者分组，消费者自己都有可能分得不均匀。现在生产者只是消费者的一个子集，按照消

---

① 当然上线时肯定不能有核心指标负向，否则一开始就做错了。

费者分组，每个组的生产者可能分得更不均匀。因此，这种问题应该把所有的生产者圈出来再分组进行实验，这也是我们常说的生产者侧实验。

另一种情况是分组的用户间会互相影响的情况。比如在社交网络上，我们想做类似"转发×××就赠送金币"的活动，此时对照组和实验组就会互相影响。即使一开始划定了分组，如果实验组和对照组的两个用户是现实中的朋友，也有可能互相转发（我们总不能禁止吧）。那实验组的改动"渗透"到了对照组里，再比较就没意义了。这种情况也可以按照"先上后下"的操作流程来做，先让全量用户都参与进去，在活动结束后再回头复盘看结果是否符合一开始的设想。

22.4　线上和线下的对齐——无穷逼近

- 推荐算法工程师的小确幸：线下指标提升了，线上能反映出来。
- 线下指标并不是没有权重的，而是默认不配权重的，是按类别/样本平权[①]的。
- 算法要迭代，指标设计也要迭代。后者的改进能让工作顺利很多。

在模型篇中，我们曾经说过"老汤模型"是推荐算法工程师的一大克星，危害无穷。很多读者评论都说感同身受，但"老汤模型"的产生和迭代习惯息息相关，前期多加注意其实是可以预防的。推荐算法工程师的日常工作中还有一个令人头疼的问题：线上、线下的指标不一致，即线下训练调研时所参考的指标无法反映线上真实情况的问题。这个问题并不是因为犯了错误出现的，而是与指标的设计特点有关的。

以广告精排 CTR 模型为例，线下训练时可能会以 AUC 为标准和基线模型对比。可有时明明看到 AUC 比基线模型提升了，线上的指标却是持平的，这是为什么呢？

在目前常见的机器学习问题中，线下评估往往偏好全局性，即考虑算法在所有样本上的性能，而且往往不配权重。比如分类问题，一开始我们以简单计算的正确率为指标，即有一个样本判对就视为正确，算出正确判别的比例。正确率显而易见受到类别不平衡的影响，如果有一类实例占到 90% 以上，全判为这类，那么算法也能得到 90%以上的正确率，但这毫无意义。针对类别均衡问题，又有平均正确率来纠正，这次每个类分别计算正确率，再平均起来。在分类问题发展的过程中，人们渐渐觉得普通物体的分类做得不错，可以尝试更细粒度的分类，于是有了分类乐器、鸟等任务。由于其中的某些类别难以收集，实例数很少，所以会出现分错了正确率就差好多的问题。为了解决这个问题，人们使用平均正确率来细化排序效果，对应地，按类别平均就有

---

① 这里指有个隐含的权重在这里不区分，相当于权重是相等的。

Mean Average Precision[1]。

因此，线下指标并不是没有权重的，而是无论多么精细，总有隐含的权重在里面，而且在偏学术的环境下，往往是按类别/召回平权的。平均正确率按类别平均，此时每个类在指标中的重要性都等同，可在实际环境中应当如此吗？例如，人脸识别产品主要应用于亚洲，那在综合各人种表现时就应当以黄色人种为主。我们在推荐系统中遇到的问题很可能是类似的，AUC 是按样本平均的，它提升了，有可能是因为尾部广告主的广告预估得好，其他广告不变，线上实验中的收入就不一定能显著提升。为了应对这种情况，是可以考虑对 AUC 稍做修改，以广告主竞价的能力来配权重计算 AUC 的。如果产品应用于多个国家，精排共用一个模型，那么 AUC 可能受到人口的影响。在产品层面，每个国家用户的价值不同，和人口数无关，此时可以人工配权重。

不过，固定的权重使用起来不太方便，如广告主的竞价能力会变，难道过段时间还要手动修改吗？那也太麻烦了。简单的实现方式是把每个子类都单独拿出来计算 AUC，然后都放在监控里去比较，当在某段时间存在先验（确认在这段时间哪个子类的表现比较关键）时，重点关注即可。计算子类 AUC 的负担较低，不需要再走一遍网络前传，只需要根据标注取出对应子类的真值和预测值计算即可。但要注意，拆得越细，样本越稀疏，指标可能变得越不可信。

上面所说的方法并不能完美地解决线上、线下指标不一致的问题。笔者的经历中也出现过在线下看哪方面都提升了，但在线上却表现不出来的情况。这类问题与指标本身的缺陷也有关系，如我们曾强调过的，当以完整播放为主要目标时，推荐的视频会不可避免地变短。建议读者在实际业务中多建指标，包括一些中间指标来辅助分析问题。讲到这里，全书的内容就即将结束了，这个问题，就作为本书留下的最后一个谜题吧。

---

① 这里有两个平均，Mean 指的是按类别平均，Average 指的是按召回率平均。

后记

笔者在工作的这些年里需要和一些刚入职、入行的人合作。一方面，笔者在教授知识时发现口口相传比较痛苦，教会第一个人，教第二个人还得再口述一遍。即使自己建设了一些文档，也比较零散，没有形成体系，效率不高；另一方面，他们需要的其实不是基础知识，而是先进的算法及其背后的思想，甚至是一些脑洞大开的讨论。这些内容在当下的出版物和网络平台中还比较少见，于是慢慢地，笔者心里有个想法：我应该把这些知识写出来，让需要的读者能找到。

一开始，写作的方式是知乎专栏连载（《从零单排推荐系统》）。打算写专栏时，笔者给自己制订了两个目标：①以写书的标准要求自己；②不管反馈如何，首先做到坚持下去。因为第①点，专栏一开始就规划了体系，最终也成为这本书的组织体系。为了把整个领域近年来的发展梳理清楚，很多知识要现学并且在实践中寻找案例。庆幸的是，一开始反响就不错，最终笔者坚持下来一直到专栏连载结束，也迎来了本书的面世。

本书的结构与其说是从业者学习的顺序，不如说是从业者成长的历程：从了解系统的全貌（总览篇），到深入做改进（模型篇），再到推进技术迭代（前沿篇+难点篇），最后能够掌控全局、制订决策（决策篇）。回过头看，书中有些内容对初学者来说可能有些晦涩。问题会随着推荐算法工程师的成长不断出现，也许每过一段时间重新回顾，就会有不同的理解。也有一些问题，时至今日没有定论，我罗列了一些自己的想法，不一定完全正确，也欢迎读者随时讨论。因本人水平有限，书中可能存在疏漏和错误，恳请广大读者批评指正。

最后，非常感谢电子工业出版社的孙学瑛编辑提供帮助，她在成书的过程中非常耐心地调整结构、改善文字，本书的面世离不开她的贡献。同时也要感谢家人、朋友及同事的鼓励，尤其是妻子的理解与支持，这本书也是送给我们孩子的礼物。

作者

2023 年 5 月

参考文献

[1] ZHU H, JIN J Q, TAN C, et al. Optimized Cost per Click in Taobao Display Advertising [C]. Proceedings of the ACM SIGKDD International Conference on Knowledge Discovery and Data Mining, 2017.

[2] LANGFORD J, LI L H, ZHANG T.Sparse Online Learning via Truncated Gradient[J]. Journal of Machine Learning Research, 2009, 10:777-801.

[3] DUCHI J C, SINGER Y. Efficient Online and Batch Learning Using Forward Backward Splitting[C]. Proceedings of Neural Information Processing Systems, 2009.

[4] XIAO L. Dual Averaging Methods for Regularized Stochastic Learning and Online Optimization[C]. Proceedings of Neural Information Processing Systems, 2009.

[5] BRENDAN MCMAHAN H, Holt G, SCULLEY D, et al. Ad Click Prediction: A View from the Trenches[C]. Proceedings of the ACM SIGKDD International Conference on Knowledge Discovery and Data Mining, 2013.

[6] RENDLE S. Factorization Machines[C]. Proceedings of IEEE International Conference on Data Mining, 2010.

[7] JUAN Y, ZHUANG Y, CHIN W-S, et al. Field-aware Factorization Machines for CTR Prediction[C]. Proceedings of the ACM Conference on Recommender Systems, 2016.

[8] GUO H F, TANG R M, YE Y M, et al. DeepFM: A Factorization-Machine based Neural Network for CTR Prediction[C]. Proceedings of the International Joint Conference on Artificial Intelligence, 2017.

[9] ZHANG W N, DU T M, WANG J. Deep Learning over Multi-field Categorical Data – A Case Study on User Response Prediction[C]. Proceedings of European Conference on Information Retrieval, 2016.

[10] QU Y R, FANG B H, ZHANG W N, et al. Product-based Neural Networks for User Response Prediction over Multi-Field Categorical Data[J]. Journal of ACM Transactions on Information Systems, 2019, 37(1): 1-35.

[11] YANG Y, XU B L, SHEN S F, et al. Operation-aware Neural Networks for User Response Prediction[J]. Journal of Neural Networks, 2020, 121(C): 161-168.

[12] HE X N, CHUA T-S. Neural Factorization Machines for Sparse Predictive Analytics[C]. Proceedings of the International ACM SIGIR Conference on Research and Development in Information Retrieval, 2017.

[13] RENDLE S, KRICHENE W, ZHANG L, et al. Neural Collaborative Filtering vs. Matrix Factorization Revisited[C]. Proceedings of the ACM Conference on Recommender Systems, 2020.

[14] BLONDEL M, FUJINO A, UEDA N, et al. Higher-Order Factorization Machines[C]. Proceedings of Neural Information Processing Systems, 2016.

[15] WANG R X, FU B, FU G, et al. Deep & Cross Network for Ad Click Predictions[C]. Proceedings of the ADKDD'17, 2017.

[16] LIAN J X, ZHOU X H, ZHANG F Z, et al. xDeepFM: Combining Explicit and Implicit Feature Interactions for Recommender Systems[C]. Proceedings of the ACM SIGKDD International Conference on Knowledge Discovery and Data Mining, 2018.

[17] WANG R X, SHIVANNA R, CHENG D Z, et al. DCN V2: Improved Deep & Cross Network and Practical Lessons for Web-scale Learning to Rank Systems[C]. Proceedings of the Web Conference, 2021.

[18] HE X R, PAN J E, JIN O, et al. Practical Lessons from Predicting Clicks on Ads at Facebook[C]. Proceedings of the ADKDD'14, 2014.

[19] NATEKIN A, KNOLL A. Gradient Boosting Machines, A Tutorial[J]. Journal of Frontiers in Neurorobotics, 2013, 7: 21.

[20] CHEN T Q, GUESTRIN C. XGBoost: A Scalable Tree Boosting System[C]. Proceedings of the ACM SIGKDD International Conference on Knowledge Discovery and Data Mining, 2016.

[21] KE G L, MENG Q, FINELY T, et al. LightGBM: A Highly Efficient Gradient Boosting Decision Tree[C]. Proceedings of Neural Information Processing Systems, 2017.

[22] COVINGTON P, ADAMS J, SARGIN E. Deep Neural Networks for YouTube Recommendations[C]. Proceedings of the ACM Conference on Recommender Systems, 2016.

[23] NAUMOV M, MUDIGERE D, MICHAEL SHI H-J, et al. Deep Learning Recommendation Model for Personalization and Recommendation Systems[J]. ArXiv, 2019, abs/1906.00091.

[24] MICHAEL SHI H-J, MUDIGERE D, NAUMOV M, et al. Compositional Embeddings

Using Complementary Partitions for Memory-Efficient Recommendation Systems[C]. Proceedings of the ACM SIGKDD International Conference on Knowledge Discovery and Data Mining, 2020.

[25] YAN B C, WANG P J, LIU J Q, et al. Binary Code based Hash Embedding for Web-scale Applications[C]. Proceedings of the ACM International Conference on Information & Knowledge Management, 2021.

[26] KANG W C, CHENG D J, YAO T S, et al. Learning to Embed Categorical Features without Embedding Tables for Recommendation[C]. Proceedings of the ACM SIGKDD International Conference on Knowledge Discovery and Data Mining, 2021.

[27] ZHOU G R, ZHU X Q, SONG C R, et al. Deep Interest Network for Click-Through Rate Prediction[C]. Proceedings of the ACM SIGKDD International Conference on Knowledge Discovery and Data Mining, 2018.

[28] ZHOU G R, MOU N, FAN Y, et al. Deep Interest Evolution Network for Click-Through Rate Prediction[J]. Proceedings of the AAAI Conference on Artificial Intelligence, 2019, 33: 5941-5948.

[29] XIAO J, YE H, HE X N, et al. Attentional Factorization Machines: Learning the Weight of Feature Interactions via Attention Networks[C]. Proceedings of the International Joint Conference on Artificial Intelligence, 2017.

[30] SWIETOJANSKI P, LI J Y, RENALS S. Learning hidden unit contributions for unsupervised acoustic model adaptation[J]. Journal of IEEE/ACM Transactions on Audio, Speech and Language Processing, 2016, 24(8): 1450-1463.

[31] SONG W P, SHI C, XIAO Z P, et al. AutoInt: Automatic Feature Interaction Learning via Self-Attentive Neural Networks[C]. Proceedings of the ACM International Conference on Information and Knowledge Management, 2019.

[32] MA J Q, ZHAO Z, YI X Y, et al. Modeling Task Relationships in Multi-Task Learning with Multi-gate Mixture-of-Experts[C]. Proceedings of the ACM SIGKDD International Conference on Knowledge Discovery and Data Mining, 2018.

[33] VASWANI A, SHAZEER N, PARMAR N, et al. Attention Is All You Need[C]. Proceedings of Neural Information Processing Systems, 2017.

[34] CHEN Q W, ZHAO H, LI W, et al. Behavior Sequence Transformer for E-commerce Recommendation in Alibaba[C]. Proceedings of the International Workshop on Deep Learning Practice for High-Dimensional Sparse Data, 2019.

[35] WANG S N, LI B Z, KHABSA M, et al. Linformer: Self-Attention with Linear

Complexity[J]. ArXiv, 2020, abs/2006.04768.

[36] WANG Z, ZHAO L. COLD: Towards the Next Generation of Pre-Ranking System[J]. ArXiv, 2020, abs/2007.16122.

[37] LV F Y, JIN T W, YU C L, et al. SDM: Sequential Deep Matching Model for Online Large-scale Recommender System[C]. Proceedings of the ACM International Conference on Information and Knowledge Management, 2019.

[38] CAO Z, QIN T, LIU T-Y, et al. Learning to Rank: From Pairwise Approach to Listwise Approach[C]. Proceedings of the International Conference on Machine Learning, 2007.

[39] HUANG P-S, HE X D, GAO J F, et al. Learning Deep Structured Semantic Models for Web Search using Clickthrough Data[C]. Proceedings of the ACM International Conference on Information and Knowledge Management, 2013.

[40] YAO T S, YI X Y, CHENG D Z Y, et al. Self-supervised Learning for Large-scale Item Recommendations[C]. Proceedings of the ACM International Conference on Information and Knowledge Management, 2021.

[41] YING R, HE R, CHEN K F, et al. Graph Convolutional Neural Networks for Web-Scale Recommender Systems[C]. Proceedings of the ACM SIGKDD International Conference on Knowledge Discovery and Data Mining, 2018.

[42] JEGOU H, MATTHIJS D, SCHMIO C, et al. Product quantization for nearest neighbor search[J]. Journal of IEEE Transactions on Pattern Analysis and Machine Intelligence, 2011, 33(1): 117-128.

[43] MALKOV Y A, YASHUNIN D A. Efficient and Robust Approximate Nearest Neighbor Search Using Hierarchical Navigable Small World Graphs[J]. Journal of IEEE Transactions on Pattern Analysis and Machine Intelligence, 2020, 42 (4): 824-836.

[44] MALKOV Y, PONOMARENKO A, LOGVINOV A, et al. Approximate nearest neighbor algorithm based on navigable small world graphs[J]. Journal of Information Systems, 2014, 45: 61-68.

[45] ZHU H, LI X, ZHANG P Y, et al. Learning Tree-based Deep Model for Recommender Systems[C]. Proceedings of the ACM SIGKDD International Conference on Knowledge Discovery and Data Mining, 2018.

[46] GAO W H, FAN X J, WANG C, et al. Deep Retrieval: Learning A Retrievable Structure for Large-scale Recommendations[C]. Proceedings of the ACM International Conference on Information & Knowledge Management, 2021.

[47] ZHAO Z C, MA H M, YOU S D. Single Image Action Recognition Using Semantic

Body Part Actions[C]. Proceedings of International Conference on Computer Vision, 2017.

[48] CAO Z, SIMON T, WEI S-E, et al. Realtime Multi-Person 2D Pose Estimation Using Part Affinity Fields[C]. Proceedings of IEEE Conference on Computer Vision and Pattern Recognition, 2017.

[49] DAI S F, LIN H B, ZHAO Z C, et al. POSO: Personalized Cold Start Modules for Large-scale Recommender Systems[J]. ArXiv, 2021, abs/2108.04690.

[50] PI Q, BIAN W J, ZHOU G R, et al. Practice on Long Sequential User Behavior Modeling for Click-Through Rate Prediction[C]. Proceedings of the ACM SIGKDD International Conference on Knowledge Discovery and Data Mining, 2019.

[51] PI Q, ZHOU G R, ZHANG Y J, et al. Search-based User Interest Modeling with Lifelong Sequential Behavior Data for Click-Through Rate Prediction[C]. Proceedings of the ACM International Conference on Information and Knowledge Management, 2020.

[52] SHRIVASTAVA A, LI P. Asymmetric LSH (ALSH) for Sublinear Time Maximum Inner Product Search (MIPS)[C]. Proceedings of Neural Information Processing Systems, 2014.

[53] LI C, LIU Z Y, WU M M, et al. Multi-Interest Network with Dynamic Routing for Recommendation at Tmall[C]. Proceedings of the ACM International Conference on Information and Knowledge Management, 2019.

[54] Ishan M, SHRIVASTAVA A, ABHINAV G, et al. Cross-Stitch Networks for Multi-Task Learning[C]. Proceedings of IEEE Conference on Computer Vision and Pattern Recognition, 2016.

[55] ROSENBAUM C, KLINGER T, Riemer M. ROUTING NETWORKS: ADAPTIVE SELECTION OF NON-LINEAR FUNCTIONS FOR MULTI-TASK LEARNING[C]. Proceedings of International Conference on Learning Representations, 2018.

[56] SUN X M, PANDA R, FERIS R, et al. AdaShare: Learning What To Share For Efficient Deep Multi-Task Learning[C]. Proceedings of Neural Information Processing Systems, 2020.

[57] SHAZEER N, MIRHOSEINI A, MAZIARZ K, et al. Outrageously Large Neural Networks: The Sparsely-Gated Mixture-of-Experts Layer[J]. ArXiv, 2017, abs/1701.06538.

[58] ZHAO Z, HONG L C, WEI L, et al. Recommending What Video to Watch Next: A Multitask Ranking System[C]. Proceedings of the ACM Conference on Recommender

Systems, 2019.

[59] TANG H Y, LIU J N, ZHAO M, et al. Progressive Layered Extraction (PLE): A Novel Multi-Task Learning (MTL) Model for Personalized Recommendations[C]. Proceedings of the ACM Conference on Recommender Systems, 2020.

[60] MA X, ZHAO L Q, HUANG G, et al. Entire Space Multi-Task Model: An Effective Approach for Estimating Post-Click Conversion Rate[C]. Proceedings of the International ACM SIGIR Conference on Research and Development in Information Retrieval, 2018.

[61] CHEN C, ZHANG M, ZHANG Y F, et al. Efficient Heterogeneous Collaborative Filtering without Negative Sampling for Recommendation[J]. Proceedings of the AAAI Conference, 2020, 34(01): 19-26.

[62] CHEN L M, ZHANG G X, ZHOU H N. Fast Greedy MAP Inference for Determinantal Point Process to Improve Recommendation Diversity[C]. Proceedings of Neural Information Processing Systems, 2018.

[63] LI L H, CHU W, LANGFORD J, et al. A Contextual-Bandit Approach to Personalized News Article Recommendation[C]. Proceedings of the International Conference on World Wide Web, 2010.

[64] SHAH P, YANG M, ALLE S, et al. A Practical Exploration System for Search Advertising[C]. Proceedings of the ACM SIGKDD International Conference on Knowledge Discovery and Data Mining, 2017.

[65] HE J R, TONG H H, MEI Q Z, et al. GenDeR: A Generic Diversified Ranking Algorithm[C], Proceedings of Neural Information Processing Systems, 2012.

[66] VARGAS S, BALTRUNAS L, KARATZOGLOU A, et al. Coverage, Redundancy and Size-Awareness in Genre Diversity for Recommender Systems[C]. Proceedings of the ACM Conference on Recommender Systems, 2014.

[67] WANG Y C, ZHANG X Y, LIU Z R, et al. Personalized Re-ranking for Improving Diversity in Live Recommender Systems[J]. ArXiv, 2020, abs/2004.06390.

[68] GAN L, NURBAKOVA D, LAPORTE L, et al. Enhancing Recommendation Diversity Using Determinantal Point Processes on Knowledge Graphs[C]. Proceedings of the International ACM SIGIR Conference on Research and Development in Information Retrieval, 2020.

[69] MARIET Z, OVADIA Y SNOEK J. DPPNet: Approximating Determinantal Point Processes with Deep Networks[C]. Proceedings of Neural Information Processing

Systems, 2019.

[70] PEI C H, ZHANG Y, ZHANG Y F, et al. Personalized Re-ranking for Recommendation[C]. Proceedings of the ACM Conference on Recommender Systems, 2019.

[71] BELLO I, KULKARNI S, JAIN S, et al. Seq2Slate: Re-ranking and Slate Optimization with RNNs[J]. ArXiv, 2019, abs/1810.02019.

[72] YUAN B W, HSIA J-Y, YANG M-Y, et al. Improving Ad Click Prediction by Considering Non-displayed Events[C], Proceedings of the ACM International Conference on Information and Knowledge Management, 2019.

[73] YI X Y, YANG J, HONG L C, et al. Sampling-Bias-Corrected Neural Modeling for Large Corpus Item Recommendations[C]. Proceedings of the ACM Conference on Recommender Systems, 2019.

[74] CHEN Z H, XIAO R, LI C L, et al. ESAM: Discriminative Domain Adaptation with Non-Displayed Items to Improve Long-Tail Performance[C]. Proceedings of the International ACM SIGIR Conference on Research and Development in Information Retrieval, 2020.

[75] CRASWELL N, ZOETER O, TAYLOR M, et al. An Experimental Comparison of Click Position-Bias Models[C]. Proceedings of the International Conference on Web Search and Data Mining, 2008.

[76] GUO H F, YU J K, LIU Q, et al. PAL: A Position-bias Aware Learning Framework for CTR Prediction in Live Recommender Systems[C]. Proceedings of the ACM Conference on Recommender Systems, 2019.

[77] LIU H X, SIMONYAN K, YANG Y M. DARTS: DIFFERENTIABLE ARCHITECTURE SEARCH[C]. Proceedings of International Conference on Learning Representations, 2019.

[78] YAO Q M, XU J, TU W W, et al. Efficient Neural Architecture Search via Proximal Iterations[J]. Proceedings of the AAAI Conference on Artificial Intelligence, 2020, 34(04): 6664-6671.

[79] YAO Q M, CHEN X N, KWOK J, et al. Efficient Neural Interaction Function Search for Collaborative Filtering[C]. Proceedings of the International Conference on World Wide Web, 2020.

[80] KHAWAR F, HANG X, TANG R M, et al. AutoFeature: Searching for Feature Interactions and Their Architectures for Click-through Rate Prediction[C]. Proceedings of the ACM International Conference on Information and Knowledge Management,

2020.

[81] GUO Y, YUAN H, TAN J C, et al. GDP: Stabilized Neural Network Pruning via Gates with Differentiable Polarization[C]. Proceedings of International Conference on Computer Vision, 2021, 5239-5250.

[82] SHEN J Y, GUI S P, WANG H T, et al. UMEC: UNIFIED MODEL AND EMBEDDING COMPRESSION FOR EFFICIENT RECOMMENDATION SYSTEMS[C]. Proceedings of International Conference on Learning Representations, 2021.

[83] PEROZZI B, AL-RFOU R, SKIENA S. DeepWalk: Online Learning of Social Representations[C]. Proceedings of the ACM SIGKDD International Conference on Knowledge Discovery and Data Mining, 2014.

[84] GROVER A, LESKOVER J. node2vec: Scalable Feature Learning for Networks[J]. Proceedings of the ACM SIGKDD International Conference on Knowledge Discovery and Data Mining, 2016, 855-864.

[85] DEVLIN J, CHANG M-W, LEE K, et al. BERT: Pre-training of Deep Bidirectional Transformers for Language Understanding[C]. Proceedings of the Conference on the North American Chapter of the Association for Computational Linguistics, 2019.

[86] MIKOLOV T, SUTSKEVER I, CHEN K, et al. Distributed Representations of Words and Phrases and their Compositionality[C]. Proceedings of Neural Information Processing Systems, 2013.

[87] THOMAS N, MAX W. Semi-Supervised Classification with Graph Convolutional Networks[C]. Proceedings of International Conference on Learning Representations, 2017.

[88] HAMILTON W L, YING R, LESKOVEC J. Inductive Representation Learning on Large Graphs[C]. Proceedings of Neural Information Processing Systems, 2017.

[89] VELICKOVIC P, CUCURULL G, CASANOVA A, et al. Graph Attention Networks[C]. Proceedings of International Conference on Learning Representations, 2018.

[90] ZHANG C X, SONG D J, HUANG C, et al. Heterogeneous Graph Neural Network[C]. Proceedings of the ACM SIGKDD International Conference on Knowledge Discovery and Data Mining, 2019.

[91] SANKAR A, LIU Y, YU J, et al. Graph Neural Networks for Friend Ranking in Large-scale Social Platforms[C]. Proceedings of the International Conference on World Wide Web, 2021.

[92] LIU Q, XIE R B, CHEN L, et al. Graph Neural Network for Tag Ranking in Tag-

enhanced Video Recommendation[C]. Proceedings of the ACM International Conference on Information and Knowledge Management, 2020.

[93] LI C, LU Y F, WANG W, et al. Package Recommendation with Intra- and Inter-Package Attention Networks[C]. Proceedings of the International ACM SIGIR Conference on Research and Development in Information Retrieval, 2021.

[94] GONG J B, WANG S, WANG J L, et al. Attentional Graph Convolutional Networks for Knowledge Concept Recommendation in MOOCs in A Heterogeneous View[C]. Proceedings of the International ACM SIGIR Conference on Research and Development in Information Retrieval, 2020.

[95] CHAPELLE O. Modeling Delayed Feedback in Display Advertising[C]. Proceedings of the ACM SIGKDD International Conference on Knowledge Discovery and Data Mining, 2014.

[96] YOSHIKAWA Y, IMAI Y. A Nonparametric Delayed Feedback Model for Conversion Rate Prediction[J]. ArXiv, 2018, abs/1802.00255.

[97] SU Y M, ZHANG L, DAI Q Y, et al. An Attention-based Model for Conversion Rate Prediction with Delayed Feedback via Post-click Calibration[C]. Proceedings of the International Joint Conference on Artificial Intelligence, 2020.

[98] ELKAN C, NOTO K. Learning Classifiers from Only Positive and Unlabeled Data[C]. Proceedings of the ACM SIGKDD International Conference on Knowledge Discovery and Data Mining, 2008.

[99] KTENA S I, TEJANI A, THEIS L, et al. Addressing Delayed Feedback for Continuous Training with Neural Networks in CTR prediction[C]. Proceedings of the ACM Conference on Recommender Systems, 2019.

[100] BADANIDIYURU A, EVDOKIMOV A, KRISHNAN V, et al. Handling Many Conversions per Click in Modeling Delayed Feedback[J]. ArXiv, 2021, abs/2101.02284.

[101] GE T Z, ZHAO L Q, ZHOU G R, et al. Image Matters: Visually Modeling User Behaviors Using Advanced Model Server[C]. Proceedings of the ACM International Conference on Information and Knowledge Management, 2018.

[102] YU T, YANG Y, LI Y, et al. Multi-modal Dictionary BERT for Cross-modal Video Search in Baidu Advertising[C]. Proceedings of the ACM International Conference on Information and Knowledge Management, 2021.

[103] ZHAO Z C, LI L, ZHANG B W, et al. What You Look Matters?: Offline Evaluation of Advertising Creatives for Cold-start Problem[C]. Proceedings of the ACM

International Conference on Information and Knowledge Management, 2019.

[104] FINN C, ABBEEL P, LEVINE S. Model-Agnostic Meta-Learning for Fast Adaptation of Deep Networks[C]. Proceedings of the International Conference on Machine Learning, 2017.

[105] LEE H, IM J, JANG S, et al. MeLU: Meta-Learned User Preference Estimator for Cold-Start Recommendation[J]. ArXiv, 2019, abs/1908.00413.

[106] DONG M Q, YUAN F, YAO L N, et al. MAMO: Memory-Augmented Meta-Optimization for Cold-start Recommendation[C]. Proceedings of the ACM SIGKDD International Conference on Knowledge Discovery and Data Mining, 2020.

[107] PAN F Y, LI S k, AO X,et al. Warm Up Cold-start Advertisements: Improving CTR Predictions via Learning to Learn ID Embeddings[C]. Proceedings of the International ACM SIGIR Conference on Research and Development in Information Retrieval, 2019.

[108] ZHU Y C, XIE R B, ZHUANG F Z, et al. Learning to Warm Up Cold Item Embeddings for Cold-start Recommendation with Meta Scaling and Shifting Networks[C]. Proceedings of the International ACM SIGIR Conference on Research and Development in Information Retrieval, 2021.

[109] GUTIERREZ P, GERARDY J-Y. Causal Inference and Uplift Modeling A review of the literature[C]. Proceedings of the International Conference on Predictive Applications and APIs, 2017.

[110] NITZAN I, LIBAI B.Social Effects on Customer Retention[J]. Journal of Marketing, 2011, 75 (6), 24-38.

[111] ZHANG G Z, ZENG J W, ZHAO Z Y, et al. A Counterfactual Modeling Framework for Churn Prediction[C]. Proceedings of the International Conference on Web Search and Data Mining, 2022.

[112] SI Z H, HAN X R, ZHANG X, et al. A Model-Agnostic Causal Learning Framework for Recommendation using Search Data[C]. Proceedings of the International Conference on World Wide Web, 2022.

[113] YUAN J K, WU A P, KUANG K, et al. Auto IV: Counterfactual Prediction via Automatic Instrumental Variable Decomposition[J]. Journal of ACM Transactions on Knowledge Discovery from Data, 2022, 16(4): 1-20.

反侵权盗版声明

电子工业出版社依法对本作品享有专有出版权。任何未经权利人书面许可,复制、销售或通过信息网络传播本作品的行为;歪曲、篡改、剽窃本作品的行为,均违反《中华人民共和国著作权法》,其行为人应承担相应的民事责任和行政责任,构成犯罪的,将被依法追究刑事责任。

为了维护市场秩序,保护权利人的合法权益,我社将依法查处和打击侵权盗版的单位和个人。欢迎社会各界人士积极举报侵权盗版行为,本社将奖励举报有功人员,并保证举报人的信息不被泄露。

举报电话:(010)88254396;(010)88258888

传　　真:(010)88254397

E-mail: dbqq@phei.com.cn

通信地址:北京市万寿路173信箱

　　　　　电子工业出版社总编办公室

邮　　编:100036